教育部高等学校航空航天类专业教学指导委员会推荐教材

科学出版社"十四五"普通高等教育本科规划教材
航空宇航科学与技术教材出版工程

U0185555

复合材料及其结构力学

Mechanics of Composite Materials and Structures

孟松鹤　王长国 等　编著

科　学　出　版　社
北　京

内 容 简 介

本书系统全面地阐述了复合材料学、复合材料力学、复合材料结构设计与分析、复合材料损伤、典型空天复合材料结构的力学分析方法与理论。全书共 12 章,介绍了复合材料及其组元基本力学行为、简单层板的宏观与细观力学分析、层合板理论、层合板结构力学、复合材料渐近损伤分析方法、空天复合材料结构设计、柔性复合材料结构、热防护复合材料结构、多功能与智能复合材料、不确定性量化及其应用。

本书可供高等院校力学、材料科学与工程、航空宇航科学与工程等相关的理工科专业本科生与研究生作为教材使用,还可供有关工程与科技人员学习参考。

图书在版编目(CIP)数据

复合材料及其结构力学/孟松鹤等编著. — 北京:
科学出版社,2022.10
航空宇航科学与技术教材出版工程
ISBN 978 - 7 - 03 - 072305 - 5

Ⅰ.①复… Ⅱ.①孟… Ⅲ.①复合材料—教材 ②复合
材料结构力学—教材 Ⅳ.①TB33②TB301.1

中国版本图书馆 CIP 数据核字(2022)第 085272 号

责任编辑:徐杨峰 / 责任校对:谭宏宇
责任印制:黄晓鸣 / 封面设计:殷 靓

科 学 出 版 社 出版
北京东黄城根北街 16 号
邮政编码:100717
http://www.sciencep.com
南京展望文化发展有限公司排版
广东虎彩云印刷有限公司印刷
科学出版社发行 各地新华书店经销

*

2022 年 10 月第 一 版 开本:787×1092 1/16
2025 年 1 月第八次印刷 印张:17 1/2
字数:404 000
定价:80.00 元
(如有印装质量问题,我社负责调换)

航空宇航科学与技术教材出版工程
专家委员会

航空宇航科学与技术教材出版工程
编写委员会

复合材料及其结构力学
编写指导委员会

复合材料及其结构力学
编写委员会

主　　编　孟松鹤

副 主 编　王长国

委　　员（按姓名首字母排序）

戴福洪　方国东　矫维成　孙　健　王　兵

解维华　许承海　杨　强　易法军　尹维龙

丛 书 序

我在清华园中出生,旧航空馆对面北坡静置的一架旧飞机是我童年时流连忘返之处。1973 年,我作为一名陕北延安老区的北京知青,怀揣着一张印有西北工业大学航空类专业的入学通知书来到古城西安,开始了延绵 46 年矢志航宇的研修生涯。1984 年底,我在美国布朗大学工学部固体与结构力学学门通过 Ph. D 的论文答辩,旋即带着在 24 门力学、材料科学和应用数学方面的修课笔记回到清华大学,开始了一名力学学者的登攀之路。1994 年我担任该校工程力学系的系主任。随之不久,清华大学委托我组织一个航天研究中心,并在 2004 年成为该校航天航空学院的首任执行院长。2006 年,我受命到杭州担任浙江大学校长,第二年便在该校组建了航空航天学院。力学学科与航宇学科就像一个交互传递信息的双螺旋,记录下我的学业成长。

以我对这两个学科所用教科书的观察:力学教科书有一个推陈出新的问题,航宇教科书有一个宽窄适度的问题。20 世纪 80~90 年代是我国力学类教科书发展的鼎盛时期,之后便只有局部的推进,未出现整体的推陈出新。力学教科书的现状也确实令人扼腕叹息:近现代的力学新应用还未能有效地融入力学学科的基本教材;在物理、生物、化学中所形成的新认识还没能以学科交叉的形式折射到力学学科;以数据科学、人工智能、深度学习为代表的数据驱动研究方法还没有在力学的知识体系中引起足够的共鸣。

如果说力学学科面临着知识固结的危险,航宇学科却孕育着重新洗牌的机遇。在军民融合发展的教育背景下,随着知识体系的涌动向前,航宇学科出现了重塑架构的可能性。一是知识配置方式的融合。在传统的航宇强校(如哈尔滨工业大学、北京航空航天大学、西北工业大学、国防科技大学等),实行的是航宇学科的密集配置。每门课程专业性强,但知识覆盖面窄,于是必然缺少融会贯通的教科书。而 2000 年后在综合型大学(如清华大学、浙江大学、同济大学等)新成立的航空航天学院,其课程体系与教科书知识面较宽,但不够健全,即宽失于泛、窄不概全,缺乏军民融合、深入浅出的上乘之作。若能够将这两类大学的教育名家邀集一处,互相切磋,是有可能纲举目张,塑造出一套横跨航空和宇航领域、体系完备、详略适中的经典教科书。于是在郑耀教授的热心倡导和推动下,我们得聚 22 所高校和 5 个工业部门(航天科技、航天科工、中航、商飞、中航发)的数十位航宇专家于一堂,开启"航空宇航科学与技术教材出版工程"。在科学出版社的大力促进下,为航空与宇航一级学科编纂这套教科书。

考虑到多所高校的航宇学科,或以力学作为理论基础,或由其原有的工程力学系改造而成,所以有必要在教学体系上实行航宇与力学这两个一级学科的共融。美国航宇学科之父冯·卡门先生曾经有一句名言:"科学家发现现存的世界,工程师创造未来的世界……而力学则处在最激动人心的地位,即我们可以两者并举!"因此,我们既希望能够表达航宇学科的无垠、神奇与壮美,也得以表达力学学科的严谨和博大。感谢包为民先生、杜善义先生两位学贯中西的航宇大家的加盟,我们这个由18位专家(多为两院院士)组成的教材建设专家委员会开始使出十八般武艺,推动这一出版工程。

因此,为满足航宇课程建设和不同类型高校之需,在科学出版社盛情邀请下,我们决心编好这套丛书。本套丛书力争实现三个目标:一是全景式地反映航宇学科在当代的知识全貌;二是为不同类型教研机构的航宇学科提供可剪裁组配的教科书体系;三是为若干传统的基础性课程提供其新貌。我们旨在为移动互联网时代,有志于航空和宇航的初学者提供一个全视野和启发性的学科知识平台。

这里要感谢科学出版社上海分社的潘志坚编审和徐杨峰编辑,他们的大胆提议、不断鼓励、精心编辑和精品意识使得本套丛书的出版成为可能。

是为总序。

2019 年于杭州西湖区求是村、北京海淀区紫竹公寓

前　　言

　　复合材料是材料家族中很重要的一个分支,它是由两种或两种以上不同性质的材料通过复合工艺形成的一类新材料。区别于自然界中的竹子和木材等复合物质,复合材料更强调人工复合成型,因此复合材料有很多种类,例如金属基体与碳纤维复合形成金属基复合材料;也可以将有机树脂作为基体与玻璃纤维复合形成树脂基复合材料,是一类典型的非金属基复合材料。由此可以发现,多样的复合类型使得复合材料具有优异的可设计性,可以根据应用需求选择合适的几类材料和成型工艺进行复合,得到不同的性能,例如轻质高承载性能或者光电磁等功能。除此外,复合材料还具有优异的耐高温性能,例如陶瓷基复合材料可以承受上千度高温的热载荷。这些优异的性能使得复合材料逐渐成为航空航天应用的关键材料之一,可以同时满足对结构重量和耐极端高温环境的苛刻需求。随着研究的不断深入,复合材料的性能越来越丰富,其应用也逐渐由航空航天拓展到交通领域、能源领域、海洋工程和土木建筑等其他领域,并逐渐发展为各领域中最关键的材料。

　　复杂的航天应用环境对材料复合化及复合材料的性能提出了苛刻要求,对复合材料的设计提出了挑战。要想设计出满足要求的复合材料,需要借助力学、材料学以及复合材料学等多学科交叉的思想,把复合材料中的力学问题先搞清楚,掌握复合材料的力学性质以及在载荷作用下的力学行为,进而完成复合材料优化设计。本书正是基于上述思想,侧重航空航天应用环境,运用力学新理论、新方法和新手段,解决复合材料及结构在应用中所面临的问题。此外,当前复合材料相关的教材主要分为复合材料学、复合材料力学以及复合材料结构设计三类,内容相对独立,能够系统深入且全面覆盖上述三类核心内容的教材还很少见。本书遵循复合材料及结构力学知识的层次性与递进架构,从复合材料学、复合材料力学、复合材料结构设计到先进复合材料应用,逐渐推进复合材料及结构力学理论与方法的讲解,选择航空航天特种环境的典型应用,设计多个复合材料与结构分析算例,促进对基本理论与方法的理解、掌握与应用。

　　本书内容可分为两个部分。第一部分是复合材料基础理论,包括复合材料学及复合材料力学两部分。共 6 章内容,分别为绪论、复合材料及其组元基本力学行为、简单层板的宏观力学分析、简单层板细观力学分析、层合板理论和层合板的结构行为分析方法。第二部分是高等复合材料理论,包括复合材料结构设计与先进复合材料结构两部分。共 6 章,分别为复合材料渐近损伤分析方法、空天复合材料结构设计方法、柔性复合材料结构分析、复合材料热防护结构分析、多功能与智能复合材料和不确定性量化及其应用。

　　本书编写委员会成员均为哈尔滨工业大学航天学院复合材料与结构研究所的教师，在复合材料及其力学领域都具有丰富的教学与科研经验。本书可供高等院校力学、材料科学与工程等相关的理工科专业本科生与研究生作为教材使用，还可供有关工程与科技人员学习参考。

　　书中若有不当及疏漏之处，欢迎广大读者与技术专家批评指正。

作　者
2022 年 5 月于哈尔滨

目　　录

第1章
绪　论

　　物质是构成宇宙间一切物体的实物和场,材料是人类用来制造机器、构件、器件和其他产品的物质。而结构是主观世界与物质世界的结合、构造。力学从观察、试验、理论等角度研究介质运动、变形、流动的宏微观行为,揭示力学过程及其与物理、化学、生物学等过程的相互作用规律。在材料与结构和力学的交叉领域,则体现着从表象到本质、从现象到机制、由定性到定量的变化,在这一特殊的研究领域,突破了连续介质力学体系,构建了宏微观的跨尺度关联方法,突破了确定性和随机性之间的联系。

　　在航天航空领域,复合材料的研究属于材料与结构、力学及航天航空应用领域的交叉性研究,旨在寻找具备高性能、高可靠、长寿命、低成本、快响应等一系列优良性能用于航天器、航空器、运载器、空天飞行器等要求苛刻的特殊环境。随着应用要求的提高,复合材料的结构效率与可靠性需要发展新的力学理论、方法和技术来解决。

1.1　复合材料轻量化及其在航空航天领域的典型应用

　　轻量化是指在给定技术边界条件下,实现所需功能的系统质量化最小,并且确保整个产品生命周期内系统的可靠性。“轻量化”是自然界万物生长的重要法则之一,其本质是以最小的消耗获取最大的功效(图 1.1)。“轻量化”自古有之,人类生活依赖于对时间和空间的运用,那些最先掌握克服时空障碍手段的族群,成了文明和历史建构者。可以说轻量化决定能力、速度和耐力。在环境、资源、经济、生活和国家安全的多重需求与驱动下,轻量化成为诸多领域前所未有急迫的问题,赋予了更丰富的内涵,面临更艰巨的挑战,也具备了更为有力的手段。

图 1.1　生物界的轻量化

　　我国从 20 世纪 50 年代以来发展了复合材料工业并开展各种应用,主要应用于航天、航空、航海、能源、建筑、交通运输、机械制造、生命医学等领域,以提高效能、节约能源、减少排放、降低成本(图1.2)。

图1.2 各个领域中复合材料的应用

国防航空航天工业需求急迫,牵引力大,成为先进复合材料技术率先支持、试验和转化的战场。先进复合材料成为国防、航空航天领域不可替代的关键材料之一,其水平和用量是衡量国防、航空航天产品先进性的重要标志之一。2000年杜善义院士曾提出,轻质化是复合材料发展与应用的基础,是永恒的主题;抗极端化是研究的关键,其中以极端热环境为最突出的问题;多功能化是研究的热点,以实现结构/功能一体化;智能化是发展的前沿和趋势。

任何飞行或入轨活动,都对重量极为敏感,重量和体积约束限制许多技术方案,因此轻质化是复合材料研究的基础和重中之重。其中,"capability /ρ"(承载力/密度)要求更为突出。

目前研究阶段,可靠性与结构效率矛盾愈发显现。极端环境指的是复杂机械载荷、极端温度热流、高能率场作用、物理化学侵蚀等,而多功能化是为了结合力、热、声、电、光、磁实现防腐抗污、减振降噪、隐身抗弹等功能。智能化是通过设计自主材料与结构、自适应材料与结构、自给材料与结构来实现主动变形健康监测。自主材料与结构具有最小化外部介入的可感知、诊断和响应功能,用于损伤探测、神经系统启发传感网络、自诊断、自愈合、重生与重建、植物模拟冷却、可变热导结构;自适应材料与结构具有形状、功能和力学性能按需改变的功能,主要应用于力学自适应材料、人工肌肉、可编程材料、热激励重构系统、肌肉骨骼系统启发变形结构、局部共振超材料;自给材料与结构具有能量获取、存储、传送与结构一体化功能,用于设计能量获取织物复合材料、结构化电池、混杂能量获取系统、集成太阳能电池的机翼等。复合材料的渐进、创新、革命、颠覆就基于结构轻量化、抗极端化和多功能化的交叉与优化设计。

聚合物基复合材料(polymer matrix composite,PMC)于1932年在美国出现,20世纪40年代手糊成型玻纤增强聚酯复合材料用于军用飞机雷达罩。20世纪50年代制备出直升机螺旋桨。20世纪60年代研制出北极星、土星等固体火箭发动机壳体。20世纪70年代开始了碳纤维复合材料产品。从20世纪70年代开始,军机尾翼一级部件已均为复合材料。其中F-14的硼/环氧复合材料平尾于1971年前后研制成功,是复合材料发展史上一个重要里程碑。美国麦道飞机公司于1976年率先研制F-18的复合材料机翼,并于1982年进入服役,把复合材料用量提高到了13%,该公司又将复合材料用于AV-8B的机翼和前机身上,其用量为 26%。尾翼(垂尾和平尾)占结构重量达到 5%~7%,机翼占结构重量达到 12%~15%,前机身和中机身占结构重量>25%,复合材料化能有效降低整体重量(图 1.3)。

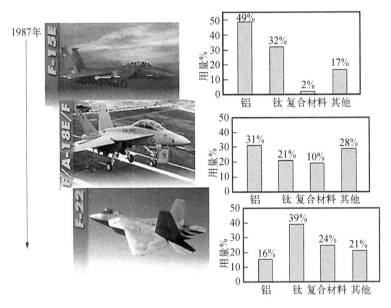

图 1.3　近年来飞机的材料比例对比

F-22 战机中包含 25%的复合材料,其中 24%为热固性树脂复合材料,1%为热塑性树脂复合材料,几乎覆盖了飞机的全部外表面。前机身复合材料用量占 50%、中机身占 30%;机翼占 38%,其雷达散射截面仅为 0.05 m² ,降至 F-15 的 1%以下(图 1.4)。F-35 战斗机中复合材料占比达 35%。

B-2 隐身轰炸机的机身结构,除主梁和发动机采用钛合金外,其余皆由碳纤维复合材料构成(图 1.5),美国当时有个比较,其结构成本与黄金几乎相当。

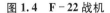

图 1.4　F-22 战机　　　　　　　　　图 1.5　B-2 隐身轰炸机

空客 A380 采用双层设计,可以承载 500~650 人,最大起飞重量达 560 t,于 2004 年首飞,2006 年交付。其中央翼盒、部分外翼、机身上蒙皮壁板、地板梁、后隔板框、垂尾、平尾等使用复合材料。仅碳纤维复合材料用量可达 32 t,加上其他各种复合材料,估计总用量在 25% 左右(图 1.6)。空客 A380 开创了大型民机大量使用复合材料的先河,每座油耗比 747-400 降低 12%,大量采用超混杂复合材料 Glare 增强了耐疲劳性,在机翼前缘增加了热塑性复合材料,并加入了复合材料焊接技术(图 1.7、图 1.8)。超混杂纤维增强复合材

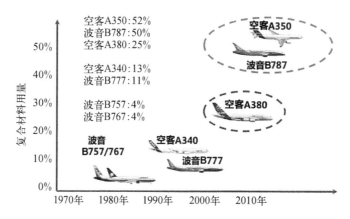

图 1.6　近年来飞机的复合材料用量对比

图 1.7　空客 A380

图 1.8　空客 A350

料 Glare 是玻璃纤维增强铝合金层板,与以前发展的芳纶纤维增强铝合金层板 ARALL 相比,除成本较低外,还具有极好的双轴向承载和适于机身的疲劳性能。

为了实现轻量化的要求,通过不断修改设计方案,增加复合材料用量:从 2004 年的 40% 到 2006 年初的 45%,直至 2006 年底的 52%。

波音 B787 中复合材料占比约 50%,空客 A350 中复合材料占比 53%,CR929 预计超过 50%。飞机(飞行时间 5 700 万小时/年)每减重 1 kg,CO_2 排放减少 5 400 t/年,燃油节省 1 700 t,减重对于飞机设计在节能减排方面的意义不言而喻,因此复合材料在飞机结构和材料设计中占有举足轻重的地位。除此之外,在通用飞机、直升机、无人机的设计中,复合材料的占比也可以达到 40%~100%。

进入空天时代,对轻量化提出了极为苛刻的要求。正如钱学森先生早在 1963 年出版的《星际航行概论》一书中指出:"哪怕是减少一克的重量,全体设计人员也要尽最大的努力来做到。"传统航天领域的研究对象包括卫星、飞船、导弹和运载火箭,空天飞行领域还包括空天飞机和临近空间飞行器(图 1.9)。

图 1.9　应用复合材料的航天器

运载火箭有效载荷能力只有 3% 左右,其中贮箱占火箭体积的 80%,占干重的 40%~60%。采用复合材料贮箱相比传统金属贮箱将有效减重 20%~40%。

往返火星 1 kg 质量需要 300 kg 的化学推进剂,火箭动力可重复使用运载器的有效载荷能力只有 1%,吸气式组合动力有望超过 2%,航天飞机空重只有 75 t,但要想进入 LEO 必须携带 100 t 液氢和 635 t 液氧。

NASA 复合材料低温贮箱采用了"改变游戏规则的技术"(Game Changing Technology),其直径达 10 米量级,有效减重 30%,降低 25% 的成本。复合材料低温贮箱技术显著降低成本,增加有效载荷,将变革未来航天探测任务,可提升美国宇航工业国际竞争力,进而"改变游戏规则"。柔性材料和结构技术,为空天大尺度结构构建、功能化和轻量化探索创新解决途径。基于柔性复合材料设计、结构设计和控制的可展开或充气展开结构,具有轻质、大尺寸、高收纳比、可变形、多功能、高可靠的特点,例如空间天线结构、深空探测太阳帆、太空电站、载人航天空间舱等。

1.2 复合材料功能化及其典型应用

1.2.1 热防护复合材料

热防护系统起源于第二次世界大战中发展的两项关键技术：德国的 V - 2 火箭和美国的原子弹，两者耦合在一起形成洲际弹道导弹。两项技术革新使再入飞行器变得可能。H. Julian Allen 提出的钝体概念，利用强大的弓形激波将热载荷拒之门外。烧蚀型热防护材料，通过消耗材料吸收热量，主要分为硅基、碳基和碳化烧蚀防热材料，成功用于战略战术导弹和航天返回器（图1.10）。其优势是可以实现防/隔热一体化，具备高可靠性和高可实现性。但是同时具有服役时间短、外形稳定性差、结构效率不高、不可重复使用的局限性。

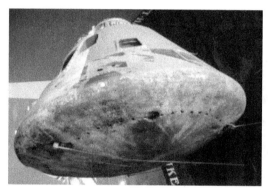
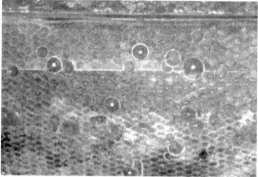

图 1.10 复合材料在热防护系统上的应用

图 1.11 PICA - X

Space X 与 NASA 合作研发出酚醛浸渍陶瓷烧蚀体（phenolic impregnated carbon ablator-X，PICA - X），改进预制体、连接、密封等系列工艺，更加容易生产（图 1.11）；其成本仅是原来 1/10，可重复使用；第一次实现地球返回；轻质化、低成本提升了龙飞船的竞争力。PICA 只是"Lightweight Ceramic Ablator"家族的一个成员，采用用硅胶浸渍的 SIRCA 可以具有透波和绝缘性能，用于天线部位，都是用陶瓷预制体浸渍聚合物，Space X 在龙飞船背面还用了采用硅胶浸渍的柔性硅基毡硅树脂浸渍可重复使用陶瓷基体烧蚀材料（silicone impregnate reusable ceramic ablator，SIRCA）。所有创新的关键在于如何将聚合物均匀且低密度浸渍到大孔隙材料中，而不是填充。

1947 年研发出 X - 1 超声速飞机（图 1.12），1956 年 X - 2 飞机采用气动热设计结构,1959 年 X-15 采用镍基合金作为短时飞行的热防护系统,1964 年 Mig-25 中不锈钢材料应用和焊接技术突破工程化,SR-71 采用 93%钛合金并将高温热膨胀问题工程化。

图 1.12 X-1 超声速飞机

航天飞机第一次对可重复使用热防护技术提出了明确的需求(图 1.13),从实验室到原型产品花费了 14 年时间(1969~1973)。目前发展情况为:可替换烧蚀体面板每次转场需要更换,分离式在重量和成本上不合算;金属辐射热屏蔽罩重量大,热变形大,制造复杂和涂层的可靠性,设计分析能力不足;C/C 辐射式热结构是高温区已知唯一途径,需抗氧化涂层,成本昂贵、制备周期漫长,考虑在有限区域使用;陶瓷瓦和隔热毡重量轻、设计简单,但可重复使用性能技术成熟度较低。每个航天飞机上有 24 300 块陶瓷防热瓦,覆盖整个轨道运载器外表面的 70%,没有两块防热瓦有相同的外形,但总体上防热瓦的尺寸范围在 150~200 mm,厚度在 5~90 mm。

图 1.13 航天飞机

空间运输系统中航天飞机的热防护系统性能很大程度上依赖于刚性防热瓦的性能(图 1.14)。SiO_2 提纯至 99.7%,可使热膨胀系数降低几个数量级,在材料体系和结构概念上创新显著,影响深远。

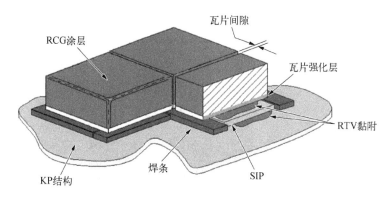

图 1.14　防热瓦

图 1.15　X - 37B 空间机动飞行器

在航天飞机和 X - 37 基础上的 X - 37B 空间机动飞行器已经完成第四次飞行任务,其热防护系统代表着目前的可重复使用发展水平(图 1.15)。第一、二代热防护系统(thermal protection system, TPS)材料耐久性差,考虑载人条件的 C/C 增强(reinforced carbon/carbon, RCC)头帽和翼前缘风险大、成本高;第三代 TPS 材料性能大幅度提升,无人 X - 37B 先进 TPS 成本低。X - 37B 创造了多项首次: BRI(Boeing reusable insulation)防热瓦用于可重复使用鼻锥帽;带陶瓷基复合材料(ceramic matrix composite, CMC)面板的 CRI(conformal reusable insulation)共形隔热毡;TUFROC 用于再入飞行器翼前缘;由碳/碳材料复杂装配成热结构控制面;碳纤维/双马树脂基复合材料主结构。TUFROC 是美国 NASA Ames 研究中心研制的轻质耐高温材料,密度只是增强 C/C 材料(RCC)的 1/4,成本降为 RCC 的 1/10,制造周期缩为 RCC 的 1/6~1/3,获得了 NASA 政府发明大奖。

热结构复合材料是提供良好气动特性和结构效率最有效的技术途径。第二代猎鹰高超声速飞行器(falcon hypersonic technology vehicle 2, HTV - 2)采用了 C/C 复合材料承力气动外壳结构,承担气动和飞行器轴向载荷,内部安放高性能多层隔热材料(图 1.16、图 1.17)。

但是 C/C、C/SiC、SiC/SiC 耐高温材料本征缺陷多、非线性本构行为难以预测、失效模式复杂、高温性能难以获取、制备周期长成本高,不论是从建模预测还是制备加工试验上都是困难重重。

2002 年起,结合学科前沿和重大需求,我所开展了有关超高温复合材料的研究。美国 NASA Ames 研究中心主任高度评价了"强韧化"成果,NASA Langley 研究中心首席认为

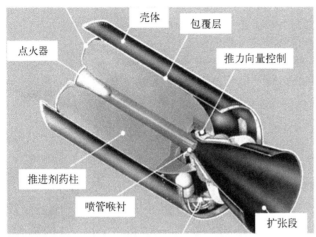

图 1.16　壳体结构各部分展示

图 1.17　壳体结构及扩张段制造工艺

模型"覆盖温区最高",具备地面与飞行试验表现良好的使用性能。

壳体材料经历了金属材料、玻璃纤维复合材料、有机纤维复合材料和碳纤维复合材料四个发展阶段。目前主要以高性能有机纤维和高性能碳纤维为发展方向。

1.2.2　石墨烯复合材料

采用石墨烯复合材料技术是为了制备出厚度厘米级以上的三维石墨烯基散热材料。石墨烯的密度为 $2.0\ \text{g/cm}^3$,是铜的 1/4,热导率超过 $1\,500\ \text{W/(m·K)}$,是铜的近 4 倍,是铝的 7 倍,辐射系数超过 0.95(金属的辐射系数仅为 0.1),具有良好的电磁特性。通过合理的结构设计和材料制备技术,可以实现结构功能一体化。

1.2.3　形状记忆复合材料

形状记忆聚合物(shape memory polymer,SMP),是指具有某一原始形状的制品,经过形变并固定后,在特定的外界条件(如热、电、光、磁或溶液等外加刺激)下能自动回复到初始形状和尺寸的一类聚合物材料。基于形状记忆聚合物复合材料层合板的可展开铰链,可用于空间可展开结构的展开驱动和展开后的刚度保持(图1.18)。

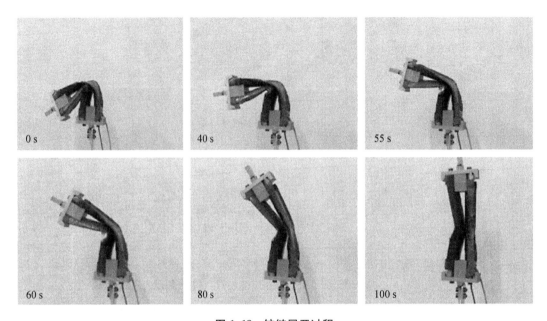

图 1.18　铰链展开过程

1.2.4　柔性电子材料

柔性混合电子技术是指在柔性衬底上大面积、大规模混合集成不同材料体系、不同功能的元器件,构成可拉伸/弯曲变形的柔性电子系统,可与曲面环境自然融合并极大降低成本(图1.19)。柔性混合电子技术的本质是物理形态可变形与功能可重构。例如,在人体及其组织器官的非可展曲面上粘贴柔性电子器件,兼具可变形与高性能的特点,实现器件与人体自然贴合。

图 1.19　柔性电子器件

1.3 本 章 小 结

本章主要介绍了复合材料轻量化及其在航空航天领域的典型应用,包括热防护复合材料、石墨烯复合材料、形状记忆复合材料及柔性电子材料等。

第 2 章
复合材料及其组元基本力学行为

本章主要介绍复合材料的定义、发展、分类和特点,以及典型增强相、基体相和界面相。

学习要点:

(1) 复合材料的定义、分类和特点;

(2) 玻璃纤维、碳纤维、芳纶纤维等典型增强相及其性能;

(3) 环氧树脂、氰酸酯、双马来酰胺树脂等典型基体相及其性能;

(4) 聚合物基复合材料界面、金属基复合材料界面和陶瓷基复合材料界面。

2.1 引 言

人类发展的历史证明,材料是社会进步的物质基础和先导,是人类进步的里程碑。纵观人类利用材料的历史,可以清楚地看到,每一种重要材料的发明和利用,都会把人类支配和改造自然的能力提高到一个新的水平,给社会生产力和人类生活带来巨大的变化。新材料、新技术的进步和发展,总是催生着工业技术革新和人类文明的进步。历史曾根据材料来划分人类文明时代的四次重大突破:① 天然材料:新石器时代;② 人工材料:铜器和铁器时代;③ 合成材料:塑料(1924)、橡胶(1931);④ 复合材料:玻璃纤维(1942)。近几十年,复合材料技术的发展为科学家和工程师开辟了新的领域。复合材料应用范围越来越广,特别是先进复合材料在高性能结构上的应用,大大促进了复合材料力学、复合材料结构力学的迅速发展,进一步增强了复合材料结构设计能力。为此,本章将围绕复合材料及其组元基本力学行为进行逐一介绍。

2.2 复合材料基本力学特征

2.2.1 复合材料的定义

根据国际标准化组织(International Organization for Standardization,ISO)为复合材料所

下的定义：复合材料是由两种或两种以上物理和化学性质不同的物质组合而成的一种多相固体材料。我国的材料学泰斗师昌绪院士在其主编的《材料大辞典》(1994 年出版)中又对复合材料的定义进行了进一步阐释："复合材料是指由有机高分子、无机非金属或金属等几类不同材料通过复合工艺组合而成的新型材料，它既能保留原有组分材料的主要特色，又通过材料设计使各组分的性能互相补充并彼此关联，从而获得新的优越性能，与一般材料的简单混合有本质的区别。"

复合材料的组分材料虽然保持其相对独立性，但复合材料的性能却不是组分材料性能的简单加和，而是有着重要的改进。在复合材料中，如果有一相为连续相，通常称为基体；如果有一相为分散相，则称为增强材料。分散相是以独立的形态分布在整个连续相中的，两相之间存在着相界面。分散相可以是增强纤维，也可以是颗粒状或弥散的填料。根据上述的定义可以得出，复合材料可以是一个连续物理相与一个连续分散相的复合，也可以是两个或者多个连续相与一个或多个分散相在连续相中的复合，复合后的产物为固体时才称为复合材料，若复合产物为液体或气体时则不能称为复合材料。复合材料既可以保持原材料的某些特点，又能发挥组合后的新特征，它可以根据需要进行设计，从而最合理地达到使用所要求的性能。

由于复合材料各组分之间"取长补短""协同作用"，极大地弥补了单一材料的缺点，产生单一材料所不具有的新性能。复合材料(composite material)的出现和发展，是现代科学技术不断进步的结果，也是材料设计方面的一个突破。它综合了各种材料如纤维、树脂、橡胶、金属、陶瓷等的优点，按需要设计、复合成为综合性能优异的新型材料。

2.2.2　复合材料的发展

纵观复合材料的发展过程，可以看到，复合材料经历了古代、近代和现代三个阶段。

(1) 自古以来，人们就会使用的天然复合材料使树木、骨骼、草茎与泥土复合等。最原始的人造复合材料是在黏土泥浆中掺稻草，制成的土砖就是纤维增强复合材料(图 2.1)。

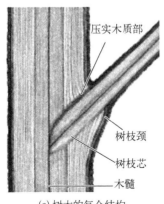

(a) 树木的复合结构

(b) 人造土坯屋

图 2.1　早期的复合材料

（2）近代复合材料最早的玻璃纤维增强树脂（如酚醛树脂、环氧树脂等）是玻璃钢。

20世纪40年代，玻璃纤维和合成树脂大量商品化生产以后，纤维复合材料发展成为具有工程意义的材料。同时相应地开展了与之有关的科研工作。至20世纪60年代，在技术上臻于成熟，在许多领域开始取代金属材料。玻璃钢，即玻璃纤维增强塑料（fiber glass reinforced plastics，FRP）。当时中文中没有对应的词，因为材料里有玻璃，强度又高，就称为"玻璃钢"；第二次世界大战后期，为了增加雷达罩透波率，研制成玻璃钢，没料到这类复合材料后来由于它具备高的比强度和比刚度而成为使钢、铝、钛等金属有时都相形见绌的新型结构材料。

（3）先进复合材料（advanced composite material，ACM）是指加进了新的高性能纤维而区别于"低技术"的玻璃纤维增强塑料的复合材料（MIT，1985）。

早期发展出现的复合材料，由于性能相对比较低，生产量大，使用面广，可称之为常用复合材料。后来随着航天航空等高技术发展的需要，对结构材料的比强度、比模量、韧性、耐热、抗环境能力和加工性能都有要求。针对不同需求，出现了高性能树脂基先进复合材料，标志在性能上区别于一般的低性能常用树脂基复合材料。后来又陆续出现金属基和陶瓷基先进复合材料。如今，伴随着新材料、新复合、新工艺的大量涌现，复合材料已进入了多样化、多尺度化、多功能化的快速发展阶段，从宏观尺度的复合到纳米尺度的复合，从结构材料到结构功能一体化材料、多功能复合材料，从简单复合到非线性复合效应的复合，从复合材料到复合结构，从机械设计到仿生设计。如图2.2所示，复合材料正经历着日新月异的变化。

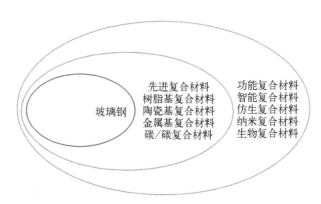

图 2.2　复合材料的发展

2.2.3　复合材料的分类

复合材料的分类方法很多，常见的分类方法有以下几种。

（1）按增强材料形态分类，可分为连续纤维复合材料、短纤维复合材料、颗粒状填料复合材料、编织复合材料等。

（2）按增强纤维种类分类，可分为玻璃纤维复合材料、碳纤维复合材料、有机纤维（芳香族聚酰胺纤维、芳香族聚酯纤维、高强度聚烯烃纤维等）复合材料、金属纤维（如钨丝、不锈钢丝等)复合材料、陶瓷纤维(如氧化铝纤维、碳化硅纤维、硼纤维等)复合材料。此外,如果用两种或两种以上纤维增强同一基体制成复合材料则称为混杂复合材料(hybrid composite material)。混杂复合材料可以看成是两种或多种单一纤维复合材料的相互复合,即复合材料的"复合材料"。

(3) 按基体材料分类,可分为聚合物基复合材料、金属基复合材料、无机非金属基复合材料等。

(4) 按使用功能分类,可分为结构复合材料和功能复合材料(如阻尼、导电、导磁、换能、摩擦、屏蔽等)。

此外,还有同质复合材料和异质复合材料。增强材料和基体材料属于同种物质的复合材料为同质复合材料,如 C/C 复合材料。前面提及的复合材料多属异质复合材料。

2.2.4 复合材料的特点

复合材料是由多相材料复合而成,其共同的特点如下。

(1) 可综合发挥各种组成材料的优点,使一种材料具有多种性能,具有天然材料所没有的性能。例如:玻璃纤维增强环氧基复合材料,既具有类似钢材的强度,又具有塑料的介电性能和耐腐蚀性能。

(2) 可按对材料性能的需要进行材料的设计和制造。例如:针对方向性材料强度的设计、针对某种介质耐腐蚀性能的设计等。

(3) 可制成所需的任意形状的产品,可避免多次加工工序。例如:可避免金属产品的铸模、切削、磨光等工序。

性能的可设计性是复合材料的最大特点。影响复合材料性能的因素很多,主要取决于增强材料的性能、含量及分布状况,基体材料的性能、含量,以及它们之间的界面结合情况,作为产品还与成型工艺和结构设计有关。因此,不论对哪一类复合材料,就是同一类复合材料的性能也不是一个定值,在此只给出主要性能。下面分别针对聚合物基复合材料、金属基复合材料、陶瓷基复合材料,逐一阐述其主要性能特点。

1. 聚合物基复合材料的主要性能特点

1) 比强度、比模量大

玻璃纤维复合材料有较高的比强度、比模量,而碳纤维、硼纤维、有机纤维增强的聚合物基复合材料的比强度相当于钛合金的 3~5 倍,它们的比模量相当于金属的 4 倍多,这种性能可由纤维排列的不同在一定范围内变动。

2) 耐疲劳性能好

金属材料的疲劳破坏常常是没有明显预兆的突发性破坏,而聚合物基复合材料中纤维与基体的界面能阻止材料受力所致裂纹的扩展。因此,其疲劳破坏总是从纤维的薄弱环节开始逐渐扩展到结合面上,破坏前有明显的预兆。大多数金属材料的疲劳强度极限是其抗张强度的 20%~50%,而碳纤维/聚酯复合材料的疲劳强度极限可为其抗张强度的 70%~80%。

3) 减震性好

受力结构的自振频率除了与结构本身形状有关外,还与结构材料比模量的平方根成正比。复合材料比模量高,故具有高的自振频率。同时,复合材料界面具有吸振能力,使材料的振动阻尼很高。由试验得知:轻合金梁需 9 s 才能停止振动时,而碳纤维复合材料梁只需 2.5 s 就会停止同样大小的振动。

4)过载时安全性好

复合材料中有大量增强纤维,当材料过载而有少数纤维断裂时,载荷会迅速重新分配到未破坏的纤维上,使整个构件在短期内不至于失去承载能力。

5)具有多种功能性

(1)耐烧蚀性好,聚合物基复合材料可以制成具有较高比热、熔融热和气化热的材料,以吸收高温烧蚀时的大量热能;

(2)有良好的摩擦性能,包括良好的摩阻特性及减摩特性;

(3)高度的电绝缘性能;

(4)优良的耐腐蚀性能;

(5)有特殊的光学、电学、磁学的特性。

6)具有很好的加工工艺性

复合材料可采用手糊成型、模压成型、缠绕成型、注射成型和拉挤成型等各种方法制成各种形状的产品。

但是复合材料还存在着一些缺点,如耐高温性能、耐老化性能及材料强度一致性等有待进一步研究提高。

2. 金属基复合材料的主要性能特点

金属基复合材料的性能取决于所选用金属或合金基体和增强物的特性、含量、分布等。通过优化组合可以获得既具有金属特性,又具有高比强度、高比模量、耐热、耐磨等的综合性能。综合归纳金属基复合材料有以下性能特点。

1)高比强度、高比模量

由于在金属基体中加入了适量的高强度、高模量、低密度的纤维、晶须、颗粒等增强物,明显提高了复合材料的比强度和比模量,特别是高性能连续纤维是硼纤维、碳(石墨)纤维、碳化硅纤维等增强物,具有很高的强度和模量。密度只有 1.85 g/cm³ 的碳纤维的最高强度可达到 7 000 MPa,比铝合金强度高出 10 倍以上,石墨纤维的最高模量可达 91 GPa,硼纤维、碳化硅纤维密度为 2.5~3.4 g/cm³,强度为 3 000~4 500 MPa,模量为 350~450 GPa。加入 30%~50%高性能纤维作为复合材料的主要承载体,复合材料的比强度、比模量成倍地高于基体合金的比强度和比模量。用高比强度、高比模量复合材料制成的构件重量轻、刚性好、强度高,是航天、航空技术领域中理想的结构材料。

2)导热、导电性能

金属基复合材料中金属基体占有很高的体积百分比,一般在 60%以上,因此仍保持金属所具有的良好导热性和导电性。良好的导热性可以有效地传热,减少构件受热后产生的温度梯度,迅速散热,这对尺寸稳定性要求高的构件和高集成度的电子器件尤为重要。良好的导电性可以防止飞行器构件产生静电聚集的问题。在金属基复合材料中采用高导热性的增强物还可以进一步提高金属基复合材料的导热系数,使复合材料的热导率比纯金属基体还高。为了解决高集成度电子器件的散热问题,现已研究成功的超高模量石墨纤维、金刚石纤维、金刚石颗粒增强铝基、铜基复合材料的导热率比纯铝、钢还高,用它们制成的集成电路底板和封装件可有效迅速地把热量散去,提高集成电路的可靠性。

3)热膨胀系数小、尺寸稳定性好

金属基复合材料中所用的增强物碳纤维、碳化硅纤维、晶须、颗粒、硼纤维等均具有很小的热膨胀系数,又具有很高的模量,特别是高模量、超高模量的石墨纤维具有负的热膨胀系数。加入相当含量的增强物不仅可以大幅度地提高材料的强度和模量,也可以使其热膨胀系数明显下降,并可通过调整增强物的含量获得不同的热膨胀系数,以满足各种工况要求。例如,石墨纤维增强镁基复合材料,当石墨纤维含量达到48%时,复合材料的热膨胀系数为零,即在温度变化时使用这种复合材料做成的零件不发生热变形,这对人造卫星构件特别重要。通过选择不同的基体金属和增强物,以一定的比例复合在一起,可得到导热性好、热膨胀系数小、尺寸稳定性好的金属基复合材料。

4)良好的高温性能

由于金属基体的高温性能比聚合物高很多,增强纤维、晶须、颗粒在高温下又都具有很高的高温强度和模量,因此金属基复合材料具有比金属基体更高的高温性能,特别是连续纤维增强金属基复合材料,在复合材料中纤维起着主要承载作用,纤维强度在高温下基本不下降,纤维增强金属基复合材料的高温性能可保持到接近金属熔点,并比金属基体的高温性能高许多。如钨丝增强耐热合金,其 1 100℃、100 h 高温持久强度为 207 MPa,而基体合金的高温持久强度只有 48 MPa;又如石墨纤维增强铝基复合材料在 500℃ 高温下,仍具有 600 MPa 的高温强度,而铝基体在 300℃ 强度已下降到 100 MPa 以下。因此,金属基复合材料被选用在发动机等高温零部件上,可大幅度地提高发动机的性能和效率。总之,金属基复合材料制成的零、构件比金属材料、聚合物基复合材料制成的零、构件能在更高的温度条件下使用。

5)耐磨性好

金属基复合材料,尤其是陶瓷纤维、晶须、颗粒增强金属基复合材料具有很好的耐磨性。这是因为在基体金属中加入了大量的陶瓷增强物,特别是细小的陶瓷颗粒。陶瓷材料具有硬度高、耐磨、化学性能稳定的优点,用它们来增强金属不仅提高了材料的强度和刚度,也提高了复合材料的硬度和耐磨性。SiC/Al 复合材料的高耐磨性在汽车、机械工业中有很广的应用前景,可用于汽车发动机、刹车盘、活塞等重要零件,能明显提高零件的性能和寿命。

6)良好的疲劳性能和断裂韧性

金属基复合材料的疲劳性能和断裂韧性取决于纤维等增强物与金属基体的界面结合状态,增强物在金属基体中的分布以及金属、增强物本身的特性,特别是界面状态,最佳的界面结合状态既可有效地传递载荷,又能阻止裂纹的扩展,提高材料的断裂韧性。据美国国家航空航天局报道,C/Al 复合材料的疲劳强度与拉伸强度比为 0.7 左右。

7)不吸潮、不老化、气密性好

与聚合物相比,金属基性质稳定、组织致密,不存在老化、分解、吸潮等问题,也不会发生性能的自然退化,比聚合物基复合材料具有明显的优越性,在空间使用不会分解出低分子物质污染仪器和环境。

　　总之,金属基复合材料所具有的高比强度、高比模量、良好的导热性、导电性、耐磨性、高温性能、低的热膨胀系数、高的尺寸稳定性等优异的综合性能,使金属基复合材料在航天、航空、电子、汽车、先进武器系统中均具有广泛的应用前景,对装备性能的提高将发挥巨大作用。

　　3. 陶瓷基复合材料的主要性能特点

　　陶瓷材料强度高、硬度大、耐高温、抗氧化,高温下抗磨损性好、耐化学腐蚀性优良,热膨胀系数和相对密度较小,这些优异的性能是一般常用金属材料、高分子材料及其复合材料所不具备的。但陶瓷材料抗弯强度不高,断裂韧性低,限制了其作为结构材料使用。当用高强度、高模量的纤维或晶须增强后,其高温强度和韧性可大幅度提高。欧洲动力公司推出的航天飞机高温区用碳纤维增强碳化硅基体和用碳化硅纤维增强碳化硅基体所制造的陶瓷基复合材料,可分别在1 700℃和1 200℃下保持20℃时的抗拉强度,并且有较好的抗压性能,较高的层间剪切强度;而断裂延伸率较一般陶瓷高,耐辐射效率高,可有效地降低表面温度,有极好的抗氧化、抗开裂性能。陶瓷基复合材料与其他复合材料相比发展仍较缓慢,主要原因一方面是制备工艺复杂,另一方面是缺少耐高温的纤维。

2.2.5　复合材料的力学性能

　　材料力学行为:应力-应变关系(本构关系),把应力与应变联系起来的力学状态方程,描述了材料力学构成的本质特性(线弹性、弹塑性、黏弹性、非线性……)。更广义的本构关系涵盖的因素更广泛,如环境、损伤、其他性能等,但也属描述本质特性的关联关系。对于复合材料而言,纤维的性质、基体的性质、纤维体积分数、纤维在复合材料中的几何特征和取向等因素与复合材料的力学性能息息相关。例如:即使考虑采用同一种增强纤维,复合材料的性质也可以随纤维体积分数和方向的不同而有最大10倍以上的变化。

　　对于纤维增强的复合材料,其力学性能主要取决于纤维的力学性能、多少载荷可以从基体传递到纤维、纤维和基体间的界面粘接情况等。可以有效刚化或强化的临界纤维长度依赖于纤维直径、纤维拉伸强度;纤维/基体界面强度。

　　图2.3~图2.6列举了连续纤维增强聚合物基复合材料的力学行为。

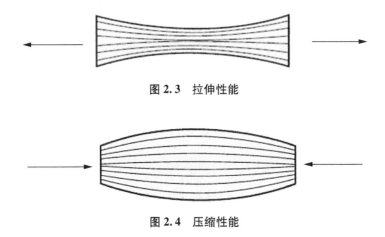

图2.3　拉伸性能

图2.4　压缩性能

复合材料在拉伸载荷下响应依赖于增强纤维的拉伸强度和刚度特性,因为它们远远高于树脂基体的性能。

对于压缩情况,树脂系统的黏着和刚度性能是非常关键的,因为它们是保证纤维取向性并阻止发生屈曲的重要角色。

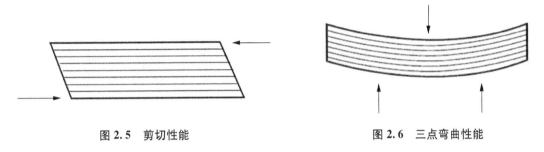

图 2.5　剪切性能　　　　　　　　　　图 2.6　三点弯曲性能

剪切载荷会造成邻近的纤维层相互之间的滑动,树脂将扮演重要的角色,在复合材料截面上传递应力。因此在剪切载荷下的复合材料中,树脂组元必须具有良好的力学性能和与纤维较好的结合能力,层间剪切强度(interlaminar shear strength)通常用来表征复合材料层合板(laminate)的性能。

当承受弯曲载荷时,上表面承受压缩,下表面承受拉伸,而层合板的中间部分承受剪切状态。

此外,复合材料的成型工艺对其力学性能也有较大的影响。简单的材料制备和成型工艺(如喷涂玻璃纤维层合结构)可能会导致较低的材料的力学性能;高技术的制备工艺(如单向纤维预浸料+热压罐固化)会产生较高的力学性能。

2.3　典型增强相及其性能

纤维在复合材料中起增强作用,是主要承力组分。它不仅能使材料显示出较高的抗张强度和刚度,而且能减少收缩,提高热变形温度和低温冲击强度等。复合材料的性能在很大程度上取决于纤维的性能、含量及使用状态。另外,复合材料中纤维含量强烈依赖于采用的制备工艺,密织织物比粗糙的织物(或纤维束间有大缝隙的情况)可以产生更高的纤维体积分数(fibre volume fraction,FVF)。一般来讲,层合板的刚度和强度随着纤维体积分数的增加而增加,但是如果超过 60%~70% FVF(依赖于堆叠的方式),尽管拉伸刚度可以继续增加,但层合板的强度会达到一个峰值,并开始下降,这是由于树脂基体的严重减少而不能把纤维合理地黏结在一起。纤维直径也是重要的因素,价格昂贵的小直径纤维可以提供更高的纤维表面积,用于传递纤维/基体界面载荷。

纤维在基体中的取向主要有以下四种:单向分布;0°/90°铺层;多轴取向;随机分布。图 2.7 给出了 0°/90°织物增强相的不同排列方式。

常用的增强纤维材料包括玻璃纤维、芳纶纤维、碳纤维、PBO 纤维、超高分子量聚乙烯纤维等。表 2.1 是常用纤维的性能对比。

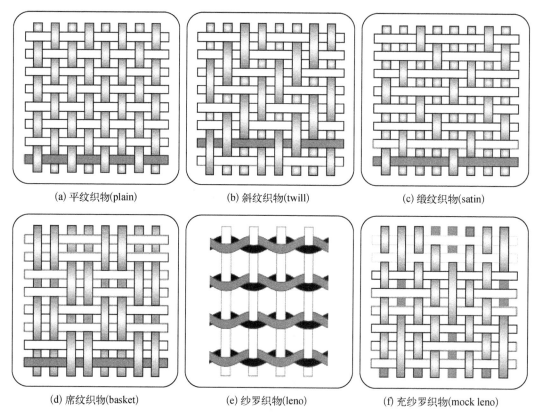

(a) 平纹织物(plain)　　　　　　(b) 斜纹织物(twill)　　　　　　(c) 缎纹织物(satin)

(d) 席纹织物(basket)　　　　　　(e) 纱罗织物(leno)　　　　　　(f) 充纱罗织物(mock leno)

图 2.7　0°/90°织物增强相的不同排列方式

表 2.1　常用纤维材料性能比较

纤　　维	密度/(g·cm^{-3})	拉伸强度/MPa	弹性模量/GPa
E -玻璃纤维	2.54	3 500	72
S -玻璃纤维	2.44	4 700	87
凯夫拉- 49	1.44	3 790	121
碳纤维 T300	1.76	3 530	230
碳纤维 T700	1.80	4 900	230
碳纤维 T800	1.81	5 490	294
碳纤维 T1000	1.80	6 370	294
PBO 纤维	1.56	5 800	180
超高分子量聚乙烯纤维	0.97~0.98	3 500	116

下面介绍常用的纤维增强材料。

2.3.1　玻璃纤维

玻璃纤维是由 SiO_2 和 Al、Ca、B 等元素氧化物及少量加工助剂 CaO 等原材料经熔炼成玻璃球,然后在坩埚内将玻璃球熔融拉丝而成。玻璃纤维最早诞生于 20 世纪 30 年代,世界上第一家玻璃纤维企业是欧文斯·科宁(Owens-Corning)公司。

1. 玻璃纤维的分类

一般从玻璃原料成分、单丝直径、纤维外观及纤维特性等方面进行玻璃纤维的分类。

从玻璃原料成分角度,按照不同的含碱量来分类,可分为以下几类。

(1) 无碱玻璃纤维(E 玻纤):是以钙铝硼硅酸盐组成的玻璃纤维,这种纤维强度较高,耐热性和电性能优良,能抗大气侵蚀,化学稳定性也好(但不耐酸),最大的特点是电性能好,因此也把它称作电气玻璃。国内外大多数都使用这种 E 玻璃纤维作为复合材料的原材料。目前,国内规定其碱金属氧化物含量不大于 0.5%,国外一般为 1% 左右。

(2) 中碱玻璃纤维(C 玻纤):碱金属氧化物含量在 11.5%~12.5%。国外没有这种玻璃纤维,它的主要特点是耐酸性好,但强度不如 E 玻璃纤维高。它主要用于耐腐蚀领域中,价格较便宜。

(3) 有碱玻璃纤维(A 玻纤):有碱玻璃也称作 A 玻璃,类似于窗玻璃及玻璃瓶的钠钙玻璃。此种玻璃由于含碱量高,强度低,对潮气侵蚀极为敏感,因而很少作为增强材料。

(4) 特种玻璃纤维:如由纯镁铝硅三元组成的高强玻璃纤维、镁铝硅系高强高弹玻璃纤维、硅铝钙镁系耐化学介质腐蚀玻璃纤维、含铅纤维、高硅氧纤维、石英纤维等。

玻璃纤维单丝呈圆柱形,以其直径的不同可以分成几种(其直径值以 μm 为单位):

(1) 粗纤维 30 μm;

(2) 初级纤维 20 μm;

(3) 中级纤维 10~20 μm;

(4) 高级纤维 3~10 μm(亦称纺织纤维)。

单丝直径小于 4 μm 的玻璃纤维称为超细纤维。

单丝直径不同,不仅使纤维的性能有差异,而且影响到纤维的生产工艺、产量和成本。一般 5~10 μm 的纤维作为纺织制品使用,10~14 μm 的纤维用来做无捻粗纱、无纺布、短切纤维毡等较为适宜。

以纤维外观分类,可分为连续纤维[包含有无捻粗纱及有捻粗纱(用于纺织)]、短切纤维、空心玻璃纤维、玻璃粉及磨细纤维等。

根据纤维本身具有的性能可分为高强玻璃纤维、高模量玻璃纤维、耐高温玻璃纤维、耐碱玻璃纤维、耐酸玻璃纤维、普通玻璃纤维(指无碱及中碱玻璃纤维)。

2. 玻璃纤维的特点

玻璃纤维的基本特点:密度大、高强、低模、高伸长率、低线膨胀、低热导率,与碳纤维和有机纤维相比,玻璃纤维具有良好氧化稳定性,强度随温度升高而降低,在 200~250℃强度无明显变化,超过 250℃强度显著下降,在 400℃经过 24 小时后,强度下降一半,具有短期耐高温性。表 2.2 综合对比分析了各种玻璃纤维的特性和应用领域。

表 2.2 各种玻璃纤维的特性和应用领域

种 类	特 性	应 用 领 域
E 玻纤	电绝缘性好,拉伸强度高,耐酸性、腐蚀差	电绝缘件、机械零件等
C 玻纤	耐酸性好,电绝缘性差,强度低,成本低	耐酸及电性能无特殊要求
A 玻纤	耐酸性好,不耐水、电性能差,易吸潮	隔热保温件、毡和耐酸环境
耐化学 C	耐酸性比 E 玻纤好	蓄电池套管、耐腐蚀件
高强度 S	拉伸强度比 E 好,模量比 E 高,疲劳性好	火箭发动机壳体、飞机壁板
低介电	介电常数低,透波性好,密度低,力学性能低	雷达罩、透波幕墙、电绝缘
高模量 M	密度高 2.89 g/cm³,模量比一般玻纤高 1/3	航空和宇航领域
高硅氧	耐热性好,伸长率小(1%)	高温放热、耐烧蚀部件
空心	质轻,刚性好,介电常数低	航空及海底设备、玻璃钢

2.3.2 碳纤维

碳纤维是纤维状的碳材料,是由有机纤维原丝在 1 000℃以上的高温下碳化形成,且含碳量在 95%以上的高性能纤维材料。碳纤维(carbon fiber,CF)的开发历史可追溯到 19 世纪末期美国科学家爱迪生发明的白炽灯灯丝,而真正作为有使用价值并规模生产的碳纤维,则出现在 20 世纪 50 年代末期。1959 年美国联合碳化公司(Union Carbide Corporation,UCC)以黏胶纤维(viscose firber)为原丝制成商品名为"Hyfil Thorne1"的纤维素基碳纤维(rayon-based carbon firber);1962 年日本碳素株式会社实现低模量聚丙烯腈基碳纤维(polyacrylonitrile-basedc carbon firber,PANCF)的工业化生产;1963 年英国航空材料研究所(Royal Aircraft Establishment,RAE)开发出高模量聚丙烯腈基碳纤维;1965 年日本群马大学试制成功以沥青或木质素为原料的通用型碳纤维,1970 年日本吴羽化学株式会社实现沥青基碳纤维(pitch-based carbon fiber)的工业规模生产;1968 年美国金刚砂公司研制出商品名为"Kynol"的酚醛纤维(phenolic fiber),1980 年以酚醛纤维为原丝的活性碳纤维(fibrous activated carbon)投放市场。

碳纤维是由有机纤维经固相反应转变而成的纤维状聚合物碳,是一种非金属材料。它不属于有机纤维范畴,但从制法上看,它又不同于普通无机纤维。碳纤维性能优异,不仅重量轻、比强度大、模量高,而且耐热性高以及化学稳定性好(除硝酸等少数强酸外,几乎对所有药品均稳定,对碱也稳定)。其制品具有非常优良的 X 射线透过性,阻止中子透过性,还可赋予塑料以导电性和导热性。以碳纤维为增强剂的复合材料具有比钢强、比铝轻的特性,是一种目前最受重视的高性能材料之一。它在航空航天、军事、工业、体育器材等许多方面有着广泛的用途。

1. 碳纤维的分类

当前国内外已商品化的碳纤维种类很多,一般可以根据原丝的类型、碳纤维的性能和用途进行分类。

1)根据碳纤维的性能分类

(1)高性能碳纤维:高强度碳纤维、高模量碳纤维、中模量碳纤维等;

（2）低性能碳纤维：耐火纤维、碳质纤维、石墨纤维等。

2）根据原丝类型分类

（1）聚丙烯腈基纤维；

（2）黏胶基碳纤维；

（3）沥青基碳纤维；

（4）木质素纤维基碳纤维；

（5）其他有机纤维基（各种天然纤维、再生纤维、缩合多环芳香族合成纤维）碳纤维。

3）根据碳纤维功能分类

（1）受力结构用碳纤维；

（2）耐焰碳纤维；

（3）活性碳纤维（吸附活性）；

（4）导电用碳纤维；

（5）润滑用碳纤维；

（6）耐磨用碳纤维。

2. 碳纤维的性能

碳纤维主要具备以下特征。

（1）密度小、质量小。碳纤维的密度为 $1.7 \sim 2 \ g/cm^3$，大于其他高性能的有机纤维，相当于钢密度的 1/4、铝合金密度的 1/2。

（2）强度、弹性模量高。其强度比钢大 4~5 倍，弹性模量比铝合金高 5~6 倍，弹性回复为 100%。高强度碳纤维的抗拉强度和模量可达 $3\ 500 \sim 6\ 300 \ MPa$ 和 $230 \sim 700 \ GPa$。

（3）热膨胀系数小。热导率随温度升高而下降，耐骤冷和高温性能好，即使从几千摄氏度的高温突然降到常温也不会炸裂，在 $3\ 000℃$ 非氧化气氛下不熔化、不软化，在液氮温度下不脆化。

（4）碳纤维尺寸稳定，刚性好，并且具有自润滑性，其摩擦系数小，耐磨性好。

（5）导电性好。25℃时高模量碳纤维的比电阻为 $775 \ \mu\Omega/cm$。

（6）耐腐蚀性好。碳纤维对酸呈惰性，能耐浓盐酸、硫酸等多种强酸侵蚀。除此之外，碳纤维复合材料还具有耐辐射、化学稳定性好、吸收有毒气体和使中子减速等特性，在航空航天、军事等许多方面有着广泛的用途。日本、美国是世界上主要生产碳纤维的国家，以日本东丽株式会社 12K－T700S 和 T1000 为代表的碳纤维是目前最主要采用的增强材料，以其显著的性能优势，在当前碳纤维复合材料中占据了主导地位。表 2.3 列出了日本东丽株式会社的商品化的碳纤维的主要性能指标情况。

表 2.3　日本东丽株式会社碳纤维的主要性能指标

纤维型号	单丝数/k	拉伸强度/MPa	拉伸模量/GPa	断裂延伸率/%	密度/(g/cm³)
T300	1/3/6/12	3 530	230	1.5	1.76
T700S	12/24	4 900	230	2.1	1.80
T800H	6/12	5 490	294	1.9	1.81

纤维型号	单丝数/k	拉伸强度/MPa	拉伸模量/GPa	断裂延伸率/%	密度/（g/cm³）
T1000G	12	6 370	294	2.2	1.80
M40J	3/6/12	4 410	377	1.2	1.77
M50J	3/6	4 120	475	0.8	1.88
M55J	6	4 020	540	0.8	1.91
M60J	3/6	3 920	588	0.7	1.93
M40	1/3/6/12	2 740	392	0.7	1.81

2.3.3　芳纶纤维

芳纶纤维诞生于 20 世纪 60 年代末,全称为"聚对苯二甲酰对苯二胺",英文为 aramid fiber(帝人芳纶的商品名为 Twaron,杜邦公司的商品名为 Kevlar),是一种芳香族聚酰胺合成的有机纤维,它的比重比碳纤维还小,同时具有很高强度、高模量、冲击性能好以及良好的化学稳定性和耐热性的特点,价格仅仅为碳纤维的一半。

芳纶纤维主要具备以下特征:① 良好的机械特性,芳纶是一种柔性高分子,断裂强度高于普通涤纶、棉、尼龙等,伸长率较大,手感柔软,可纺性好,可生产成不同纤度、长度的短纤维和长丝;② 优异的阻燃、耐热性能,芳纶的极限氧指数(limiting oxygen index,LOI)大于 28,因此当它离开火焰时不会继续燃烧,热稳定性好,在 205℃的条件下可以连续使用,在大于 205℃高温条件下仍能保持较高的强力,同时,芳纶还具有较高的分解温度,在高温条件下不会熔融、融滴,当温度大于 370℃时才开始碳化;③ 稳定的化学性质,芳纶具有优异的耐大多数化学物质的性能,可耐大多数高浓度的无机酸,常温下耐碱性能好;④ 力学性能优异,具有超高强度、高模量和重量轻等优良性能,其强度是钢丝的 5~6 倍,模量为钢丝或玻璃纤维的 2~3 倍,韧性是钢丝的 2 倍,而重量仅为钢丝的 1/5 左右。芳纶纤维一直是大量使用的高性能纤维材料,主要用于航空、航天对重量和形状要求特别严格的压力容器上。例如,美国的航天飞机上就曾经大量使用凯夫拉纤维缠绕复合材料压力容器用于推进系统和生命保障系统的正常工作。

2.3.4　PBO 纤维

PBO 是聚对苯撑苯并双口恶唑纤维(poly-p-phenylenebenzobisthiazole)的简称,是 20 世纪 80 年代美国为发展航空航天事业而开发的复合材料用的增强材料,是含有杂环芳香族的聚酰胺家族中最有发展前途的一个成员,被誉为 21 世纪超级纤维。PBO 纤维的强度、模量、耐热性和抗燃性,特别是 PBO 纤维的强度不仅超过钢纤维,而且可凌驾于碳纤维之上。此外,PBO 纤维的耐冲击性、耐摩擦性和尺寸稳定性均很优异,并且质轻而柔软,是极其理想的纺织原料。PBO 纤维主要具备以下特征:① 力学性能好,高端 PBO 纤维产品的强度为 5.8 GPa,模量 180 GPa,在现有的化学纤维中最高;② 热稳定性好,耐热温度达到 600℃,极限氧指数 68,在火焰中不燃烧、不收缩,耐热性和难燃性高于其他任何一种有机纤维。PBO 作为 21 世纪超性能纤维,具有十分优异的物理机械性能和化学性能,其强度、模量为 Kevlar 纤维的 2 倍且兼有间位芳纶耐热阻燃的性能,另外,它的物理化学性能完全超过迄今在高性能纤维领域处于领先地位的 Kevlar 纤维。一根直径为 1 mm 的 PBO 细丝可吊起 450 kg 的质量,其强度是钢丝纤维的 10 倍以上。

2.3.5　超高分子量聚乙烯纤维

超高分子量聚乙烯纤维(ultra high molecular weight polyethylene fiber, UHMWPE),又称高强高模聚乙烯纤维,是目前世界上比强度和比模量最高的纤维,由分子量在 100 万 ~ 500 万的聚乙烯所纺出的纤维。超高分子量聚乙烯纤维主要具备以下特征:① 高比强度,高比模量,比强度是同等截面钢丝的十多倍,比模量仅次于特级碳纤维,通常分子量大于 10^6,拉伸强度为 3.5 GPa,弹性模量为 116 GPa,延伸率为 3.4%;② 密度低,密度一般为 $0.97 \sim 0.98 \text{ g/cm}^3$,可浮于水面;③ 断裂伸长低,断裂功大,具有很强的吸收能量的能力,因而具有突出的抗冲击性和抗切割性;④ 耐候性优异,抗紫外线辐射,防中子和 γ 射线,比能量吸收高、介电常数低、电磁波透射率高,并且耐化学腐蚀、耐磨性好、有较长的挠曲寿命。由于超高分子量聚乙烯纤维具有众多的优异特性,它在高性能纤维市场上,包括从海上油田的系泊绳到高性能轻质复合材料方面均显示出极大的优势,在现代化战争和航空、航天、海域防御装备等领域发挥着举足轻重的作用。

2.4　典型基体及其性能

在纤维增强复合材料中,基体材料主要起粘接以固定纤维的作用,以剪切力的形式向纤维传递载荷,并保护纤维免受外界环境的损伤。纤维与基体匹配的好坏直接影响到复合材料的整体性能。对基体材料而言,不仅要对纤维有良好的浸润性和粘接性,而且要具有一定的塑性和韧性,固化后有较高的强度、模量和与纤维相适应的延伸率等,同时,还要有良好的工艺性,主要包括流动性、对纤维浸润性、成形性等。下面对常用的不饱和聚酯树脂、环氧树脂、氰酸酯树脂、聚酰亚胺树脂等聚合物基体进行逐一的介绍。

2.4.1　不饱和聚酯树脂

不饱和聚酯树脂是指有线型结构的,主链上同时具有重复酯键及不饱和双键的一类聚合物。不饱和聚酯树脂的种类很多,按化学结构分类可分为顺酐型、丙烯酸型、丙烯酸环氧酯型和丙烯酸型聚酯树脂。不饱和聚酯树脂在热固性树脂中是工业化较早,产量较多的一类,它主要应用于玻璃纤维复合材料。由于树脂的收缩率高且力学性能较低,因此很少用它与碳纤维制造复合材料。但近年来由于汽车工业发展的需要,用玻璃纤维部分取代碳纤维的混杂复合材料得以发展,价格低廉的聚酯树脂可能扩大应用。

不饱和聚酯树脂的主要特点是:

(1) 工艺性能良好,如室温下黏度低,可以在室温下固化,在常压下成型,颜色浅,可以制作彩色制品,有多种措施来调节其工艺性能等;

(2) 固化后树脂的综合性能良好,并有多种专用树脂适应不同用途的需要;

(3) 价格低廉,其价格远低于环氧树脂,略高于酚醛树脂。

主要缺点是:固化时体积收缩率较大,成型时气味和毒性较大,耐热性、强度和模量都较低,易变形,因此很少用于受力较强的制品中。

2.4.2 环氧树脂

环氧树脂泛指分子中含有两个或两个以上环氧基团的有机化合物,除个别种类外,它们的相对分子质量都不高。环氧树脂的分子结构的特征是分子链中含有活泼的环氧基团,环氧基团可以位于分子链的末端、中间或成环状结构。由于分子结构中含有活泼的环氧基团,它们可与多种类型的固化剂发生交联反应而形成不溶的具有三向网状结构的高聚物。

环氧树脂的种类很多,按原料组分而言有双酚型环氧树脂、非双酚型环氧树脂以及脂环族环氧化合物和脂肪族环氧化合物等环氧树脂。其中,以双酚化合物为原料制成的环氧树脂统称双酚型环氧树脂,有双酚 A 型、双酚 F 型、双酚 PA 型和间苯二酚环氧树脂等。双酚 A 型环氧树脂是一种量大面广的环氧树脂,常称为变通环氧树脂,系由环氧丙烷与二酚基丙烷等在碱性介质中缩聚而成的,属缩水甘油醚类。其中黏度较低,相对分子质量较小的呈黏液态的双酚 A 型环氧树脂可作为玻璃钢的原材料使用。这种环氧树脂的结构通式如图 2.8 所示。

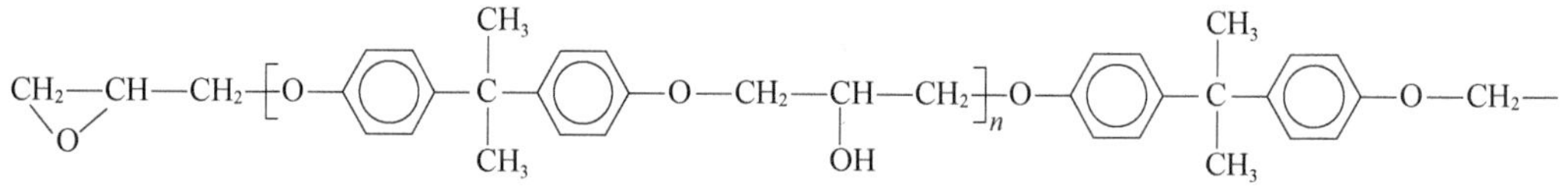

图 2.8 双酚 A 型环氧树脂结构式

在双酚 A 型环氧树脂的分子结构中既存在刚性的苯环,又存在含有柔性醚键和—CH$_2$—链段,同时也具有极性—OH。

固化后的环氧树脂具有良好的物理、化学性能,它对金属和非金属材料的表面具有优异的粘接强度,介电性能良好,固化收缩率小,制品尺寸稳定性好,硬度高,柔韧性较好,对碱及大部分溶剂稳定,广泛应用于国防、国民经济各部门,作浇注、浸渍、层压料、粘接剂、涂料等用途。其主要特性如下。

(1)力学性能高,环氧树脂具有很强的内聚力,分子结构致密。附着力强,环氧固化物对金属、陶瓷、玻璃、混凝土、木材等极性基材以优良的附着力。

(2)固化收缩率小,一般为 1%~2%;是热固性树脂中固化收缩率最小的品种之一(酚醛树脂为 8%~10%;不饱和聚酯树脂为 4%~6%;有机硅树脂为 4%~8%)。

(3)优良的电绝缘性优良,稳定性好,抗化学药品性优良。

(4)环氧固化物的耐热性一般为 80~100℃,环氧树脂的耐热品种可达 200℃或更高。

2.4.3 氰酸酯树脂

氰酸酯树脂是 20 世纪 60 年代开发的一种分子结构中含有两个或两个以上氰酸酯官能团(—OCN)的新型热固性树脂,其分子结构式为 NCO—R—OCN;氰酸酯树脂又称为三嗪 A 树脂,英文全称是 Triazine A resin、TA resin、Cyanate resin,缩写为 CE。

氰酸酯树脂的种类很多,不同的结构会有不同的性能,但它们是固化聚合后生成以三嗪环结构为主的网状高聚物,所以它们有着共同的特性。

(1) 氰酸酯树脂的重均分子量为 2 000,常温下呈固态或者半固态,也有某些品种为液态,可以在 50~60℃ 温度范围内软化。

(2) 氰酸酯可溶于常见溶剂,如丙酮、丁酮、氯仿、四氢呋喃等,会被 25% 的氨水、4% 的氢氧化钠溶液、50% 硝酸和浓硫酸腐蚀,但是它可以耐苯、二甲基甲酰胺、甲醛、燃料油、石油、浓醋酸、三氯醛酸、磷酸钠浓溶液、30% 的双氧水 H_2O_2 等;

(3) 氰酸酯具有优良的高温力学性能,弯曲强度和拉伸强度都比双官能团环氧树脂高;极低的吸水率(<1.5%);成型收缩率低,尺寸稳定性好,耐热性好,玻璃化温度在 240~260℃,最高能达到 400℃,改性后可在 170℃ 固化;耐湿热性、阻燃性、黏结性都很好,和玻纤、碳纤、石英纤维、晶须等增强材料的粘接性能好;电性能优异,具有极低的介电常数(2.8~3.2)和介电损耗角正切值(0.002~0.008),并且介电性能对温度和电磁波频率的变化都显示特有的稳定性(即具有宽频带性)。

(4) 用有机锡化合物作为氰酸酯树脂固化反应的催化剂,制得的 CE 固化树脂和复合材料具有优良的性能。

2.4.4 双马来酰亚胺树脂

双马来酰亚胺(bismaleimide,BMI)树脂是由聚酰亚胺树脂体系派生的另一类树脂体系,是以马来酰亚胺(maleimide,MI)为活性端基的双官能团化合物,有与环氧树脂相近的流动性和可模塑性,可用与环氧树脂类同的一般方法进行加工成型,克服了环氧树脂耐热性相对较低的缺点,因此,近二十年来得到迅速发展和广泛应用。

双马来酰亚胺树脂(BMI)以其优异的耐热性、电绝缘性、透波性、耐辐射、阻燃性,良好的力学性能和尺寸稳定性,成型工艺类似于环氧树脂等特点,被广泛应用于航空、航天、机械、电子等工业领域中,先进复合材料的树脂基体、耐高温绝缘材料和粘接剂等。

以下是双马来酰亚胺(BMI)树脂的主要性能。

1. 耐热性

BMI 由于含有苯环、酰亚胺杂环及交联密度较高而使其固化物具有优良的耐热性,其玻璃化转变温度 T_g 一般大于 250℃,使用温度范围为 177~232℃。脂肪族 BMI 中乙二胺是最稳定的,随着亚甲基数目的增多起始热分解温度(T_d)将下降。芳香族 BMI 的 T_d 一般都高于脂肪族 BMI,其中 2,4-二氨基苯类的 T_d 高于其他种类。另外,T_d 与交联密度有着密切的关系,在一定范围内 T_d 随着交联密度的增大而升高。

2. 溶解性

常用的 BMI 单体不能溶于普通有机如丙酮、乙醇、氯仿中,只能溶于二甲基甲酰胺(dimethylformamide,DMF)、N-甲基吡咯烷酮(N-methylpyrrolidone,NMP)等强极性、毒性大、价格高的溶剂中。这是由 BMI 的分子极性以及结构的对称性所决定的,因此如何改善溶解性是 BMI 改性的一个重要内容。

3. 力学性能

BMI 树脂的固化反应属于加成型聚合反应,成型过程中无低分子副产物放出,且容易控制。固化物结构致密,缺陷少,因而 BMI 具有较高的强度和模量。但是由于固化物的交联密度高、分子链刚性强而使 BMI 呈现出极大的脆性,它表现在抗冲击强度差、断裂伸长率小、断裂韧性临界能量释放率 G_{IC} 低($<5\ \mathrm{J/m^2}$)。而韧性差正是阻碍 BMI 适应高技术要求、扩大新应用领域的重大障碍,所以如何提高韧性就成为决定 BMI 应用及发展的技术关键之一。此外,BMI 还具有优良的电性能、耐化学性能及耐辐射等性能。

2.4.5 聚酰亚胺树脂

聚酰亚胺(polyimide,PI)是主链上含有酰亚胺环的高分子材料,作为基体树脂使用具有突出的耐温性能和优异的机械性能,自美国 NASA Lewis 研究中心发明了用 PMR 方法制备聚酰亚胺复合材料以来,其在复合材料中得到了迅速的发展,并已开发了一系列用于复合材料的新型聚酰亚胺树脂,这些材料的长期使用温度可达到 316℃ 以上,是制造航天航空飞行器中各种耐高温结构部件的主要材料。

美国 NASA 研制的 PMR-Ⅱ-50 和美国空军材料实验室研制的 AFR-700B 系列材料的长期使用温度可达 371℃,短期使用温度可达 400~450℃,其中 AFR-700B 超高温树脂基复合材料用于 F-22 的发动机上,代替钛合金用作压气机的静子结构、进气道或后机身多用途导管等。美国战斧巡航导弹的进气道和整流罩采用石墨纤维增强聚酰亚胺复合材料,与钛合金相比,可使整流罩的质量减轻 67%。

2.5 典型界面相及其性能

复合材料的界面是指基体与增强物之间化学成分有显著变化的、构成彼此结合的、能起载荷传递作用的微小区域。界面虽然很小,但它是有尺寸的,约几个纳米到几个微米,是一个区域、一个带或一层,厚度不均匀,它包含了基体和增强物的部分原始接触面、基体与增强物相互作用生成的反应产物、此产物与基体及增强物的接触面,基体和增强物的互扩散层,增强物上的表面涂层、基体和增强物上的氧化物及它们的反应产物等。

基体和增强物通过界面结合在一起,构成复合材料整体,界面结合的状态和强度无疑对复合材料的性能有重要影响,因此,对于各种复合材料都要求有合适的界面结合强度。界面的结合强度一般是以分子间力、溶解度指数、表面张力(表面自由能)等表示的,而实际上有许多因素影响着界面结合强度。例如:表面的几何形状、分布状况、纹理结构;表面吸附气体和蒸汽程度;表面吸水情况;杂质存在;表面形态(形成与块状物不同的表面层);在界面的溶解、浸透、扩散和化学反应;表面层的力学特性;润湿速度等。

由于界面区相对于整体材料所占比重甚微,欲单独对某一性能进行度量有很大困难,因此常借用整体材料的力学性能来表征界面性能,如层间剪切强度(interlaminar shear strength,ILSS)就是研究界面黏结的良好办法,如再能配合断裂形貌分析等即可对界面的其他性能作较深入的研究。由于复合材料的破坏形式随作用力的类型、原材料结构组成不同而异,故破坏可开始在树脂基体或增强剂,也可开始在界面。有人通过力学分析指出,界面性能较差的材料大多呈剪切破坏,且在材料的断面可观察到脱黏、纤维拔出、纤维应力松弛等现象。但界面间黏结过强的材料呈脆性也降低了材料的复合性能。界面最佳态的衡量是当受力发生开裂时,这一裂纹能转为区域化而不产生进一步界面脱黏。即这时的复合材料具有最大断裂能和一定的韧性。由此可见,在研究和设计界面时,不应只追求界面黏结而应考虑到最优化和最佳综合性能。

由于界面尺寸很小且不均匀、化学成分及结构复杂、力学环境复杂,对于界面的结合强度、界面的厚度、界面的应力状态尚无直接的、准确的定量分析方法,对于界面结合状态、形态、结构以及它对复合材料性能的影响尚没有适当的试验方法,需要借助拉曼光谱、电子质谱、红外扫描、X 射线衍射等试验逐步摸索和统一认识。对于成分和相结构也很难做出全面的分析。因此,迄今为止对复合材料界面的认识还是很不充分的,更谈不上以一个通用的模型来建立完整的理论。尽管存在很大的困难,但由于界面的重要性,所以吸引着大量研究者致力于认识界面的工作,以便掌握其规律。

2.5.1　聚合物基复合材料的界面

对于聚合物基复合材料,其界面的形成可以分成两个阶段:第一阶段是基体与增强纤维的接触与浸润过程。由于增强纤维对基体分子的各种基团或基体中各组分的吸附能力不同,它总是要吸附那些能降低其表面能的物质,并优先吸附那些能较多降低其表面能的物质。因此界面聚合层在结构上与聚合物本体是不同的。第二阶段是聚合物的固化阶段。在此过程中聚合物通过物理的或化学的变化而固化,形成固定的界面层。

界面层的结构大致包括界面的结合力、界面的区域(厚度)和界面的微观结构等几个方面。界面结合力存在于两相之间,并由此产生复合效果和界面强度。界面结合力又可分为宏观结合力和微观结合力,前者主要指材料的几何因素,如表面的凹凸不平、裂纹、孔隙等所产生的机械铰合力;后者包括化学键和次价键,这两种键的相对比例取决于组成成分及其表面性质。化学键结合是最强的结合,可以通过界面化学反应而产生,通常进行的增强纤维表面处理就是为了增大界面结合力。

界面作用机理:界面层使纤维与基体形成一个整体,并通过它传递应力,若纤维与基体之间的相容性不好,界面不完整,则应力的传递面仅为纤维总面积的一部分。因此,为使复合材料内部能够均匀地传递应力,显示其优异性能,要求在复合材料的制造过程中形成一个完整的界面层。

界面对复合材料特别是其力学性能起着极为重要的作用。从复合材料的强度和刚度来考虑,界面结合达到比较牢固和比较完善是有利的,它可以明显提高横向和层间拉伸强度以及剪切强度,也可适当提高横向和层间拉伸模量、剪切模量。碳纤维、玻璃纤维等的韧性差,如果界面很脆、断裂应变很小而强度较大,则纤维的断裂可能引起裂纹沿垂直于纤维方向扩展,诱发相邻纤维相继断裂,所以这种复合材料的断裂韧性很差。在这种情况下,如果界面结合强度较低,则纤维断裂所引起的裂纹可以改变方向而沿界面扩展,遇到纤维缺陷或薄弱环节时裂纹再次跨越纤维,继续沿界面扩展,形成曲折的路径,这样就需要较多的断裂功。因此,如果界面和基体的断裂应变都较低时,从提高断裂韧性的角度出发,适当减弱界面强度和提高纤维延伸率是有利的。

2.5.2　金属基复合材料的界面

在金属基复合材料中往往由于基体与增强物发生相互作用生成化合物,基体与增强物的互相扩散而形成扩散层。增强物的表面预处理涂层,使界面的形状、尺寸、成分、结构等变得非常复杂。

界面的类型:对于金属基复合材料,其界面比聚合物基复合材料复杂得多。金属基复合材料的界面大致可分为三类。其中,Ⅰ类界面是平整的,厚度仅为分子层的程度,除原组成成分外,界面上基本不含其他物质;Ⅱ类界面是由原组成成分构成的犬牙交错的溶解扩散型界面;Ⅲ类界面则含有亚微级左右的界面反应物质(界面反应层)。

金属基复合材料的界面结合可以分成以下几种形式。

1. 物理结合

物理结合是指借助材料表面的粗糙形态而产生的机械铰合,以及借助基体收缩应力包紧纤维时产生的摩擦结合。这种结合与化学作用无关,纯属物理作用,结合强度的大小与纤维表面的粗糙程度有很大关系。例如,用经过表面刻蚀处理的纤维制成的复合材料,其结合强度比具有光滑表面的纤维复合材料高 2~3 倍。但这种结合只有当载荷应力平行于界面时才能显示较强的作用,而当应力垂直于界面时承载能力很小。

2. 溶解和浸润结合

纤维与基体的相互作用力是极短程的,只有若干原子间距。由于纤维表面常存在氧化物膜,阻碍液态金属的浸润,这时就需要对纤维表面进行处理,如利用超声波法通过机械摩擦力破坏氧化物膜,使纤维与基体的接触角小于 90°,发生浸润或局部互溶以提高界面结合力。当然,液态金属对纤维的浸润性也与温度有关。

3. 反应结合

其特征是在纤维与基体之间形成新的化合物层,即界面反应层。界面反应层往往不是单一的化合物,如硼纤维增强钛铝合金,在界面反应层内有多种反应产物。一般情况下,随着反应程度增加,界面结合强度也会增大,但由于界面反应产物多为脆性物质,所以当界面层达到一定厚度时,界面上的残余应力可使界面破坏,反而降低界面结合强度。此外,某些纤维表面吸附空气发生氧化作用也能形成某种形式的反应结合。

此外,在实际情况中界面的结合方式往往不是单纯的一种类型,有时是多种类型伴发。

与聚合物基复合材料相比,耐高温是金属基复合材料的主要特点。因此,金属基复合材料的界面能否在所允许的高温环境下长时间保持稳定是非常重要的。影响界面稳定性的因素包括物理和化学两个方面。

物理方面的不稳定因素主要指在高温条件下增强纤维与基体之间的熔融。化学方面的不稳定因素主要与复合材料在加工和使用过程中发生的界面化学作用有关。在金属基复合材料结构设计中,除了要考虑化学方面的因素外,还应注意增强纤维与金属基体的物理相容性。物理相容性要求金属基体有足够的韧性和强度,以便能够更好地通过界面将载荷传递给增强纤维;还要求在材料中出现裂纹或位错(金属晶体中的一种缺陷,其特征是两维尺度很小而第三维尺度很大,金属发生塑性形变时伴随着位错的移动)移动时基体上产生的局部应力不在增强纤维上形成高应力。物理相容性中最重要的是要求纤维与基体的热膨胀系数匹配。如果基体的韧性较强、热膨胀系数也较大,复合后容易产生拉伸残余应力,而增强纤维多为脆性材料,复合后容易出现压缩残余应力。因而不能选用模量很低的基体与模量很高的纤维复合,否则纤维容易发生屈曲。在选择金属基复合材料的组分材料时,为避免过高的残余应力,要求增强纤维与基体的热膨胀系数不要相差很大。

2.5.3　陶瓷基复合材料的界面

在陶瓷基复合材料中,增强纤维与基体之间形成的反应层质地比较均匀,与纤维、基体都能很好地结合,但通常它是脆性的。因增强纤维的横截面多为圆形,故界面反应层常为空心圆筒状,其厚度可以控制。当反应层达到某一厚度时,复合材料的抗张强度开始降低,此时反应层的厚度可定义为第一临界厚度。如果反应层厚度继续增大,材料强度亦随之降低,直至达某一强度时不再降低,这时反应层厚度称为第二临界厚度。例如,利用化学气相沉积(chemical vapor deposition,CVD)技术制造碳纤维/硅材料时,第一临界厚度为 $0.05~\mu m$,此时出现 SiC 反应层,复合材料的抗张强度为 1 800 MPa;第二临界厚度为 $0.58~\mu m$,抗张强度降至 600 MPa。相比之下,碳纤维/铝材料的抗张强度较低,第一临界厚度 $0.1~\mu m$ 时,形成 Al_4C_3 反应层,抗张强度为 1 150 MPa;第二临界厚度为 $0.76~\mu m$,抗张强度降至 200 GPa。

纤维增强陶瓷基复合材料,当界面结合较强时,往往产生脆性断裂,这是最不希望出现的情况;当界面结合较弱或适中时,产生韧性断裂;当界面结合不均匀(有强有弱)时,产生混合断裂。

2.6　本 章 小 结

本章介绍了复合材料及其组分材料的定义、发展、分类及其特性。分别阐述了玻璃纤维、碳纤维、芳纶纤维、PBO 纤维、超高分子量聚乙烯纤维等典型增强相及其性能,以及不饱和聚酯树脂、环氧树脂、氰酸酯树脂、双马来酰亚胺树脂、聚酰亚胺树脂等典型基体及其性能。最后,简要介绍了聚合物基复合材料界面、金属基复合材料界面和陶瓷基复合材料界面的性能及特点。

课 后 习 题

1. 简述复合材料的定义。
2. 复合材料共同的特点有哪些?
3. 聚合物基复合材料的主要性能特点有哪些?
4. 金属基复合材料的主要性能特点有哪些?
5. 什么是碳纤维?

第3章
简单层板的宏观力学分析

本章主要针对简单层板进行宏观力学性能分析。首先介绍各向异性弹性力学基础,重点给出复合材料刚度矩阵弹性系数的退减规律,给出正交各向异性简单层板的刚度矩阵;然后介绍正交各向异性材料的工程弹性常数定义及其限制;之后介绍正交各向异性材料平面应力问题的应力-应变关系,建立简单层板任意方向的应力-应变关系;最后介绍正交各向异性简单层板的强度概念及强度理论。

学习要点:
(1) 复合材料应力-应变关系;
(2) 正交各向异性材料工程常数及平面应力问题的应力-应变关系;
(3) 简单层板任意方向的应力-应变关系;
(4) 正交各向异性简单层板强度概念及强度理论。

3.1 引　　言

简单层板的力学性能可以分为简单层板的宏观力学性能和简单层板的微观力学性能。其中简单层板的宏观力学性能包括简单层板的应力-应变关系以及简单层板的强度问题。简单层板的微观力学性能主要包括刚度的材料力学分析方法、刚度的弹性力学分析方法以及强度的材料力学分析方法。

首先宏观力学易于解决设计分析中的重要问题,其次对微观力学也将进行研究,以便得到对复合材料组分如何配比和排列以适应特定的强度和刚度的评价。使用宏观力学和微观力学相结合,能够在少用材料的情况下设计复合材料来满足特定的结构要求,复合材料的可设计性是其超过常规材料的最显著的特点之一。设计的复合材料可以只在给定的方向上有所需的强度和刚度,而各向同性材料则在不是最需要的其他方向上也具有过剩的强度和刚度。

本章主要包括各向异性材料的应力-应变关系、正交各向异性材料的工程常数、正交各向异性材料平面应力问题的应力-应变关系。

3.2 简单层板宏观力学性能

3.2.1 简单层板

简单层板是单向纤维或交织纤维在基体中的平面排列(有时是曲面的,如在壳体中),是纤维增强层合复合材料的基本单元件(图 3.1、图 3.2)。

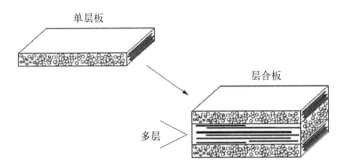

图 3.1 简单层板与层合板的关系

宏观力学性能:只考虑简单层板的平均表观力学性能,不讨论复合材料组分之间的相互作用。对简单层板来说,由于厚度与其他方向尺寸相比较小,因此一般按平面应力状态进行分析,只考虑单层板面内应力,不考虑面上应力,即认为它们很小、可忽略。另外,简单层板宏观力学性能的讨论限制在线弹性范围内,重点讨论其各向异性、正交性、各向同性和破坏准则。

对各向同性材料来说,表征它们刚度性能的工程弹性常数有弹性模量 E、剪切模量 G、泊松比 ν。其中 $G = \dfrac{E}{2(1+\nu)}$,因此独立常数只有 2 个。

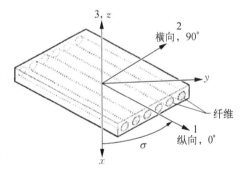

图 3.2 简单层板的坐标方向

3.2.2 弹性力学相关知识

广义胡克定律:各向异性材料的线性应力-应变关系,是弹性理论中的一个基本原理,由弹性能推导而来:

$$
\begin{aligned}
\sigma_i &= C_{ij}\varepsilon_j \quad i,j = 1,2,\cdots,6 \\
\varepsilon_i &= S_{ij}\sigma_j \quad i,j = 1,2,\cdots,6
\end{aligned}
\tag{3.1}
$$

其中,σ_i 为应力分量;ε_i 为应变分量;C_{ij} 为刚度矩阵;S_{ij} 为柔度矩阵。

广义胡克定律是各向异性线弹性材料最通用的定律,要完整描述这种材料需要 36 个分量或常数,该类材料没有材料对称性,这种材料也称作三斜晶系材料:

$$
\begin{Bmatrix} \sigma_1 \\ \sigma_2 \\ \sigma_3 \\ \tau_{23} \\ \tau_{31} \\ \tau_{12} \end{Bmatrix} = \begin{bmatrix} C_{11} & C_{12} & C_{13} & C_{14} & C_{15} & C_{16} \\ C_{21} & C_{22} & C_{23} & C_{24} & C_{25} & C_{26} \\ C_{31} & C_{32} & C_{33} & C_{34} & C_{35} & C_{36} \\ C_{41} & C_{42} & C_{43} & C_{44} & C_{45} & C_{46} \\ C_{51} & C_{52} & C_{53} & C_{54} & C_{55} & C_{56} \\ C_{61} & C_{62} & C_{63} & C_{64} & C_{65} & C_{66} \end{bmatrix} \begin{Bmatrix} \varepsilon_1 \\ \varepsilon_2 \\ \varepsilon_3 \\ \gamma_{23} \\ \gamma_{31} \\ \gamma_{12} \end{Bmatrix} \tag{3.2}
$$

几何方程:

$$
\varepsilon_1 = \frac{\partial u}{\partial x} \quad \varepsilon_2 = \frac{\partial v}{\partial y} \quad \varepsilon_3 = \frac{\partial w}{\partial z}
$$

$$
\gamma_{23} = \frac{\partial w}{\partial y} + \frac{\partial v}{\partial z} \quad \gamma_{31} = \frac{\partial w}{\partial x} + \frac{\partial u}{\partial z} \quad \gamma_{12} = \frac{\partial u}{\partial y} + \frac{\partial v}{\partial x} \tag{3.3}
$$

主应力和主方向:材料往往在受力最大的面发生破坏,物体内每一点都有无穷多个微面通过(图3.3)。斜面上剪应力为零的面为主平面,其法线方向为主方向,法线方向的应力为主应力,共有三个主应力,包括了最大主应力和最小主应力。

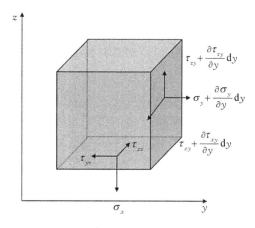

图3.3　一点的应力状态

各向异性体弹性力学基本方程(平衡方程):

$$
\frac{\partial \sigma_x}{\partial x} + \frac{\partial \tau_{xy}}{\partial y} + \frac{\partial \tau_{xz}}{\partial z} = 0
$$

$$
\frac{\partial \tau_{xy}}{\partial x} + \frac{\partial \sigma_y}{\partial y} + \frac{\partial \tau_{yz}}{\partial z} = 0 \tag{3.4}
$$

$$
\frac{\partial \tau_{zx}}{\partial x} + \frac{\partial \tau_{yz}}{\partial y} + \frac{\partial \sigma_z}{\partial z} = 0
$$

弹性体受力变形的应力与应变关系(本构方程):

$$
\begin{Bmatrix} \varepsilon_x \\ \varepsilon_y \\ \varepsilon_z \\ \gamma_{yz} \\ \gamma_{zx} \\ \gamma_{xy} \end{Bmatrix} = \begin{bmatrix} S_{11} & S_{12} & S_{13} & S_{14} & S_{15} & S_{16} \\ S_{21} & S_{22} & S_{23} & S_{24} & S_{25} & S_{26} \\ S_{31} & S_{32} & S_{33} & S_{34} & S_{35} & S_{36} \\ S_{41} & S_{42} & S_{43} & S_{44} & S_{45} & S_{46} \\ S_{51} & S_{52} & S_{53} & S_{54} & S_{55} & S_{56} \\ S_{61} & S_{62} & S_{63} & S_{64} & S_{65} & S_{66} \end{bmatrix} \begin{Bmatrix} \sigma_x \\ \sigma_y \\ \sigma_z \\ \tau_{yz} \\ \tau_{zx} \\ \tau_{xy} \end{Bmatrix} \tag{3.5}
$$

连续性方程或变形协调方程:

$$\frac{\partial^2 \gamma_{xy}}{\partial x \partial y} = \frac{\partial^2 \varepsilon_x}{\partial y^2} + \frac{\partial^2 \varepsilon_y}{\partial x^2} \quad 2\frac{\partial^2 \varepsilon_y}{\partial y \partial z} = \frac{\partial}{\partial x}\left[-\frac{\partial \gamma_{yz}}{\partial x} + \frac{\partial \gamma_{zx}}{\partial y} + \frac{\partial \gamma_{xy}}{\partial z}\right]$$

$$\frac{\partial^2 \gamma_{zx}}{\partial x \partial z} = \frac{\partial^2 \varepsilon_x}{\partial z^2} + \frac{\partial^2 \varepsilon_z}{\partial x^2} \quad 2\frac{\partial^2 \varepsilon_y}{\partial z \partial x} = \frac{\partial}{\partial y}\left[\frac{\partial \gamma_{yz}}{\partial x} - \frac{\partial \gamma_{zx}}{\partial y} + \frac{\partial \gamma_{xy}}{\partial z}\right] \qquad (3.6)$$

$$\frac{\partial^2 \gamma_{yz}}{\partial y \partial z} = \frac{\partial^2 \varepsilon_y}{\partial z^2} + \frac{\partial^2 \varepsilon_z}{\partial y^2} \quad 2\frac{\partial^2 \varepsilon_z}{\partial x \partial y} = \frac{\partial}{\partial z}\left[\frac{\partial \gamma_{yz}}{\partial x} + \frac{\partial \gamma_{zx}}{\partial y} - \frac{\partial \gamma_{xy}}{\partial z}\right]$$

弹性力学问题的一般解法：弹性问题的 6 个应力分量分别为 σ_x、σ_y、σ_z、τ_{yz}、τ_{zx}、τ_{xy}；6 个应变分量分别为 ε_x、ε_y、ε_z、γ_{yz}、γ_{zx}、γ_{xy}；3 个位移分量分别为 u、v、w。控制方程中几何关系（位移和应变关系）有 6 个方程，物理关系（应力和应变关系）有 6 个方程，平衡方程（应力之间的关系）有 3 个。15 个方程求 15 个未知数理论上满足初始条件和边界条件是可解的（材料性质已知）。但这仍然存在一些问题，例如：复杂问题的数学理论求解难以实现，需要简化或数值解法等。

在弹性力学中有一些方法可以用来求解弹性问题，例如位移法，将几何关系（位移和应变关系）代入物理关系（应力应变关系），再代入平衡方程，得到仅含有位移分量的偏微分方程，解出位移函数。力法中仅含有应力函数。混合法是确定某些位移和某些应力。

1. 第一类基本问题

在弹性体的全部表面上都给定了外力，要求确定弹性体内部及表面任意一点的应力和位移：

$$\sigma_x \cos(n,x) + \tau_{yx} \cos(n,y) + \tau_{zx} \cos(n,z) = X_n$$
$$\tau_{xy} \cos(n,x) + \sigma_y \cos(n,y) + \tau_{zy} \cos(n,z) = Y_n \qquad (3.7)$$
$$\tau_{xz} \cos(n,x) + \tau_{yz} \cos(n,y) + \sigma_z \cos(n,z) = Z_n$$

2. 第二类基本问题

在弹性体的全部表面上都给定了位移，要求确定弹性体内部及表面任意一点的应力和位移：

$$u = u^*, v = v^*, w = w^* \qquad (3.8)$$

3. 第三类基本问题

在弹性体的一部分表面（S_σ）上都给定了外力，在其余的表面（S_u）上给定了位移，要求确定弹性体内部及表面任意一点的应力和位移：

$$S_\sigma: \sigma_{ij} = X_i$$
$$S_u: u = u^*, v = v^*, z = z^* \qquad (3.9)$$
$$S_\sigma + S_u = S$$

在求解中，可以采用解析法来求解弹性力学的 15 个控制方程，依据边界条件和已知条件得出 15 个未知量，但往往存在数学上的障碍。这时多采用数值解法，如计算力学、计算方法、有限元、有限差分、边界元等计算方法。

3.2.3 复合材料的应力-应变关系

复合材料的力学问题很复杂,首先,静力学和动力学方程、几何关系、变形协调关系、边界条件和初始条件等与各向同性的结构相比,在基本概念和原理方面没有多大变化。其次,本构关系和强度准则发生重大变化,几何参数和材料性能数据大大增加;控制方程、边界条件和初始条件数量增多、形式复杂,求解难度和工作量增加。复合材料的计算需要掌握和集成各向同性材料的结构计算方法,并注意到复合材料及其结构的特点。此外,需要考虑在各种类型的载荷(冲击、交变、长期载荷等)情况下,在各种约束条件下,在结构完好或有缺陷、损伤、裂纹和初始变形情况下,不同本构关系的各种静力学和动力学响应,包括应力分析、变形、屈曲、动力响应、颤振和疲劳等以及它们的某种组合。另外,各向异性分析复杂、不均匀性和某种程度上的不连续性会影响强度分析(局部),需要考虑拉压强度和模量不同以及几何非线性等:

$$
\begin{Bmatrix} \sigma_1 \\ \sigma_2 \\ \sigma_3 \\ \tau_{23} \\ \tau_{31} \\ \tau_{12} \end{Bmatrix} = \begin{bmatrix} C_{11} & C_{12} & C_{13} & C_{14} & C_{15} & C_{16} \\ C_{21} & C_{22} & C_{23} & C_{24} & C_{25} & C_{26} \\ C_{31} & C_{32} & C_{33} & C_{34} & C_{35} & C_{36} \\ C_{41} & C_{42} & C_{43} & C_{44} & C_{45} & C_{46} \\ C_{51} & C_{52} & C_{53} & C_{54} & C_{55} & C_{56} \\ C_{61} & C_{62} & C_{63} & C_{64} & C_{65} & C_{66} \end{bmatrix} \begin{Bmatrix} \varepsilon_1 \\ \varepsilon_2 \\ \varepsilon_3 \\ \gamma_{23} \\ \gamma_{31} \\ \gamma_{12} \end{Bmatrix} \tag{3.10}
$$

在刚度矩阵 C_{ij} 中有 36 个常数,但在材料中,实际常数小于 36 个,这是因为刚度矩阵具有对称性,且材料中存在着弹性对称面等。

下面,首先证明 C_{ij} 的对称性。

对于完全弹性体,外力作用下,在等温条件下产生弹性变形,外力做功,它以能量形式储存在弹性体内;这一能量只取决于应力状态或应变状态,而与加载过程无关,这种能量称为应变能。单位体积的应变能又称为应变能密度,用 W 表示。当外载卸除时,物体完全恢复其原始状态,即应变能放出。

当应力 σ_i 作用产生 $\mathrm{d}\varepsilon_i$ 的增量时,单位体积的功的增量为

$$
\mathrm{d}W = \sigma_i \cdot \mathrm{d}\varepsilon_i \tag{3.11}
$$

由应力-应变关系 $\sigma_i = C_{ij} \cdot \mathrm{d}\varepsilon_j$,功的增量可表示为

$$
\mathrm{d}W = C_{ij} \cdot \mathrm{d}\varepsilon_j \cdot \mathrm{d}\varepsilon_i \tag{3.12}
$$

沿整个应变积分,单位体积的功为

$$
W = \frac{1}{2} C_{ij} \cdot \varepsilon_j \cdot \varepsilon_i \tag{3.13}
$$

广义胡克定律关系式可由式(3.14)导出:

$$\frac{\partial W}{\partial \varepsilon_i} = C_{ij} \cdot \varepsilon_j \tag{3.14}$$

进而得到刚度矩阵：

$$\frac{\partial^2 W}{\partial \varepsilon_i \partial \varepsilon_j} = C_{ij} \tag{3.15}$$

同理：

$$\frac{\partial^2 W}{\partial \varepsilon_j \partial \varepsilon_i} = C_{ji} \tag{3.16}$$

C_{ij} 的脚标与微分次序无关，由此得到：

$$C_{ij} = C_{ji} \tag{3.17}$$

同理，柔度矩阵的形式如下：

$$\varepsilon_i = S_{ij}\sigma_j \quad i,j = 1,2,\cdots,6 \tag{3.18}$$

与刚度矩阵类似，可以证明柔度矩阵也具有对称性：

$$S_{ij} = S_{ji} \tag{3.19}$$

由此，各向异性的、全不对称材料一共有 21 个独立的弹性常数：

$$\begin{Bmatrix} \sigma_1 \\ \sigma_2 \\ \sigma_3 \\ \tau_{23} \\ \tau_{31} \\ \tau_{12} \end{Bmatrix} = \begin{bmatrix} C_{11} & C_{12} & C_{13} & C_{14} & C_{15} & C_{16} \\ C_{12} & C_{22} & C_{23} & C_{24} & C_{25} & C_{26} \\ C_{13} & C_{23} & C_{33} & C_{34} & C_{35} & C_{36} \\ C_{14} & C_{24} & C_{34} & C_{44} & C_{45} & C_{46} \\ C_{15} & C_{25} & C_{35} & C_{45} & C_{55} & C_{56} \\ C_{16} & C_{26} & C_{36} & C_{46} & C_{56} & C_{66} \end{bmatrix} \begin{Bmatrix} \varepsilon_1 \\ \varepsilon_2 \\ \varepsilon_3 \\ \gamma_{23} \\ \gamma_{31} \\ \gamma_{12} \end{Bmatrix} \tag{3.20}$$

1. 单对称材料（单斜晶系）

如果材料存在弹性对称面，则弹性常数将会减少。如果物体内每一点都有这样一个平面，在这个平面的对称点上弹性性能相同，这样的材料就具有一个弹性对称平面，弹性对称面两侧对称点上弹性性能相同。

例如 $Z = 0$ 平面为弹性对称面，由弹性对称面定义可知，距离 $Z = 0$ 平面相等的两个点的弹性性能相同，即应力-应变关系不变。应变能密度为标量，且与坐标系选择无关，所以，$Z = 0$ 弹性对称面两侧所有与 Z 轴正方向（或 3 正方向）有关的常数，必须与 Z 轴负方向有关的弹性常数相同。由此，应变能密度项中含 γ_{yz} 和 γ_{zx} 的一次项即（ $\varepsilon_4, \varepsilon_5$ ）的刚度系数必须等于零，含 γ_{yz} 和 γ_{zx} 的乘积项因不变号而不受限制，进而确定了 8 个为零的刚度系数 C_{14}、C_{15}、C_{24}、C_{25}、C_{34}、C_{35}、C_{46} 和 C_{56}，这样得到了单对称材料独立的弹性常数为 13 个：

$$
\begin{Bmatrix} \sigma_1 \\ \sigma_2 \\ \sigma_3 \\ \tau_{23} \\ \tau_{31} \\ \tau_{12} \end{Bmatrix} = \begin{bmatrix} C_{11} & C_{12} & C_{13} & 0 & 0 & C_{16} \\ C_{12} & C_{22} & C_{23} & 0 & 0 & C_{26} \\ C_{13} & C_{23} & C_{33} & 0 & 0 & C_{36} \\ 0 & 0 & 0 & C_{44} & C_{45} & 0 \\ 0 & 0 & 0 & C_{45} & C_{55} & 0 \\ C_{16} & C_{26} & C_{36} & 0 & 0 & C_{66} \end{bmatrix} \begin{Bmatrix} \varepsilon_1 \\ \varepsilon_2 \\ \varepsilon_3 \\ \gamma_{23} \\ \gamma_{31} \\ \gamma_{12} \end{Bmatrix} \tag{3.21}
$$

同理,可以得到 $Y=0$ 弹性对称面时的独立弹性常数如下:

$$
\begin{Bmatrix} \sigma_1 \\ \sigma_2 \\ \sigma_3 \\ \tau_{23} \\ \tau_{31} \\ \tau_{12} \end{Bmatrix} = \begin{bmatrix} C_{11} & C_{12} & C_{13} & 0 & C_{15} & 0 \\ C_{12} & C_{22} & C_{23} & 0 & C_{25} & 0 \\ C_{13} & C_{23} & C_{33} & 0 & C_{35} & 0 \\ 0 & 0 & 0 & C_{44} & 0 & C_{46} \\ C_{15} & C_{25} & C_{35} & 0 & C_{55} & 0 \\ 0 & 0 & 0 & C_{46} & 0 & C_{66} \end{bmatrix} \begin{Bmatrix} \varepsilon_1 \\ \varepsilon_2 \\ \varepsilon_3 \\ \gamma_{23} \\ \gamma_{31} \\ \gamma_{12} \end{Bmatrix} \tag{3.22}
$$

2. 正交各向异性材料

随着材料对称性的提高,独立常数的数目逐步减少。如果材料有两个相互正交的弹性对称面,则对于和这两个相垂直的平面也有对称面(第3个),这种有3个相互正交弹性对称面的材料称为正交各向异性材料。理论上,一个弹性对称面会使刚度系数中有8个变为零,两个相互正交弹性对称面时会有4个重复为零的刚度系数,3个相互正交弹性对称面(正交各向异性)时重复为零的刚度系数不会再增加,故正交各向异性材料有9个独立的弹性常数。

对于正交各向异性材料,9个独立的弹性常数如下:

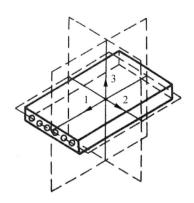

$$
\begin{Bmatrix} \sigma_1 \\ \sigma_2 \\ \sigma_3 \\ \tau_{23} \\ \tau_{31} \\ \tau_{12} \end{Bmatrix} = \begin{bmatrix} C_{11} & C_{12} & C_{13} & 0 & 0 & 0 \\ C_{12} & C_{22} & C_{23} & 0 & 0 & 0 \\ C_{13} & C_{23} & C_{33} & 0 & 0 & 0 \\ 0 & 0 & 0 & C_{44} & 0 & 0 \\ 0 & 0 & 0 & 0 & C_{55} & 0 \\ 0 & 0 & 0 & 0 & 0 & C_{66} \end{bmatrix} \begin{Bmatrix} \varepsilon_1 \\ \varepsilon_2 \\ \varepsilon_3 \\ \gamma_{23} \\ \gamma_{31} \\ \gamma_{12} \end{Bmatrix}
$$

$$\tag{3.23}$$

**图 3.4 三个相互正交的
弹性对称面**

在图 3.4 中,正轴、偏轴是指所取坐标轴是否重合于或偏离材料的对称轴,偏轴分别是绕垂直于 1-2 平面的 3 轴或垂直于 $X-Y$ 平面的 Z 轴旋转。这里描述的为正轴时的刚度矩阵特性,此时,正应力与剪应变之间没有耦合,剪应力与正应变之间没有耦合,不同平面内的剪应力和剪应变之间也没有相互作用。

3. 横观各向同性材料

如果材料中每一点有一个方向的力学性能都相同,或理解为正交各向异性材料中任一弹性对称面为各向同性面,那么这类材料为横观各向同性材料,此时有 5 个独立的弹性常数,常常用来描述各向异性纤维和单向复合材料的弹性常数:

$$\begin{Bmatrix} \sigma_1 \\ \sigma_2 \\ \sigma_3 \\ \tau_{23} \\ \tau_{31} \\ \tau_{12} \end{Bmatrix} = \begin{bmatrix} C_{11} & C_{12} & C_{13} & 0 & 0 & 0 \\ C_{12} & C_{11} & C_{13} & 0 & 0 & 0 \\ C_{13} & C_{13} & C_{33} & 0 & 0 & 0 \\ 0 & 0 & 0 & C_{44} & 0 & 0 \\ 0 & 0 & 0 & 0 & C_{44} & 0 \\ 0 & 0 & 0 & 0 & 0 & \dfrac{C_{11} - C_{12}}{2} \end{bmatrix} \begin{Bmatrix} \varepsilon_1 \\ \varepsilon_2 \\ \varepsilon_3 \\ \gamma_{23} \\ \gamma_{31} \\ \gamma_{12} \end{Bmatrix} \quad (3.24)$$

4. 各向同性材料

如果材料完全是各向同性的,或理解为正交各向异性材料三个弹性对称面均为各向同性面,则此时只有 2 个独立的弹性常数:

$$\begin{Bmatrix} \sigma_1 \\ \sigma_2 \\ \sigma_3 \\ \tau_{23} \\ \tau_{31} \\ \tau_{12} \end{Bmatrix} = \begin{bmatrix} C_{11} & C_{12} & C_{12} & 0 & 0 & 0 \\ C_{12} & C_{11} & C_{12} & 0 & 0 & 0 \\ C_{12} & C_{12} & C_{11} & 0 & 0 & 0 \\ 0 & 0 & 0 & \dfrac{C_{11} - C_{12}}{2} & 0 & 0 \\ 0 & 0 & 0 & 0 & \dfrac{C_{11} - C_{12}}{2} & 0 \\ 0 & 0 & 0 & 0 & 0 & \dfrac{C_{11} - C_{12}}{2} \end{bmatrix} \begin{Bmatrix} \varepsilon_1 \\ \varepsilon_2 \\ \varepsilon_3 \\ \gamma_{23} \\ \gamma_{31} \\ \gamma_{12} \end{Bmatrix} \quad (3.25)$$

柔度矩阵与刚度矩阵一样有相似的性质,刚度矩阵与柔度矩阵互为逆矩阵:

$$S = C^{-1} \quad (3.26)$$

单对称材料的柔度矩阵($Z = 0$ 的平面对称),有 13 个独立常数:

$$\begin{Bmatrix} \varepsilon_1 \\ \varepsilon_2 \\ \varepsilon_3 \\ \gamma_{23} \\ \gamma_{31} \\ \gamma_{12} \end{Bmatrix} = \begin{bmatrix} S_{11} & S_{12} & S_{13} & 0 & 0 & S_{16} \\ S_{12} & S_{22} & S_{23} & 0 & 0 & S_{26} \\ S_{13} & S_{23} & S_{33} & 0 & 0 & S_{36} \\ 0 & 0 & 0 & S_{44} & S_{45} & 0 \\ 0 & 0 & 0 & S_{45} & S_{55} & 0 \\ S_{16} & S_{26} & S_{36} & 0 & 0 & S_{66} \end{bmatrix} \begin{Bmatrix} \sigma_1 \\ \sigma_2 \\ \sigma_3 \\ \tau_{23} \\ \tau_{31} \\ \tau_{12} \end{Bmatrix} \quad (3.27)$$

正交各向异性材料的柔度矩阵有 9 个独立的弹性常数:

$$\begin{Bmatrix} \varepsilon_1 \\ \varepsilon_2 \\ \varepsilon_3 \\ \gamma_{23} \\ \gamma_{31} \\ \gamma_{12} \end{Bmatrix} = \begin{bmatrix} S_{11} & S_{12} & S_{13} & 0 & 0 & 0 \\ S_{12} & S_{22} & S_{23} & 0 & 0 & 0 \\ S_{13} & S_{23} & S_{33} & 0 & 0 & 0 \\ 0 & 0 & 0 & S_{44} & 0 & 0 \\ 0 & 0 & 0 & 0 & S_{55} & 0 \\ 0 & 0 & 0 & 0 & 0 & S_{66} \end{bmatrix} \begin{Bmatrix} \sigma_1 \\ \sigma_2 \\ \sigma_3 \\ \tau_{23} \\ \tau_{31} \\ \tau_{12} \end{Bmatrix} \tag{3.28}$$

横观各向同性材料的柔度矩阵有 5 个独立的弹性常数:

$$\begin{Bmatrix} \varepsilon_1 \\ \varepsilon_2 \\ \varepsilon_3 \\ \gamma_{23} \\ \gamma_{31} \\ \gamma_{12} \end{Bmatrix} = \begin{bmatrix} S_{11} & S_{12} & S_{13} & 0 & 0 & 0 \\ S_{12} & S_{11} & S_{13} & 0 & 0 & 0 \\ S_{13} & S_{13} & S_{33} & 0 & 0 & 0 \\ 0 & 0 & 0 & S_{44} & 0 & 0 \\ 0 & 0 & 0 & 0 & S_{44} & 0 \\ 0 & 0 & 0 & 0 & 0 & 2(S_{11}-S_{12}) \end{bmatrix} \begin{Bmatrix} \sigma_1 \\ \sigma_2 \\ \sigma_3 \\ \tau_{23} \\ \tau_{31} \\ \tau_{12} \end{Bmatrix} \tag{3.29}$$

3.3 正交各向异性材料的工程常数及其限制

3.3.1 麦克斯韦定理

对于工程常数来说有以下的特点:可以用简单试验如拉、压、剪、弯曲等获得(图 3.5);具有很明显的物理解释;这些常数比 C_{ij} 或 S_{ij} 中的各分量具有更明显的物理意义且更直观。最简单的试验是在已知载荷或应力条件下测量相应的位移或应变,因此柔度矩阵比刚度矩阵更能被直接测定。

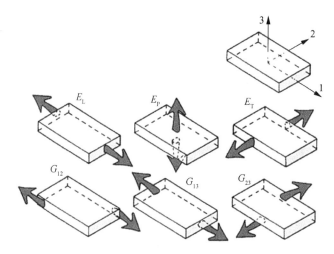

图 3.5 材料工程常数测定的受载范例

柔度矩阵与工程常数之间的关系如下:

$$[S_{ij}] = \begin{bmatrix} \dfrac{1}{E_1} & -\dfrac{\nu_{12}}{E_2} & -\dfrac{\nu_{13}}{E_3} & 0 & 0 & 0 \\[3mm] -\dfrac{\nu_{21}}{E_1} & \dfrac{1}{E_2} & -\dfrac{\nu_{23}}{E_3} & 0 & 0 & 0 \\[3mm] -\dfrac{\nu_{31}}{E_1} & -\dfrac{\nu_{32}}{E_2} & \dfrac{1}{E_3} & 0 & 0 & 0 \\[3mm] 0 & 0 & 0 & \dfrac{1}{G_{23}} & 0 & 0 \\[3mm] 0 & 0 & 0 & 0 & \dfrac{1}{G_{31}} & 0 \\[3mm] 0 & 0 & 0 & 0 & 0 & \dfrac{1}{G_{12}} \end{bmatrix} \tag{3.30}$$

其中,E_1、E_2、E_3 分别为 1、2、3 方向上的弹性模量。泊松比 ν_{ij} 为应力在 j 方向上作用时,i 方向应变与 j 方向应变之比的负值,表示为 $\nu_{ij} = -\dfrac{\varepsilon_i}{\varepsilon_j}$(图 3.6)。$G_{23}$、$G_{31}$、$G_{12}$ 分别为 2-3、3-1、1-2 平面的剪切弹性模量。

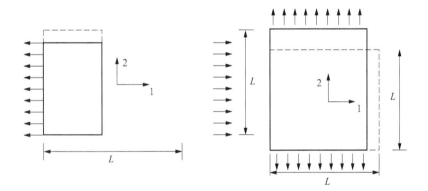

图 3.6　泊松比的定义概念图

正交各向异性材料只有 9 个独立的弹性常数,现在有 12 个常数,根据柔度矩阵的对称性,有

$$\frac{\nu_{ij}}{E_j} = \frac{\nu_{ji}}{E_i} \quad i,j = 1,2,3 \tag{3.31}$$

在图 3.6 中,不论 E_1、E_2 的大小,应力作用在 2 方向引起的横向变形和应力作用在 1 方向引起的相同,联合公式(3.31)得到如下关系:

$$^1\Delta_2 = \frac{\nu_{21}}{E_1}\sigma L = {}^2\Delta_1 = \frac{\nu_{12}}{E_2}\sigma L \tag{3.32}$$

3.3.2　刚度矩阵与柔度矩阵的互逆关系

以柔度矩阵表示的应力-应变关系为

$$\varepsilon_i = S_{ij}\sigma_j \quad i,j = 1,2,\cdots,6 \tag{3.33}$$

与其对应的以刚度矩阵表征的应力-应变关系为

$$\sigma_i = C_{ij}\varepsilon_j \quad i,j = 1,2,\cdots,6 \tag{3.34}$$

刚度系数与柔度系数之间的关系为

$$C_{11} = \frac{S_{22}S_{33} - S_{23}^2}{\Delta}, C_{12} = \frac{S_{13}S_{23} - S_{12}S_{33}}{\Delta}$$

$$C_{22} = \frac{S_{33}S_{11} - S_{13}^2}{\Delta}, C_{13} = \frac{S_{12}S_{23} - S_{13}S_{22}}{\Delta}$$

$$C_{33} = \frac{S_{11}S_{22} - S_{12}^2}{\Delta}, C_{23} = \frac{S_{12}S_{13} - S_{23}S_{11}}{\Delta} \tag{3.35}$$

$$C_{44} = \frac{1}{S_{44}}, C_{55} = \frac{1}{S_{55}}, C_{66} = \frac{1}{S_{66}}$$

$$\Delta = S_{11}S_{22}S_{33} - S_{11}S_{23}^2 - S_{22}S_{13}^2 - S_{33}S_{12}^2 + 2S_{12}S_{23}S_{23}$$

在上述方程中,符号 C 和 S 在每一处都可以互换。基于柔度系数与工程常数之间的关系式(3.30)可以得到,刚度系数与工程常数之间的关系如下:

$$C_{11} = \frac{1 - \nu_{32}\nu_{23}}{E_2E_3\Delta}$$

$$C_{12} = \frac{\nu_{12} + \nu_{13}\nu_{32}}{E_2E_3\Delta} = \frac{\nu_{21} + \nu_{23}\nu_{31}}{E_1E_3\Delta} = C_{66}$$

$$C_{13} = \frac{\nu_{13} + \nu_{12}\nu_{23}}{E_2E_3\Delta} = \frac{\nu_{31} + \nu_{21}\nu_{32}}{E_1E_2\Delta} = C_{55}$$

$$C_{22} = \frac{1 - \nu_{31}\nu_{13}}{E_1E_3\Delta} \tag{3.36}$$

$$C_{23} = \frac{\nu_{23} + \nu_{21}\nu_{13}}{E_1E_3\Delta} = \frac{\nu_{32} + \nu_{12}\nu_{31}}{E_1E_2\Delta} = C_{44}$$

$$C_{33} = \frac{1 - \nu_{21}\nu_{12}}{E_1E_2\Delta}$$

$$\Delta = \frac{1 - \nu_{21}\nu_{12} - \nu_{32}\nu_{23} - \nu_{31}\nu_{13} - 2\nu_{12}\nu_{23}\nu_{31}}{E_1E_2E_3}$$

3.3.3　工程弹性常数的限制

各向同性材料,工程弹性常数满足某些关系式,如剪切模量 G 可以由弹性模量 E 和

泊松比 ν 给出,如下:

$$G = E/[2(1 + \nu)] \tag{3.37}$$

为保证 E 和 G 为正值,即正应力或剪应力乘以正应变或剪应变产生正功,可以得到:

$$\nu > -1 \tag{3.38}$$

同样对于各向同性体承受静压力 P 的作用,体积应变(三个正应变或拉伸应变之和)可定义为

$$\theta = \varepsilon_x + \varepsilon_y + \varepsilon_z = \frac{P}{E/[3(1 - 2\nu)]} = \frac{P}{K} \tag{3.39}$$

由此,体积模量 K 为

$$K = \frac{E}{3(1 - 2\nu)} \tag{3.40}$$

同样,为保证 K 为正值,即静压做功为正(如果 K 为负,静压力将引起体积膨胀),得到:

$$\nu < \frac{1}{2} \tag{3.41}$$

由此,得到各向同性材料的泊松比取值范围为

$$-1 < \nu < \frac{1}{2} \tag{3.42}$$

正交各向异性材料的情况很复杂。应力分量和对应的应变分量的乘积表示应力所做的功,所有应力分量所做的功的和必须是正值,该条件提供了工程弹性常数的热力学限制。伦普里尔(Lempriere)将这个限制推广到正交各向异性材料,要求应力-应变的矩阵应该是正定的,即有正的主值或不变量。柔度矩阵与刚度矩阵一样都是正定的(主对角线元素为正)。

$$S_{11}, S_{22}, S_{33}, S_{44}, S_{55}, S_{66} > 0 \tag{3.43}$$

进而根据式(3.30)~式(3.35)得到:

$$E_1, E_2, E_3, G_{23}, G_{31}, G_{12} > 0 \tag{3.44}$$

$$C_{11}, C_{22}, C_{33}, C_{44}, C_{55}, C_{66} > 0 \tag{3.45}$$

根据式(3.36)得

$$\begin{gathered}(1 - \nu_{32}\nu_{23}) > 0 \\ (1 - \nu_{31}\nu_{13}) > 0 \\ (1 - \nu_{21}\nu_{12}) > 0\end{gathered} \tag{3.46}$$

由于正定矩阵的行列式必须为正,得

$$\Delta = 1 - \nu_{21}\nu_{12} - \nu_{32}\nu_{23} - \nu_{31}\nu_{13} - 2\nu_{12}\nu_{23}\nu_{31} > 0 \tag{3.47}$$

根据式(3.33),且 C 为正定,可得

$$|S_{23}| < (S_{22}S_{33})^{\frac{1}{2}}$$

$$|S_{13}| < (S_{11}S_{33})^{\frac{1}{2}} \tag{3.48}$$

$$|S_{12}| < (S_{11}S_{12})^{\frac{1}{2}}$$

综上,得到受弹性模量约束的泊松比的限制条件:

$$|\nu_{12}| < \left(\frac{E_2}{E_1}\right)^{\frac{1}{2}} \quad |\nu_{21}| < \left(\frac{E_1}{E_2}\right)^{\frac{1}{2}}$$

$$|\nu_{23}| < \left(\frac{E_3}{E_2}\right)^{\frac{1}{2}} \quad |\nu_{32}| < \left(\frac{E_2}{E_3}\right)^{\frac{1}{2}} \tag{3.49}$$

$$|\nu_{31}| < \left(\frac{E_1}{E_3}\right)^{\frac{1}{2}} \quad |\nu_{13}| < \left(\frac{E_3}{E_1}\right)^{\frac{1}{2}}$$

再由式(3.47)进而得

$$\nu_{12}\nu_{23}\nu_{31} < \frac{1 - \nu_{12}^2\left(\frac{E_1}{E_2}\right) - \nu_{23}^2\left(\frac{E_2}{E_3}\right) - \nu_{31}^2\left(\frac{E_3}{E_1}\right)}{2} < \frac{1}{2} \tag{3.50}$$

为了用另外两个泊松比表达 ν_{12} 的界限,继续转化可以得到:

$$-\left\{\nu_{23}\nu_{31}\left(\frac{E_2}{E_1}\right) + \left[1 - \nu_{23}^2\left(\frac{E_2}{E_3}\right)\right]^{1/2}\left[1 - \nu_{31}^2\left(\frac{E_3}{E_1}\right)\right]^{1/2}\left(\frac{E_2}{E_1}\right)^{1/2}\right\} < \nu_{12} <$$

$$-\left\{\nu_{23}\nu_{31}\left(\frac{E_2}{E_1}\right) - \left[1 - \nu_{23}^2\left(\frac{E_2}{E_3}\right)\right]^{1/2}\left[1 - \nu_{31}^2\left(\frac{E_3}{E_1}\right)\right]^{1/2}\left(\frac{E_2}{E_1}\right)^{1/2}\right\} \tag{3.51}$$

对正交各向异性材料工程常数的限制,可以用来检验试验数据,看它们在数学弹性模型的范围内是否与实际一致。

Dickerson 和 Dimartino 在硼/环氧复合材料的试验中发现 $\nu_{12} = 1.97$,这对各向同性材料($\nu < 1/2$)来说是难以接受的。但 $E_1 = 81.77$ GPa、$E_2 = 9.17$ GPa。$|\nu_{21}| = 1.97 < \left(\frac{E_1}{E_2}\right)^{1/2} = 2.99$,根据泊松比的限制可以判定这是一个合理的数据。只有测定的材料性能满足限制条件,才有信心着手用这种材料进行设计,否则有理由怀疑材料模型或试验数据。

3.4 正交各向异性材料平面应力问题的应力-应变关系

对包括复合材料层合板的许多材料来说,应力分析是在二维空间进行的,平面应力和

平面应变问题是最普遍的二维情况,对这些情况,广义胡克定律可被大大地简化。对简单层板来说,由于厚度与其他方向尺寸相比较小,因此一般按平面应力状态进行分析,只考虑单层面内应力,不考虑单层面上应力。

平面应力条件的应力分量特征如下(图 3.7):

$$\sigma_3 = 0, \tau_{23} = 0, \tau_{31} = 0 \tag{3.52}$$

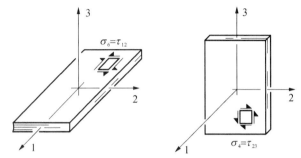

图 3.7　平面应力情况示意

平面应变条件的应力分量特征如下(图 3.8):

$$\varepsilon_3 = 0, \gamma_{23} = 0, \gamma_{31} = 0 \tag{3.53}$$

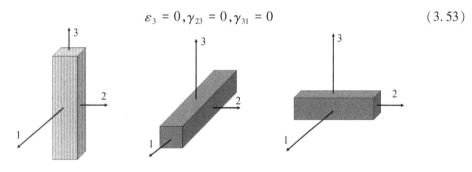

图 3.8　平面应变情况示意

依据平面应力的应力分量特征式(3.52),结合正交各向异性柔度矩阵特点(3.28)可以得到:

$$\varepsilon_3 = S_{13}\sigma_1 + S_{23}\sigma_2$$

$$\gamma_{23} = 0, \gamma_{31} = 0$$

$$\begin{Bmatrix} \varepsilon_1 \\ \varepsilon_2 \\ \varepsilon_6 \end{Bmatrix} = \begin{bmatrix} S_{11} & S_{12} & 0 \\ S_{12} & S_{22} & 0 \\ 0 & 0 & S_{66} \end{bmatrix} \begin{Bmatrix} \sigma_1 \\ \sigma_2 \\ \tau_{12} \end{Bmatrix} \tag{3.54}$$

其中,

$$S_{11} = \frac{1}{E_1}, S_{12} = -\frac{\nu_{21}}{E_1} = -\frac{\nu_{12}}{E_2}, S_{22} = \frac{1}{E_2}, S_{66} = \frac{1}{G_{12}} \tag{3.55}$$

如果想求 ε_3 的话,必须知道工程常数 ν_{31} 和 ν_{32}。

可以从受力关系上推导出正交各向异性材料平面应力问题的应力-应变关系。

依据图 3.9 的受力情况,得到:

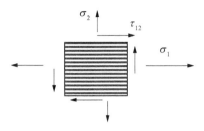

图 3.9　正交各向异性材料的平面应力受载

$$\varepsilon_1^{(1)} = \frac{\sigma_1}{E_1}, \; \varepsilon_2^{(1)} = -\frac{\nu_{21}}{E_1}\sigma_1$$

$$\varepsilon_1^{(2)} = -\frac{\nu_{21}}{E_1}\sigma_2, \; \varepsilon_2^{(2)} = \frac{\sigma_2}{E_2} \tag{3.56}$$

$$\gamma_{12} = \frac{\tau_{12}}{G_{12}}$$

再利用叠加原理:

$$\varepsilon_1 = \varepsilon_1^{(1)} + \varepsilon_1^{(2)} = \frac{\sigma_1}{E_1} - \frac{\nu_{21}}{E_1}\sigma_2$$

$$\varepsilon_2 = \varepsilon_2^{(1)} + \varepsilon_2^{(2)} = -\frac{\nu_{21}}{E_1}\sigma_1 - \frac{\sigma_2}{E_2} \tag{3.57}$$

$$\gamma_{12} = \frac{\tau_{12}}{G_{12}}$$

其中,

$$\begin{Bmatrix} \varepsilon_1 \\ \varepsilon_2 \\ \gamma_{12} \end{Bmatrix} = \begin{bmatrix} \dfrac{1}{E_1} & -\dfrac{\nu_{21}}{E_2} & 0 \\ -\dfrac{\nu_{21}}{E_1} & \dfrac{1}{E_2} & 0 \\ 0 & 0 & \dfrac{1}{G_{12}} \end{bmatrix} \begin{Bmatrix} \sigma_1 \\ \sigma_2 \\ \tau_{12} \end{Bmatrix} \tag{3.58}$$

又因为:

$$\begin{Bmatrix} \varepsilon_1 \\ \varepsilon_2 \\ \gamma_{12} \end{Bmatrix} = \begin{bmatrix} S_{11} & S_{12} & 0 \\ S_{12} & S_{22} & 0 \\ 0 & 0 & S_{66} \end{bmatrix} \begin{Bmatrix} \sigma_1 \\ \sigma_2 \\ \tau_{12} \end{Bmatrix} \tag{3.59}$$

所以可以得到:

$$S_{11} = \frac{1}{E_1}, \; S_{12} = -\frac{\nu_{21}}{E_1} = -\frac{\nu_{12}}{E_2}, \; S_{22} = \frac{1}{E_2}, \; S_{66} = \frac{1}{G_{12}} \tag{3.60}$$

以刚度矩阵表示的正交各向异性平面应力情况下的材料应力-应变关系为

$$\begin{Bmatrix} \sigma_1 \\ \sigma_2 \\ \tau_{12} \end{Bmatrix} = \begin{bmatrix} Q_{11} & Q_{12} & 0 \\ Q_{12} & Q_{22} & 0 \\ 0 & 0 & Q_{66} \end{bmatrix} \begin{Bmatrix} \varepsilon_1 \\ \varepsilon_2 \\ \gamma_{12} \end{Bmatrix} \tag{3.61}$$

其中,

$$Q_{11} = \frac{S_{22}}{S_{11}S_{22} - S_{12}^2}$$

$$Q_{12} = \frac{S_{12}}{S_{11}S_{22} - S_{12}^2}$$

$$Q_{22} = \frac{S_{11}}{S_{11}S_{22} - S_{12}^2}$$ (3.62)

$$Q_{66} = \frac{1}{S_{66}}$$

再代入式(3.60)可以得到:

$$Q_{11} = \frac{E_1}{1 - \nu_{21}\nu_{12}}$$

$$Q_{12} = \frac{\nu_{21}E_2}{1 - \nu_{21}\nu_{12}} = \frac{\nu_{12}E_1}{1 - \nu_{21}\nu_{12}}$$ (3.63)

$$Q_{22} = \frac{E_2}{1 - \nu_{21}\nu_{12}}$$

$$Q_{66} = G_{12}$$

由关系 $\dfrac{\nu_{21}}{E_1} = \dfrac{\nu_{12}}{E_2}$,平面应力条件下正交各向异性材料有四个独立的常数,即 E_1、E_2、ν_{21} 和 G_{12}。

对于各向同性材料,有如下关系:

$$\begin{Bmatrix} \varepsilon_1 \\ \varepsilon_2 \\ \gamma_{12} \end{Bmatrix} = \begin{bmatrix} S_{11} & S_{12} & 0 \\ S_{12} & S_{11} & 0 \\ 0 & 0 & 2(S_{11} - S_{12}) \end{bmatrix} \begin{Bmatrix} \sigma_1 \\ \sigma_2 \\ \tau_{12} \end{Bmatrix}$$ (3.64)

其中,

$$S_{11} = \frac{1}{E}, \quad S_{12} = -\frac{\nu}{E}$$ (3.65)

进而得到:

$$Q_{11} = \frac{E}{1 - \nu^2}$$

$$Q_{12} = \frac{\nu E}{1 - \nu^2}$$ (3.66)

$$Q_{66} = \frac{E}{2(1 + \nu)} = G$$

例题 1: 已知 T300/648 单层板的工程弹性常数为 $E_1 = 134.3\,\text{GPa}$, $E_2 = 8.50\,\text{GPa}$,

$G_{12} = 5.80\,\text{GPa}$，$\nu_{21} = 0.34$。试求它的正轴模量。

解：由公式(3.60)得到柔度系数分量形式：

$$S_{11} = \frac{1}{E_1}, \quad S_{12} = -\frac{\nu_{21}}{E_1} = -\frac{\nu_{12}}{E_2}, \quad S_{22} = \frac{1}{E_2}, \quad S_{66} = \frac{1}{G_{12}}$$

由公式(3.63)得到刚度系数分量形式：

$$Q_{11} = \frac{E_1}{1 - \nu_{21}\nu_{12}}, \quad Q_{12} = \frac{\nu_{12}E_2}{1 - \nu_{21}\nu_{12}} = \frac{\nu_{12}E_1}{1 - \nu_{21}\nu_{12}}, \quad Q_{22} = \frac{E_2}{1 - \nu_{21}\nu_{12}}, \quad Q_{66} = G_{12}$$

令 $m = (1 - \nu_{21}\nu_{12})^{-1} = \left(1 - \dfrac{\nu_{21}^2 E_2}{E_1}\right)^{-1}$，则依据题目已知条件，得到：

$$S_{11} = 1/E_1 = 7.45\,\text{TPa}^{-1}$$

$$S_{22} = 1/E_2 = 117.6\,\text{TPa}^{-1}$$

$$S_{12} = S_{21} = -\nu_{21}/E_1 = -2.53\,\text{TPa}^{-1}$$

$$S_{66} = 1/G_{12} = 172.4\,\text{TPa}^{-1}$$

$$m = \left(1 - \frac{\nu_{21}^2 E_2}{E_1}\right)^{-1} = 1.0074$$

$$Q_{11} = mE_1 = 135.3\,\text{GPa}$$

$$Q_{22} = mE_2 = 8.56\,\text{GPa}$$

$$Q_{12} = Q_{21} = m\nu_{21}E_2 = 2.91\,\text{GPa}$$

$$Q_{66} = G_{12} = 5.80\,\text{GPa}$$

3.5　简单层板任意方向的应力-应变关系

3.4节介绍的是正交各向异性单层板在材料主方向上的应力-应变关系，但由于单层板多作为层合板的基本单元使用，实际中单层板的材料主方向往往与参考坐标系(层合板总坐标 $x - y$)不一致，为了能在统一的参考坐标系中计算材料的刚度，需要知道简单层板在非材料主方向即 x、y 方向上的弹性系数(称为偏轴向弹性系数)与材料主方向弹性系数之间的关系。若要获得简单层板任意方向应力-应变关系，有必要先讨论平面应力状态下的应力转轴公式和应变转轴公式。

3.5.1　应力转轴公式

假定参考坐标系为 $x - y$，单层板材料主轴 $1 - 2$，θ 是从 x 轴逆向转到 1 轴的角度，两种坐标之间的关系如图 3.10 所示。

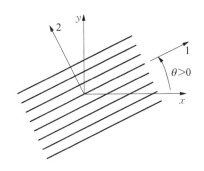

图 3.10　两种坐标之间的关系

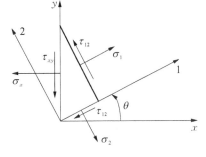

图 3.11　单元体平衡

由斜截面截开三角形单元体 x 方向平衡如图 3.11 所示,考虑 Σx、Σy 和 Σxy 力平衡条件得

$$\begin{cases} \sigma_x = \sigma_1\cos^2\theta + \sigma_2\sin^2\theta - 2\tau_{12}\sin\theta\cos\theta \\ \sigma_y = \sigma_1\sin^2\theta + \sigma_2\cos^2\theta + 2\tau_{12}\sin\theta\cos\theta \\ \tau_{xy} = \sigma_1\sin\theta\cos\theta - \sigma_2\sin\theta\cos\theta + \tau_{12}(\cos^2\theta - \sin^2\theta) \end{cases} \tag{3.67}$$

由此,得到参考坐标系与主轴坐标系的应力分量转换关方程:

$$\begin{bmatrix} \sigma_x \\ \sigma_y \\ \tau_{xy} \end{bmatrix} = \begin{bmatrix} \cos^2\theta & \sin^2\theta & -2\sin\theta\cos\theta \\ \sin^2\theta & \cos^2\theta & 2\sin\theta\cos\theta \\ \sin\theta\cos\theta & -\sin\theta\cos\theta & \cos^2\theta - \sin^2\theta \end{bmatrix} \begin{bmatrix} \sigma_1 \\ \sigma_2 \\ \tau_{12} \end{bmatrix} = T^{-1} \begin{bmatrix} \sigma_1 \\ \sigma_2 \\ \tau_{12} \end{bmatrix} \tag{3.68}$$

由此,可得到用 x、y 坐标方向应力分量表示 1、2 方向应力分量为

$$\begin{bmatrix} \sigma_1 \\ \sigma_2 \\ \tau_{12} \end{bmatrix} = T \begin{bmatrix} \sigma_x \\ \sigma_y \\ \tau_{xy} \end{bmatrix} \tag{3.69}$$

定义 T 为坐标转换矩阵,T^{-1} 为坐标转换矩阵的逆阵。展开式分别为

$$T = \begin{bmatrix} m^2 & n^2 & 2mn \\ n^2 & m^2 & -2mn \\ -mn & mn & m^2 - n^2 \end{bmatrix} \tag{3.70}$$

$$T^{-1} = \begin{bmatrix} m^2 & n^2 & -2mn \\ n^2 & m^2 & 2mn \\ mn & -mn & m^2 - n^2 \end{bmatrix} \tag{3.71}$$

其中,$m = \cos\theta$;$n = \sin\theta$。

3.5.2　应变转轴公式

用数学或几何方法可证明,无限小应变分量可按照与应力转轴公式几乎同样的关系进行变换。应变转轴公式也可借鉴应力的转轴公式得到,只要用 ε 代替 σ ,用 $\gamma/2$ 代替 τ 即可,借鉴式(3.69)可以得到应变转轴形式如下:

$$T\begin{bmatrix} \varepsilon_x \\ \varepsilon_y \\ \dfrac{1}{2}\gamma_{xy} \end{bmatrix} = \begin{bmatrix} \varepsilon_1 \\ \varepsilon_2 \\ \dfrac{1}{2}\gamma_{12} \end{bmatrix} \tag{3.72}$$

因此,1,2 方向应变分量可表示为

$$\begin{bmatrix} \varepsilon_1 \\ \varepsilon_2 \\ \gamma_{12} \end{bmatrix} = \begin{bmatrix} m^2 & n^2 & mn \\ n^2 & m^2 & -mn \\ -2mn & 2mn & m^2-n^2 \end{bmatrix} \begin{bmatrix} \varepsilon_x \\ \varepsilon_y \\ \gamma_{xy} \end{bmatrix} \tag{3.73}$$

用 x,y 坐标表示的应变分量为

$$\begin{bmatrix} \varepsilon_x \\ \varepsilon_y \\ \gamma_{xy} \end{bmatrix} = \begin{bmatrix} m^2 & n^2 & -mn \\ n^2 & m^2 & mn \\ 2mn & -2mn & m^2-n^2 \end{bmatrix} \begin{bmatrix} \varepsilon_1 \\ \varepsilon_2 \\ \gamma_{12} \end{bmatrix} \tag{3.74}$$

进而可以得到:

$$\begin{bmatrix} \varepsilon_1 \\ \varepsilon_2 \\ \gamma_{12} \end{bmatrix} = (T^{-1})^{\mathrm{T}} \begin{bmatrix} \varepsilon_x \\ \varepsilon_y \\ \gamma_{xy} \end{bmatrix} \tag{3.75}$$

进而可得

$$\begin{bmatrix} \varepsilon_x \\ \varepsilon_y \\ \gamma_{xy} \end{bmatrix} = T^{\mathrm{T}} \begin{bmatrix} \varepsilon_1 \\ \varepsilon_2 \\ \gamma_{12} \end{bmatrix} \tag{3.76}$$

3.5.3 任意方向上的应力-应变关系

对于正交各向异性材料,平面应力状态主方向有下列应力-应变关系式:

$$\begin{bmatrix} \sigma_1 \\ \sigma_2 \\ \tau_{12} \end{bmatrix} = \begin{bmatrix} Q_{11} & Q_{12} & 0 \\ Q_{12} & Q_{22} & 0 \\ 0 & 0 & Q_{66} \end{bmatrix} \begin{bmatrix} \varepsilon_1 \\ \varepsilon_2 \\ \gamma_{12} \end{bmatrix} = Q \begin{bmatrix} \varepsilon_1 \\ \varepsilon_2 \\ \gamma_{12} \end{bmatrix}$$

应用应力转轴公式和应变转轴公式可得出偏轴向应力-应变关系:

$$\begin{bmatrix} \sigma_x \\ \sigma_y \\ \tau_{xy} \end{bmatrix} = T^{-1} \begin{bmatrix} \sigma_1 \\ \sigma_2 \\ \tau_{12} \end{bmatrix} = T^{-1}Q \begin{bmatrix} \varepsilon_1 \\ \varepsilon_2 \\ \gamma_{12} \end{bmatrix} = T^{-1}Q(T^{-1})^{\mathrm{T}} \begin{bmatrix} \varepsilon_x \\ \varepsilon_y \\ \gamma_{xy} \end{bmatrix}$$

现用 $\overline{Q}$ 表示 $T^{-1}Q(T^{-1})^{\mathrm{T}}$，因此，偏轴应力-应变关系可表示为

$$
\begin{bmatrix} \sigma_x \\ \sigma_y \\ \tau_{xy} \end{bmatrix} = \overline{Q} \begin{bmatrix} \varepsilon_x \\ \varepsilon_y \\ \gamma_{xy} \end{bmatrix} = \begin{bmatrix} \overline{Q}_{11} & \overline{Q}_{12} & \overline{Q}_{16} \\ \overline{Q}_{12} & \overline{Q}_{22} & \overline{Q}_{26} \\ \overline{Q}_{16} & \overline{Q}_{26} & \overline{Q}_{66} \end{bmatrix} \begin{bmatrix} \varepsilon_x \\ \varepsilon_y \\ \gamma_{xy} \end{bmatrix} \tag{3.77}
$$

其中，

$$
\begin{bmatrix} \overline{Q}_{11} \\ \overline{Q}_{22} \\ \overline{Q}_{12} \\ \overline{Q}_{66} \\ \overline{Q}_{16} \\ \overline{Q}_{26} \end{bmatrix} = \begin{bmatrix} m^4 & n^4 & 2m^2n^2 & 4m^2n^2 \\ n^4 & m^4 & 2m^2n^2 & 4m^2n^2 \\ m^2n^2 & m^2n^2 & m^4+n^4 & -4m^2n^2 \\ m^2n^2 & m^2n^2 & -2m^2n^2 & (m^2-n^2)^2 \\ m^3n & -mn^3 & mn^3-m^3n & 2(mn^3-m^3n) \\ mn^3 & -m^3n & m^3n-mn^3 & 2(m^3n-mn^3) \end{bmatrix} \begin{bmatrix} Q_{11} \\ Q_{22} \\ Q_{12} \\ Q_{66} \end{bmatrix} \tag{3.78}
$$

矩阵 $\overline{Q}$ 中有 9 个非零的系数，但由于有对称性，故只有 6 个不同的系数。它与 Q 大不相同，但是由于是正交各向异性简单层板，仍只有 4 个独立的材料弹性常数（Q_{11}，Q_{12}，Q_{22}，Q_{66}）。在 x-y 坐标中，即使是正交各向异性简单层板也会显示出一般各向异性的性质，即剪应变和正应力之间以及剪应力和线应变之间存在耦合影响。但是，它在材料主方向上具有正交各向异性特性，故称为广义正交各向异性简单层板，区别于一般的各向异性材料。$\overline{Q}$ 的 6 个系数中，$\overline{Q}_{11}$、$\overline{Q}_{12}$、$\overline{Q}_{22}$、$\overline{Q}_{66}$ 是 θ 的偶函数，$\overline{Q}_{16}$、$\overline{Q}_{26}$ 是 θ 的奇函数。

材料主方向转换到 x-y 坐标方向，以柔度系数矩阵表述的形式为

$$
\begin{bmatrix} \varepsilon_x \\ \varepsilon_y \\ \gamma_{xy} \end{bmatrix} = T^{\mathrm{T}} \begin{bmatrix} \varepsilon_1 \\ \varepsilon_2 \\ \gamma_{12} \end{bmatrix} = T^{\mathrm{T}}S \begin{bmatrix} \sigma_1 \\ \sigma_2 \\ \tau_{12} \end{bmatrix} = T^{\mathrm{T}}ST \begin{bmatrix} \sigma_x \\ \sigma_y \\ \tau_{xy} \end{bmatrix} = \overline{S} \begin{bmatrix} \sigma_x \\ \sigma_y \\ \tau_{xy} \end{bmatrix} \tag{3.79}
$$

其中，$\overline{S} = T^{\mathrm{T}}ST$，$\overline{S}_{ij}$ 为

$$
\begin{cases}
\overline{S}_{11} = S_{11}\cos^4\theta + (2S_{12}+S_{66})\sin^2\theta\cos^2\theta + S_{22}\sin^4\theta \\
\overline{S}_{12} = (S_{11}+S_{22}-S_{66})\sin^2\theta\cos^2\theta + S_{12}(\cos^4\theta+\sin^4\theta) \\
\overline{S}_{22} = S_{11}\sin^4\theta + (2S_{12}+S_{66})\sin^2\theta\cos^2\theta + S_{22}\cos^4\theta \\
\overline{S}_{16} = (2S_{11}-2S_{12}-S_{66})\sin\theta\cos^3\theta - (2S_{22}-2S_{12}-S_{66})\sin^3\theta\cos\theta \\
\overline{S}_{26} = (2S_{11}-2S_{12}-S_{66})\sin^3\theta\cos\theta - (2S_{22}-2S_{12}-S_{66})\sin\theta\cos^3\theta \\
\overline{S}_{66} = 2(2S_{11}+2S_{22}-4S_{12}-S_{66})\sin^2\theta\cos^2\theta + S_{66}(\cos^4\theta+\sin^4\theta)
\end{cases} \tag{3.80}
$$

其中，$\overline{S}_{ij}$ 与 $\overline{Q}_{ij}$ 具有相同的性质。

为了进一步讨论单层正交各向异性材料的偏轴向弹性特性，将式（3.79）写成表观工程弹性常数形式：

$$\begin{bmatrix} \varepsilon_x \\ \varepsilon_y \\ \gamma_{xy} \end{bmatrix} = \begin{bmatrix} \overline{S}_{11} & \overline{S}_{12} & \overline{S}_{16} \\ \overline{S}_{12} & \overline{S}_{22} & \overline{S}_{26} \\ \overline{S}_{16} & \overline{S}_{26} & \overline{S}_{66} \end{bmatrix} \begin{bmatrix} \sigma_x \\ \sigma_y \\ \tau_{xy} \end{bmatrix} = \begin{bmatrix} \dfrac{1}{E_x} & -\dfrac{\nu_{yx}}{E_y} & \dfrac{\eta_{x,xy}}{G_{xy}} \\ -\dfrac{\nu_{xy}}{E_x} & \dfrac{1}{E_y} & \dfrac{\eta_{y,xy}}{G_{xy}} \\ \dfrac{\eta_{xy,x}}{E_x} & \dfrac{\eta_{xy,y}}{E_y} & \dfrac{1}{G_{xy}} \end{bmatrix} \begin{bmatrix} \sigma_x \\ \sigma_y \\ \tau_{xy} \end{bmatrix} \tag{3.81}$$

其中,

$$\overline{S}_{11} = \frac{1}{E_x}, \overline{S}_{22} = \frac{1}{E_y}, \overline{S}_{12} = -\frac{\nu_{yx}}{E_y} = -\frac{\nu_{xy}}{E_x}$$

$$\overline{S}_{16} = \frac{\eta_{xy,x}}{E_x} = \frac{\eta_{x,xy}}{G_{xy}}, \overline{S}_{26} = \frac{\eta_{xy,y}}{E_y} = \frac{\eta_{y,xy}}{G_{xy}}, \overline{S}_{66} = \frac{1}{G_{xy}}$$

以上式中各交叉弹性系数(钦卓夫系数)$\eta_{xy,x}$、$\eta_{xy,y}$ 和 $\eta_{x,xy}$、$\eta_{y,xy}$ 分别定义如下:$\eta_{xy,x} = \dfrac{\gamma_{xy}}{\varepsilon_x}$ 为只有 σ_x 作用引起的 γ_{xy} 与 ε_x 的比值;$\eta_{xy,y} = \dfrac{\gamma_{xy}}{\varepsilon_y}$ 为只有 σ_y 作用引起的 γ_{xy} 与 ε_y 的比值;$\eta_{x,xy} = \dfrac{\varepsilon_x}{\gamma_{xy}}$ 为只有 τ_{xy} 作用引起的 ε_x 与 γ_{xy} 的比值;$\eta_{y,xy} = \dfrac{\varepsilon_y}{\gamma_{xy}}$ 为只有 τ_{xy} 作用引起的 ε_y 与 γ_{xy} 的比值。

把工程弹性常数表示的 S 代入 $\overline{S}$ 的表达式,可得

$$\begin{cases} \overline{S}_{11} = \dfrac{1}{E_x} = \dfrac{1}{E_1}\cos^4\theta + \left(\dfrac{1}{G_{12}} - \dfrac{2\nu_{12}}{E_1}\right)\sin^2\theta\cos^2\theta + \dfrac{1}{E_2}\sin^4\theta \\[2mm] \overline{S}_{22} = \dfrac{1}{E_y} = \dfrac{1}{E_1}\sin^4\theta + \left(\dfrac{1}{G_{12}} - \dfrac{2\nu_{12}}{E_1}\right)\sin^2\theta\cos^2\theta + \dfrac{1}{E_2}\cos^4\theta \\[2mm] \overline{S}_{12} = -\dfrac{\nu_{xy}}{E_x} = -\dfrac{\nu_{12}}{E_1}(\sin^4\theta + \cos^4\theta) + \left(\dfrac{1}{E_1} + \dfrac{1}{E_2} - \dfrac{1}{G_{12}}\right)\sin^2\theta\cos^2\theta \\[2mm] \overline{S}_{66} = \dfrac{1}{G_{xy}} = \dfrac{1}{G_{12}}(\sin^4\theta + \cos^4\theta) + 2\left(\dfrac{2}{E_1} + \dfrac{2}{E_2} + \dfrac{4\nu_{12}}{E_1} - \dfrac{1}{G_{12}}\right)\sin^2\theta\cos^2\theta \\[2mm] \overline{S}_{16} = \dfrac{\eta_{xy,x}}{E_x} = \left(\dfrac{2}{E_1} + \dfrac{2\nu_{12}}{E_1} - \dfrac{1}{G_{12}}\right)\sin\theta\cos^3\theta - \left(\dfrac{2}{E_2} + \dfrac{2\nu_{12}}{E_1} - \dfrac{1}{G_{12}}\right)\sin^3\theta\cos\theta \\[2mm] \overline{S}_{26} = \dfrac{\eta_{xy,y}}{E_y} = \left(\dfrac{2}{E_1} + \dfrac{2\nu_{12}}{E_1} - \dfrac{1}{G_{12}}\right)\sin^3\theta\cos\theta - \left(\dfrac{2}{E_2} + \dfrac{2\nu_{12}}{E_1} - \dfrac{1}{G_{12}}\right)\sin\theta\cos^3\theta \end{cases} \tag{3.82}$$

通过上述公式可见,正交各向异性单层板在与材料主方向成一定角度方向上受力时,表观各向异性弹性模量是随角度变化的。材料性能的极值(最大值或最小值)并不一定发生在材料主方向,这称为琼斯法则。

为了讨论工程弹性常数随 θ 的变化情况，对某玻璃/环氧简单层板，当 $E_1/E_2 = 3$，$G_{12}/E_2 = 0.5$，$\nu_{12} = 0.25$ 时，按式（3.82）算出偏轴无量纲工程弹性常数 E_x/E_2、$\eta_{xy,x}$、G_{xy}/G_{12} 和 ν_{xy} 随 θ 的变化曲线，如图 3.12 所示。E_x/E_2 在 $\theta = 0°$ 时取极大值为 3，$\theta = 90°$ 时得极小值为 1。G_{xy}/G_{12} 在 $0°$、$90°$ 时为分别取极小值为 1，$45°$ 时取得最大值。ν_{xy} 在 $0°$、$90°$ 间有一最大值。$\eta_{xy,x}$ 在 $0°$、$90°$ 时为零，在中间角度有极大值。不同复合材料的表观工程弹性常数随 θ 变化不全相同，这也是复合材料具有良好可设计性的一个体现。

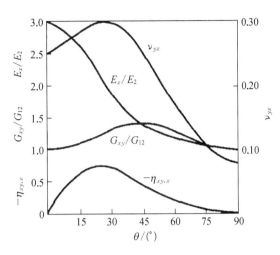

图 3.12　玻璃/环氧表观工程弹性常数随 θ 的变化

3.5.4　刚度不变量

偏轴刚度矩阵 $\overline{Q}_{ij} = f(Q_{ij}, \theta)$ 是四个独立常数和角度的复杂函数，见公式（3.78）。Tsai 和 Pagano 利用三角恒等式对刚度变换进行了有创造性的改造：

$$\begin{cases} m^4 = \cos^4\theta = \dfrac{1}{8}(3 + 4\cos 2\theta + \cos 4\theta) \\[2mm] m^3 n = \cos^3\theta\sin\theta = \dfrac{1}{8}(2\sin 2\theta + \sin 4\theta) \\[2mm] m^2 n^2 = \cos^2\theta\sin^2\theta = \dfrac{1}{8}(1 - \cos 4\theta) \\[2mm] mn^3 = \cos\theta\sin^3\theta = \dfrac{1}{8}(2\sin 2\theta - \sin 4\theta) \\[2mm] n^4 = \sin^4\theta = \dfrac{1}{8}(3 - 4\cos 2\theta + \cos 4\theta) \end{cases} \quad (3.83)$$

利用三角恒等式变换后的刚度矩阵可表示为

$$\begin{Bmatrix} \overline{Q}_{11} \\ \overline{Q}_{22} \\ \overline{Q}_{12} \\ \overline{Q}_{66} \\ \overline{Q}_{16} \\ \overline{Q}_{26} \end{Bmatrix} = \begin{bmatrix} U_1 & \cos 2\theta & \cos 4\theta \\ U_1 & -\cos 2\theta & \cos 4\theta \\ U_4 & 0 & m^4 + n^4 \\ U_5 & 0 & -2m^2 n^2 \\ 0 & \dfrac{1}{2}\sin 2\theta & \sin 4\theta \\ 0 & \dfrac{1}{2}\sin 2\theta & -\sin\theta \end{bmatrix} \begin{Bmatrix} 1 \\ U_2 \\ U_3 \end{Bmatrix} \quad (3.84)$$

其中，

$$
\begin{cases}
U_1 = (3Q_{11} + 3Q_{22} + 2Q_{12} + 4Q_{66})/8 \\
U_2 = (Q_{11} - Q_{22})/2 \\
U_3 = (Q_{11} + Q_{22} - 2Q_{12} - 4Q_{66})/8 \\
U_4 = (Q_{11} + Q_{22} + 6Q_{12} - 4Q_{66})/8 \\
U_5 = (Q_{11} + Q_{22} - 2Q_{12} + 4Q_{66})/8
\end{cases}
\tag{3.85}
$$

在绕垂直于简单层板的轴旋转时,其刚度分量的部分值是不变的,U_1、U_4、U_5 为常数项,不随角度变化,称为刚度不变量。

3.6　单层复合材料的强度概念

3.6.1　各向同性材料强度理论

材料力学中的四个强度理论就是各向同性材料的强度理论,常用的有以下几种。

按照最大正应力理论判断材料强度,材料破坏是由于其最大正应力 σ_1(或$|\sigma_3|$)达到一定极限值。按照最大线应变强度理论判断材料强度,材料破坏是由于其最大线应变 ε_1(或$|\varepsilon_3|$)达到一定极限值。按照最大剪应力理论判断材料强度,材料破坏是由于其最大剪应力达到一定极限值。按照最大畸变能(又称为歪形能、形状改变比能)强度理论判断材料强度,材料破坏是由于其畸变能达到一定极限值。

对不同材料可能适用不同的强度理论。例如:脆性材料主要适用最大正应力理论和最大线应变强度理论;塑性材料主要适用最大剪应力理论和最大畸变能强度理论。

3.6.2　正交各向异性简单层板强度概念

单向纤维增强复合材料是正交各向异性材料。当外载荷沿材料主方向作用时称为主方向载荷,其对应的应力称为主方向应力。如果载荷作用方向与材料主方向不一致,则可通过坐标变换,将载荷作用方向的应力转换为材料主方向的应力。

与各向同性材料相比,正交各向异性材料的强度在概念上有下列特点。

(1) 对于各向同性材料,各强度理论中所指的最大应力和线应变是材料的主应力和主应变;对于各向异性材料,由于最大作用应力并不一定对应材料的危险状态,所以与材料方向无关的最大值主应力已无意义。此外,由于各主方向强度不同,因此最大作用应力不一定是控制设计的应力。对于正交各向异性材料而言,其材料主方向的应力是判定材料破坏与否的重要依据。

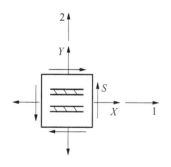

图 3.13　拉压等强度单层复合材料的基本强度

(2) 若材料的拉压强度相同,则正交各向异性简单层板的基本强度指标有 3 个,分别为轴向或纵向强度 X(沿材料主方向 1)、横向强度 Y(沿材料主方向 2)和剪切强度 S(沿 $1-2$ 平面,如图 3.13 所示)。

在确定简单层板强度时可不考虑最大或最小主应力,需要借助材料主方向应力来进行判断。例如,某简单层板在 1－2 平面内的基本强度分别为 $X=1\,500$ MPa、$Y=50$ MPa、$S=70$ MPa。纤维方向 1 的强度远高于 2 方向的强度($X\gg Y$)。假如由外载引起应力 $\sigma_1=800$ MPa、$\sigma_2=60$ MPa、$\tau_{12}=40$ MPa,这里 σ_1、σ_2 分别为材料 1、2 方向的应力,不是第一、第二主应力。虽然 $\sigma_1<X,\tau_{12}<S$,但 $\sigma_2>Y$。按某种强度理论,这样的简单层板将发生破坏。因此,正交各向异性材料中强度是应力方向的函数,而各向同性材料中强度与应力方向无关。

　　大多数纤维增强复合材料的拉压强度是不同的。若材料的拉压强度不相同,则正交各向异性简单层板的基本强度指标有 5 个,分别为纵向拉伸强度 X_t(沿材料主方向 1)、纵向压缩强度 X_c(沿材料主方向 1)、横向拉伸强度 Y_t(沿材料主方向 2)、横向压缩强度 Y_c(沿材料主方向 2)和剪切强度 S(沿 1－2 平面)。以上强度参数可由材料的单向受力试验测定。

　　(3) 正交各向异性材料在材料主方向上的拉伸和压缩强度一般是不同的,但在主方向上的剪切强度(不管剪应力是正还是负)都具有相同的最大值。如图 3.14 所示,在材料主方向上的正剪应力和负剪应力的应力场是没有区别的,两者彼此镜面对称。但是非材料主方向上剪应力最大值与其方向有关。例如,当剪应力与材料主方向成 45°角时,正和负的剪应力在纤维方向上产生符号相反的正应力(拉或压),如图 3.15 所示。

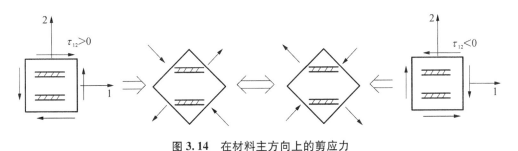

图 3.14　在材料主方向上的剪应力

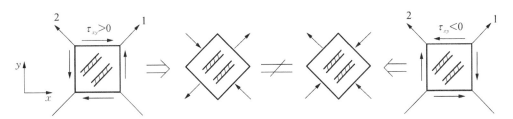

图 3.15　与材料主方向成 45°角的剪应力

3.7　正交各向异性简单层板的强度理论

　　大多数试验测定材料的强度,多是在单向应力状态下进行,但实际使用过程中,物体多受三向或双向载荷的作用,本节讨论正交各向异性简单层板的强度,因此主要涉及平面强度问题。假设材料宏观均匀,不考虑细观破坏机理。下面介绍几种常用的强度理论。

3.7.1 最大应力理论

在这个理论中,各材料主方向应力必须小于各自方向的强度,否则即发生破坏。对于拉伸应力有

$$\sigma_1 < X_t, \sigma_2 < Y_t, |\tau_{12}| < S \qquad (3.86)$$

对于压缩应力有

$$\sigma_1 > -X_c, \sigma_2 > -Y_c \qquad (3.87)$$

其中,σ_1、σ_2 指材料 1、2 主方向的应力;S 与 τ_{12} 的符号无关。如上述 5 个不等式中任一个不满足,则材料分别以与 X_t、X_c、Y_t、Y_c 或 S 相联系的破坏机理而破坏。该理论中,各种破坏模式之间相互没有影响,即实际上是 5 个分别的不等式。

在应用最大应力理论时,所考虑材料中的应力是材料主方向的应力,若不是,则必须转换为材料主方向的应力。例如,考虑一个单层板承受与纤维方向成 θ 角的单向载荷 (σ_x)(注意到:$\sigma_y = \tau_{xy} = 0$),如图 3.16 所示。根据应力转轴公式得

$$\begin{cases} \sigma_1 = \sigma_x \cos^2\theta \\ \sigma_2 = \sigma_x \sin^2\theta \\ \tau_{12} = -\sigma_x \sin\theta\cos\theta \end{cases} \qquad (3.88)$$

求解上述方程,并代入拉伸时的最大应力理论,得到三个 σ_x 的不等式:

$$\begin{cases} \sigma_{x-1} < X_t/\cos^2\theta \\ \sigma_{x-2} < Y_t/\sin^2\theta \\ \sigma_{x-3} < S/\sin\theta\cos\theta \end{cases} \qquad (3.89)$$

最大单向应力 σ_x 是上述三个不等式中的最小值:

$$\max \sigma_x = \min\{\sigma_{x-i}\}, i = 1, 2, 3 \qquad (3.90)$$

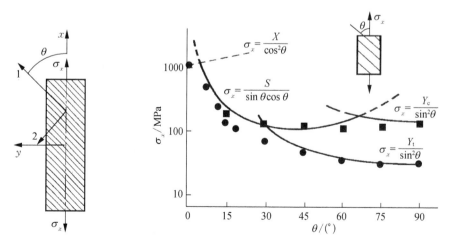

图 3.16 单层复合材料受偏轴单向载荷作用　图 3.17 单层板单向拉伸最大应力理论的数据

图 3.17 中给出了单层复合材料单向强度与偏轴角度 θ 的关系。拉伸试验数据用 ● 表示,压缩用 ■ 表示,各条曲线分别表示式(3.89)中各强度式,其中最低一条为控制强度曲线。强度曲线中的理论尖点在试验中不存在,该理论与试验结果不完全一致,因此需探求别的强度理论。

3.7.2　最大应变理论

最大应变理论与最大应力理论很相似,这里受限制的是应变,对于拉伸和压缩强度不同的材料,有如下不等式:

$$\begin{cases} \varepsilon_1 < \varepsilon_{X_t}, \varepsilon_1 > -\varepsilon_{X_c} \\ \varepsilon_2 < \varepsilon_{Y_t}, \varepsilon_2 > -\varepsilon_{Y_c} \\ |\gamma_{12}| < \gamma_s \end{cases} \tag{3.91}$$

其中若有任一个不满足,即认为材料破坏。

对于承受偏轴单向载荷的单层板,其极限应力可利用广义应力-应变关系和线弹性破坏限制条件,用下列关系式表示最大应变理论:

$$\begin{cases} \sigma_x < X_t / (\cos^2\theta - \nu_{12}\sin^2\theta) \\ \sigma_x < Y_t / (\sin^2\theta - \nu_{21}\cos^2\theta) \\ \sigma_x < S / (\sin\theta\cos\theta) \end{cases} \tag{3.92}$$

最大应变理论与最大应力理论相比较,两者基本一致,差别只在于最大应变理论中包含了泊松比。同样可绘出最大应变理论强度曲线,并与玻璃/环氧简单层板偏轴拉伸试验结果比较,试验结果与最大应变理论之间的差别比最大应力理论更加明显,因此最大应变理论也不大适用。

3.7.3　Tsai-Hill 强度理论

1948 年,塑性力学权威 R. Hill 对各向异性材料提出了一个适用于正交各向异性材料的屈服准则,即畸变能理论的推广形式;蔡为伦(S. W. Tsai)教授是国际复合材料力学界的权威,在 1968 年他和著名力学家 R. Hill 合作,提出了蔡-希尔(Tsai-Hill)强度准则,对复合材料力学的强度理论产生了深远影响,沿用至今。

Hill 于 1948 年对各向异性材料提出了一个屈服准则:

$$\begin{aligned} & (G+H)\sigma_1^2 + (F+H)\sigma_2^2 + (F+H)\sigma_3^2 - 2H\sigma_1\sigma_2 - 2G\sigma_1\sigma_3 \\ & - 2F\sigma_2\sigma_3 + 2L\tau_{23}^2 + 2M\tau_{31}^2 + 2N\tau_{12}^2 = 1 \end{aligned} \tag{3.93}$$

式中 F、G、H、L、M、N 为各向异性材料的破坏强度参数,如以 $L = M = N = 3F = 3G = 3H$ 及 $2F = 1/\sigma_s$,代入式(3.93)则得

$$(\sigma_1 - \sigma_2)^2 + (\sigma_2 - \sigma_3)^2 + (\sigma_3 - \sigma_1)^2 + 6(\tau_{23}^2 + \tau_{31}^2 + \tau_{12}^2) = 2\sigma_s^2 \tag{3.94}$$

式(3.94)为各向同性材料 Mises 屈服准则,其中,σ_s 为各向同性材料的屈服极限。由此可

见,Hill 提出的是 Mises 提出的各向同性材料屈服准则,即畸变能理论的推广,但在正交各向异性材料中,形状变化和体积变化不能分开,所以式(3.93)不是真正的畸变能准则。

Tsai 引入拉压等强度的单层复合材料通常用的破坏强度 X、Y、S 来表示 F、G、H、L、M、N。

如只有 τ_{12} 作用,其最大值为 S,则有

$$2N = \frac{1}{S^2} \tag{3.95}$$

如只有 σ_1 作用,其最大值为 X,则有

$$G + H = \frac{1}{X^2} \tag{3.96}$$

如只有 σ_2 作用,其最大值为 Y,则有

$$F + H = \frac{1}{Y^2} \tag{3.97}$$

如只有 σ_3 作用,其最大值为 Z,则有

$$F + G = \frac{1}{Z^2} \tag{3.98}$$

联立上述三式,可解得 H、G、F 如下:

$$
\begin{aligned}
2H &= \frac{1}{X^2} + \frac{1}{Y^2} + \frac{1}{Z^2} \\
2G &= \frac{1}{X^2} + \frac{1}{Y^2} + \frac{1}{Z^2} \\
2F &= \frac{1}{X^2} + \frac{1}{Y^2} + \frac{1}{Z^2}
\end{aligned}
\tag{3.99}
$$

对于纤维在 1 方向的简单层板,在 $1-2$ 平面内,平面应力情况为 $\sigma_3 = \tau_{13} = \tau_{23} = 0$,相关项消减。根据几何对称性,纤维在 2 方向和 3 方向的分布情况相同,可知 $Y = Z$,则 $H = \frac{1}{2X^2} = G$,$F + H = \frac{1}{Y^2}$。由此得到 Tsai-Hill 强度理论为

$$\frac{\sigma_1^2}{X^2} + \frac{\sigma_2^2}{Y^2} - \frac{\sigma_1\sigma_2}{X^2} + \frac{\tau_{12}^2}{S^2} = 1 \tag{3.100}$$

对于偏轴向受单向载荷的单层复合材料,主轴与偏轴应力关系如公式(3.88)所示,进而可以得到偏轴向受单向载荷的单层复合材料 Tsai-Hill 准则为

$$\frac{\cos^4\theta}{X^2} + \left(\frac{1}{S^2} - \frac{1}{X^2}\right)\cos^2\theta\sin^2\theta + \frac{\sin^4\theta}{Y^2} = \frac{1}{\sigma_x^2} \tag{3.101}$$

Tsai-Hill 强度理论是一个统一的强度理论,不同于最大应力理论和最大应变理论(由 5 个分公式表示),各方向的应力相互影响和制约。将 Tsai-Hill 强度理论结果和玻璃/环氧复合材料试验结果画在图 3.18 中,两者吻合较好。

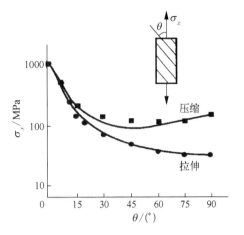

图 3.18　Tsai-Hill 强度理论的试验对比

Tsai-Hill 强度理论有以下优点:

(1) σ_x 随方向角 θ 的变化是光滑的,没有尖点;

(2) σ_x 一般随 θ 角增加而连续减小;

(3) 该理论与试验之间吻合相对较好;

(4) Tsai-Hill 理论中破坏强度 X、Y、S 之间存在重要的相互联系,而其他理论假定三种破坏是单独发生的;

(5) 此理论可进行简化而得到各向同性材料的结果。

基于 Tsai-Hill 强度理论 Hoffman 提出了如下的拉压不同强度时的新理论:

$$\frac{\sigma_1^2}{X_t X_c} + \frac{\sigma_2^2}{Y_t Y_c} - \frac{\sigma_1 \sigma_2}{X_t X_c} + \frac{\sigma_{12}^2}{S^2} + \frac{X_c - X_t}{X_t X_c}\sigma_1 + \frac{Y_c - Y_t}{Y_t Y_c}\sigma_2 = 1 \qquad (3.102)$$

3.7.4　Tsai-Wu 张量理论

上述各强度理论与试验结果之间都有不同程度的不一致。1971 年蔡和吴又提出张量形式的蔡-吴(Tsai-Wu)强度理论。Tsai-Wu 理论的数值计算与试验结果比较符合。

他们假定在应力空间中的破坏表面存在下列形式:

$$F_i \sigma_i + F_{ij} \sigma_i \sigma_j = 1 \quad (i,j = 1,2,\cdots,6) \qquad (3.103)$$

式中,F_i 和 F_{ij} 分别是二阶和四阶强度系数张量,F_i 有 6 个系数,F_{ij} 有 21 个系数。对于平面应力下的正交各向异性简单层板,式(3.103)可化为

$$F_{11}\sigma_1^2 + F_{22}\sigma_2^2 + F_{66}\sigma_6^2 + 2F_{12}\sigma_1\sigma_2 + 2F_{16}\sigma_1\sigma_6 + 2F_{26}\sigma_2\sigma_6$$
$$+ F_1\sigma_1 + F_2\sigma_2 + F_6\sigma_6 = 1 \qquad (3.104)$$

式中应力的一次项对应于拉压强度不同的材料。剪应力 σ_6 对应的强度在 1 和 2 方向相同,即 σ_6 由正变负对强度准则无影响,即对应 σ_6 一次项的系数应等于零:

$$F_{16} = F_{26} = F_6 = 0 \qquad (3.105)$$

由此得到 Tsai-Wu 张量理论:

$$F_{11}\sigma_1^2 + F_{22}\sigma_2^2 + F_{66}\sigma_6^2 + 2F_{12}\sigma_1\sigma_2 + F_1\sigma_1 + F_2\sigma_2 = 1 \qquad (3.106)$$

假定材料受双向拉伸 $\sigma_1 = \sigma_2 = \sigma_m$(单层在材料主方向的双向等轴拉伸强度),其余应力分量均为零,由此得出 Tsai-Wu 张量理论:

$$(F_{11} + F_{22} + 2F_{12})\sigma_{\mathrm{m}}^2 + (F_1 + F_2)\sigma_{\mathrm{m}} = 1 \qquad (3.107)$$

其中，$F_{11} = \dfrac{1}{X_{\mathrm{t}}X_{\mathrm{c}}}$；$F_{22} = \dfrac{1}{Y_{\mathrm{t}}Y_{\mathrm{c}}}$；$F_1 = \dfrac{1}{X_{\mathrm{t}}} - \dfrac{1}{X_{\mathrm{c}}}$；$F_2 = \dfrac{1}{Y_{\mathrm{t}}} - \dfrac{1}{Y_{\mathrm{c}}}$；$F_{66} = \dfrac{1}{S^2}$。

将各已知量代入式(3.107)解出 F_{12}：

$$F_{12} = \frac{1}{2\sigma_{\mathrm{m}}^2}\left[1 + \left(\frac{1}{X_{\mathrm{t}}X_{\mathrm{c}}} + \frac{1}{Y_{\mathrm{t}}Y_{\mathrm{c}}}\right)\sigma_{\mathrm{m}}^2 - \left(\frac{1}{X_{\mathrm{t}}} - \frac{1}{X_{\mathrm{c}}} + \frac{1}{Y_{\mathrm{t}}} - \frac{1}{Y_{\mathrm{c}}}\right)\sigma_{\mathrm{m}}\right] \qquad (3.108)$$

由此，F_{12} 是基本强度和双向等轴拉伸强度的函数。强度系数 F_{12} 一般只能通过 σ_1 和 σ_2 成某一比例的双向拉、压破坏试验获得。双向等轴拉伸试验很难实现，有必要获取 F_{12} 理论参考值。

为了使问题简化，假定剪应力 $\sigma_6 = 0$ 的应力状态，以及给定拉压强度相等（$F_1 = F_2 = 0$）的复合材料单层板，由此得到：

$$F_{11}\sigma_1^2 + F_{22}\sigma_2^2 + 2F_{12}\sigma_1\sigma_2 = 1 \qquad (3.109)$$

当单层破坏时，该二次失效破坏曲线应是封闭曲线，由此可以得到：

$$F_{11}F_{22} - F_{12}^2 > 0 \qquad (3.110)$$

且假定单层为各向同性，则

$$F_{12} = -\frac{1}{2}\sqrt{F_{11}F_{22}} \qquad (3.111)$$

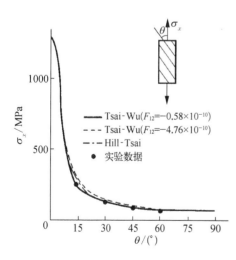

图 3.19 Tsai-Wu 张量理论

已有研究表明，对于常用的纤维增强复合材料，强度参数 F_{12} 可以在 $0 \sim -\dfrac{1}{2}\sqrt{F_{11}F_{22}}$ 之间取值，代入 Tsai-Wu 张量理论后得到的差异在工程上是可以接受的。

Pipes 和 Cole 用硼/环氧的各种偏轴向试验测量了 F_{12}，他们指出：偏轴拉伸时 F_{12} 有明显变化，而对偏轴压缩则变化不大。虽然 F_{12} 的测定不很精确，但他们得出 Tsai-Wu 理论与试验数据较为吻合。如图 3.19 所示，在 Tsai-Wu 理论中 F_{12} 值相差近 8 倍时，θ 在 $5° \sim 25°$ 之间，理论强度值变化很小，而且在 $5° \sim 75°$ 内 Tsai-Wu 理论和 Tsai-Hill 理论之间的差别小于 5%。

3.8　正交各向异性材料强度理论的发展

上述的强度理论不涉及复合材料的破坏形式、过程和机理（唯象理论：概括提炼无解释),对纤维复合材料来讲,宏观上的各向异性、细观上的非均匀性,其破坏形式和过程比各向同性材料更加多样化、复杂,它与组分性能、含量、复合工艺条件以及受力状态密切相关,应用一个统一的破坏准则来概括描述如此多样、复杂的破坏现象,对复合材料来说是非常困难的。

复合材料不同于金属等,具有多种形式的损伤和缺陷,如考虑材料的损伤、裂纹的萌生与扩展,从断裂机理的研究建立数学模型,应用断裂力学原理分析复合材料的损伤,从而寻求微裂纹的发展与载荷及其循环次数间的函数关系,研究复合材料新的强度理论,微观与宏观相结合,以及复合材料微、细观力学分析方法,多尺度方法等方法的多样性。

利用双轴载荷试验机、融合 Arcan 圆盘和 Iosipescue 剪切试验技术,建立材料复杂应力状态性能测试方法,实现材料双轴拉/拉、拉/压、压/压、拉/剪和压/剪组合载荷试验能力(图 3.20)。

图 3.20　材料双轴力学试验机(拉/拉、压/压、拉/压)

3.9　本章小结

本章主要介绍了单层板的宏观力学性能,包括宏观的刚度和宏观的强度,其中,刚度部分介绍了正交各向异性弹性理论、正交各向异性材料的工程弹性常数、简单层板任意方向的应力-应变关系、单层复合材料强度概念以及单层板的典型强度理论。

课 后 习 题

1. 试由以下不等式确定横观各向同性材料泊松比界限为 $-1 < \nu < 1 - 2\nu'^2\dfrac{E'}{E}$。

$$-\left\{ \nu_{23}\nu_{31}\left(\frac{E_2}{E_1}\right) + \left[1 - \nu_{23}^2\left(\frac{E_2}{E_3}\right)\right]^{1/2}\left[1 - \nu_{31}^2\left(\frac{E_3}{E_1}\right)\right]^{1/2}\left(\frac{E_2}{E_1}\right)^{1/2} \right\} < \nu_{12} <$$

$$-\left\{ \nu_{23}\nu_{31}\left(\frac{E_2}{E_1}\right) - \left[1 - \nu_{23}^2\left(\frac{E_2}{E_3}\right)\right]^{1/2}\left[1 - \nu_{31}^2\left(\frac{E_3}{E_1}\right)\right]^{1/2}\left(\frac{E_2}{E_1}\right)^{1/2} \right\}$$

其中,E 和 ν 为各向同性面(102 面)的弹性模量和泊松比;$\nu' = \nu_{31} = \nu_{32}$;$E' = E_3$。

2. 某单层正交各向异性材料工程弹性常数为 $E_1 = 20\,\text{GPa}$，$E_2 = 10\,\text{GPa}$，$E_3 = 5\,\text{GPa}$，$G_{12} = G_{13} = 5\,\text{GPa}$，$G_{23} = 2\,\text{GPa}$，$\nu_{23} = 0.25$，$\nu_{12} = \nu_{13} = 0.2$，试求其柔度矩阵和刚度矩阵系数。

3. 两块单向板连接如下图所示，单轴拉伸方向作用下的变形情况应该是哪个图？为什么？

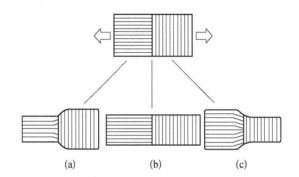

(a)　　　　　(b)　　　　　(c)

4. 有一单向复合材料薄壁管，平均直径 $R_0 = 25\,\text{mm}$，壁厚 $t = 2\,\text{mm}$，管端作用轴向拉力 $P = 20\,\text{kN}$，扭矩 $0.5\,\text{kN·m}$。试问，保证圆管不发生轴向变形（即 $\varepsilon_x = 0$）时弹性主轴柔度系数 S_{ij} 应满足什么条件？（分别考察 $\theta = 0°$、$30°$、$45°$、$90°$ 的情况）

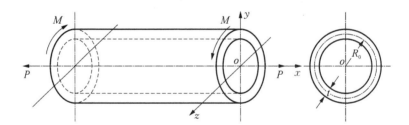

5. 有一单向复合材料薄壁管，平均半径 $R_0 = 20\,\text{mm}$，壁厚 $t = 2\,\text{mm}$，管端作用轴向拉力 $P = 10\,\text{kN}$，扭矩 $0.1\,\text{kN·m}$（载荷与结构形式同第 4 题）。试问，为使单向复合材料管的材料主方向只有正应力时（$\tau_{12} = 0$），单向复合材料的纵向和圆管轴线夹角 $\theta\left(0, \dfrac{\pi}{2}\right)$ 应为多大？

6. 试证明 $Q_{11} + Q_{22} + 2Q_{12}$ 为坐标转换不变量，即 $\overline{Q}_{11} + \overline{Q}_{22} + 2\overline{Q}_{12} = Q_{11} + Q_{22} + 2Q_{12}$。

7. 已知碳/环氧和玻璃/环氧复合材料的工程弹性常数如下表。

	E_1/GPa	E_2/GPa	ν_{12}	G_{12}/GPa
碳/环氧	98.07	8.83	0.31	5.20
玻璃/环氧	38.60	8.27	0.26	4.14

试分别求应力分量为 $\sigma_1 = 400\,\text{MPa}$、$\sigma_2 = 30\,\text{MPa}$、$\tau_{12} = 15\,\text{MPa}$ 时的应变分量。

8. 一单层板受力情况为 $\sigma_x = -3.5\ \text{MPa}$，$\sigma_y = 7\ \text{MPa}$，$\tau_{xy} = -1.4\ \text{MPa}$，该单层板弹性常数为 $E_1 = 14\ \text{GPa}$，$E_2 = 3.5\ \text{GPa}$，$G_{12} = 4.2\ \text{GPa}$，$\nu_{12} = 0.4$，$\theta = 60°$，求弹性主轴上的应力、应变，以及偏轴应变。

9. 一单层板受力情况为 $\sigma_x = -3.5\ \text{MPa}$，$\sigma_y = 7\ \text{MPa}$，$\tau_{xy} = -1.4\ \text{MPa}$，该单层板强度 $X_t = 250\ \text{MPa}$，$X_c = 200\ \text{MPa}$，$Y_t = 0.5\ \text{MPa}$，$Y_c = 10\ \text{MPa}$，$S = 8\ \text{MPa}$，$\theta = 60°$，分别按 Tsai-Hill 和 Tsai-Wu 强度准则判断其是否失效。

10. 已知某单层板强度 $X_t = 1\,548\ \text{MPa}$，$X_c = 1\,426\ \text{MPa}$，$Y_t = 55.5\ \text{MPa}$，$Y_c = 218\ \text{MPa}$，$S = 89.9\ \text{MPa}$，受力状态为 $\sigma_x = 144\ \text{MPa}$，$\sigma_y = 50\ \text{MPa}$，$\tau_{xy} = 50\ \text{MPa}$，$\theta = 45°$，试分别用最大应力理论、Tsai-Hill 强度理论和 Tsai-Wu 强度理论校核该单层的强度。

11. 有一单向板，其强度特性为 $X_t = 500\ \text{MPa}$，$X_c = 350\ \text{MPa}$，$Y_t = 5\ \text{MPa}$，$Y_c = 75\ \text{MPa}$，$S = 35\ \text{MPa}$，其受力特性为 $\sigma_x = \sigma_y = 0$，$\tau_{xy} = \tau$。试问在偏轴 $45°$ 时，材料满足 Tsai-Hill 强度条件时的 τ 值。（考察 $\tau > 0$ 和 $\tau < 0$ 的情况）

12. 一单层复合材料 $\sigma_x = \sigma_y = 39.2\ \text{MPa}$，$\tau_{xy} = 29.4\ \text{MPa}$，$E_1 = 44.1\ \text{GPa}$，$E_2 = 14.7\ \text{GPa}$，$G_{12} = 6.86\ \text{GPa}$，$\nu_{12} = 0.3$，$\theta = 45°$，计算材料主轴应力、主轴应变及偏轴应变。

13. 有一单向板，其强度特性为 $X = 980\ \text{MPa}$，$Y = S = 39.2\ \text{MPa}$，其受力特性为 $\sigma_x = 2\sigma$，$\sigma_y = 0$，$\tau_{xy} = -\sigma$，试确定按 Tsai-Hill 强度条件 $\theta = 45°$（或 $\theta = 30°$）时的 σ 值。（$\sigma > 0$）

第4章
简单层板的细观力学分析

本章主要针对简单层板进行细观力学分析。首先介绍简单层板刚度的材料力学分析方法,给出其材料主轴工程弹性常数的细观力学模型;然后介绍简单层板刚度的弹性力学分析方法以及 Halpin-Tsai 方程;最后介绍简单层板强度的材料力学分析方法,重点给出纵向拉伸强度预报模型。

学习要点:

(1) 弹性常数的确定方法;

(2) 弹性力学极值法及 Halpin-Tsai 方程;

(3) 强度预报方法。

4.1 引　言

单层板的力学性能主要包括单层板的宏观力学性能和单层板的细观力学性能,宏观力学性能包括单层板的应力-应变关系以及单层板的强度问题;细观力学性能主要包括刚度的材料力学分析方法、刚度的弹性力学分析方法以及强度的材料力学分析方法。宏观力学分析假定材料是均匀的,不考虑组分材料引起的不均匀性;而细观力学在研究材料性能时,详细地研究组分材料及其相互作用,并作为确定复合材料不均匀性的一部分。单层复合材料的性能可以用物理方法试验测定,也可由组分材料的性能用数学方法求得,即用细观力学方法预测单层复合材料的性能,并在结构宏观力学分析时应用这些性能参数。

复合材料细观力学的主要目的是建立预测复合材料宏观力学性质与组分材料微观结构间的定量联系。对于弹性问题,就是要计算复合材料的有效模量,又称有效刚度。将不均匀的复合材料的平均应力与平均应变的关系用一个均匀材料的应力-应变关系来代替,这个均匀材料具有弹性模量 $\overline{E}_1$、$\overline{E}_2$ 等。

具体而言,单层板细观力学分析主要涉及两个方面,一是用组分材料的弹性常数预测复合材料的弹性常数或刚度、柔度,例如复合材料刚度特征的细观力学模型可以表示为

$$C_{ij} = F_j(E_{\mathrm{f}}, \nu_{\mathrm{f}}, c_{\mathrm{f}}, E_{\mathrm{m}}, \nu_{\mathrm{m}}, c_{\mathrm{m}}) \tag{4.1}$$

式中，E_f 为各向同性纤维的弹性模量；ν_f 为各向同性纤维的泊松比；E_m 为基体弹性模量；ν_m 为基体的泊松比；c_f 和 c_m 分别为纤维和基体相对体积含量（%）。其中，$c_f = V_f/V$，V_f 为纤维体积，V 为复合材料总体积；$c_m = V_m/V$，V_m 为基体体积。需要说明的是，如果纤维是横观各向同性的，则弹性常数数目将增加。第二个方面是用组分材料的强度来预测复合材料的强度，例如复合材料强度的细观力学预报模型可以表示为

$$X_i = F_i(X_{if}, X_{im}, c_f, c_m) \tag{4.2}$$

式中，$X_i = X_t, X_c, Y_t, Y_c, S$ 分别是复合材料轴向拉伸、压缩，横向拉、压和剪切强度，$X_{if} = X_f, Y_f, S_f$ 分别是纤维的各强度，$X_{im} = X_m, Y_m, S_m$ 分别是基体各强度。对于各向同性纤维和基体 $X_f = Y_f, X_m = Y_m$，c_f 和 c_m 意义同上。

细观力学分析中对复合材料有以下基本假设。

（1）单层复合材料：线弹性、宏观均匀性、宏观正交各向异性、无初应力。

（2）纤维：线弹性、均匀性、各向同性（或横观各向同性）、规则排列、完全成直线。

（3）基体：线弹性、均匀性、各向同性。

（4）界面：在纤维或基体中或它们之间不存在空隙，即纤维和基体间黏结是完整理想的。

宏观上复合材料的应力与应变是均匀的，即在微元中用具有平均应力-应变关系的均匀化材料来代替。采用代表性的体积单元作为微元，代表性体积单元（简称代表单元）的尺度很重要，一般在一个代表单元中至少要有一根完整的纤维。由单向纤维组成的单层板典型的体积单元如图 4.1 所示。

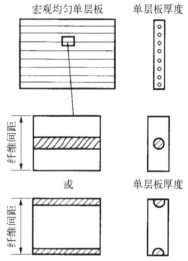

图 4.1　单向纤维单层板的代表性体积单元

细观上材料是不均匀的，而纤维分布也是非均匀的，例如硼纤维和碳纤维断面微观形貌如图 4.2 所示。为了建立细观模型，有必要对其进行简化。最简单的简化为方形分布和三角形分布，如图 4.3 所示。

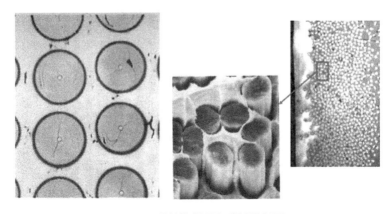

图 4.2　硼纤维断面和碳纤维断面

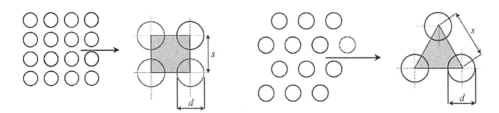

图 4.3　方形分布和三角形分布

假设纤维直径为 d,纤维间距为 s,对于方形分布,容易得到方形分布的纤维体积分数为

$$V_f = \frac{\pi}{4}\left[\frac{d}{s}\right]^2 \qquad (4.3)$$

对于三角形分布,纤维体积分数为

$$V_f = \frac{\sqrt{3}}{6}\pi\left[\frac{d}{s}\right]^2 \qquad (4.4)$$

对于以上两种情况,当 $d = s$ 时,纤维体积分数取最大值。此时方形分布的最大体积分数为 0.79,三角形分布的最大体积分数为 0.91。

4.2　刚度的材料力学分析方法

在单向纤维复合材料中,材料力学分析方法有以下基本假设:

（1）对于只有 1 方向受力的体积单元,纤维和基体在纤维方向的应变是相等的,即垂直于 1 轴的截面加载前后保持平面;

（2）对于只有 2 方向受力的体积单元,基体和纤维中的应力相等;

（3）对于纯剪切的体积单元,基体和纤维所受的剪力相等。

4.2.1　E_1 的确定

弹性模量 E_1 定义为只在 1 方向受力时 1 方向应力与 1 方向应变的比值(图 4.4),即

$$E_1 = \sigma_1/\varepsilon_1 \qquad (4.5)$$

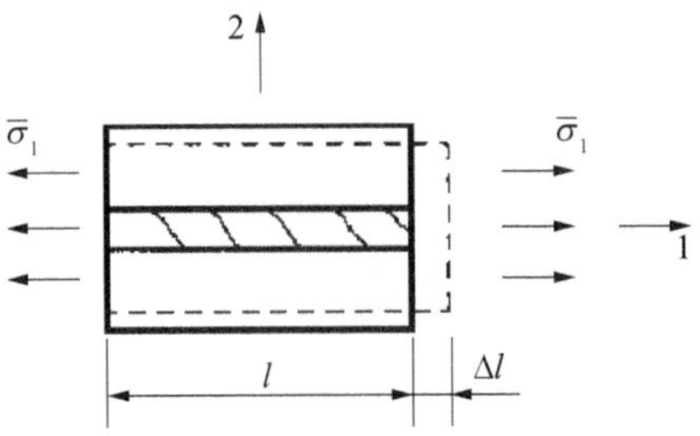

由纤维方向等应变假定,1 方向应变既是纤维又是基体的轴向应变,即

$$\varepsilon_m = \varepsilon_f = \varepsilon_1 \qquad (4.6)$$

如果两者都处于弹性状态,则可以得到纤维和基体 1 方向应力为

$$\sigma_f = E_f\varepsilon_f = E_f\varepsilon_1 \qquad (4.7)$$

图 4.4　1 方向受力的体积单元

$$\sigma_m = E_m\varepsilon_m = E_m\varepsilon_1 \qquad (4.8)$$

1 方向复合材料体积单元上的合力既可以用横截面面积 A 乘以平均应力 σ_1 表示,又可以

用分别作用在纤维和基体的力表示,即

$$\sigma_1 A = \sigma_f A_f + \sigma_m A_m = E_1 \varepsilon_1 A \tag{4.9}$$

将 σ_f 和 σ_m 的表达式代入式(4.9),得

$$E_1 = E_f c_f + E_m c_m \tag{4.10}$$

这是弹性模量混合率表达式,c_f 和 c_m 为纤维和基体相对体积含量。$c_f = V_f/V$,V_f 为纤维体积,V 为复合材料总体积;$c_m = V_m/V$,V_m 为基体体积。

式(4.10)又可写为

$$E_1 = E_f c_f + E_m (1 - c_f) \tag{4.11}$$

当 c_f 由 0 变化到 1 时,宏观弹性模量 E_1 从 E_m 线性变化到 E_f。如图 4.5 所示,由单向玻璃/环氧复合材料纤维方向拉伸试验,实验点在直线附近略偏下方,与实验结果很接近。

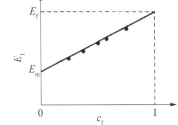

图 4.5　E_1 随 c_f 的变化

4.2.2　E_2 的确定

弹性模量 E_2 定义为只在 2 方向受力时 2 方向应力与 2 方向应变的比值(图 4.6),即

$$E_2 = \sigma_2 / \varepsilon_2 \tag{4.12}$$

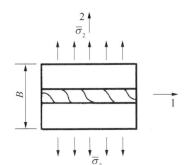

由横向等应力假定,纤维和基体承受的横向应力相同,均等于施加的横向应力:

$$\sigma_f = \sigma_m = \sigma_2 \tag{4.13}$$

如果两者均处于弹性状态,则纤维和基体的横向应变分别为

$$\varepsilon_f = \frac{\sigma_f}{E_f} = \frac{\sigma_2}{E_f} \tag{4.14}$$

图 4.6　在 2 方向受力的体积单元

$$\varepsilon_m = \frac{\sigma_m}{E_m} = \frac{\sigma_2}{E_m} \tag{4.15}$$

复合材料单元 2 向总横向变形为

$$\varepsilon_2 \cdot B = \varepsilon_f \cdot c_f \cdot B + \varepsilon_m \cdot c_m \cdot B \tag{4.16}$$

式中,B 为单元宽度。即得

$$\varepsilon_2 = \varepsilon_f c_f + \varepsilon_m c_m = c_f \frac{\sigma_f}{E_f} + c_m \frac{\sigma_m}{E_m} = \sigma_2 \left(\frac{c_f}{E_f} + \frac{c_m}{E_m} \right) = \frac{\sigma_2}{E_2} \tag{4.17}$$

由此得

$$\frac{1}{E_2} = \frac{c_f}{E_f} + \frac{c_m}{E_m} \tag{4.18}$$

$$E_2 = \frac{E_f E_m}{c_m E_f + c_f E_m} \tag{4.19}$$

将 E_2 无量纲化为

$$\frac{E_2}{E_m} = \frac{1}{c_m + c_f(E_m/E_f)} = \frac{1}{1 - c_f + c_f(E_m/E_f)} \tag{4.20}$$

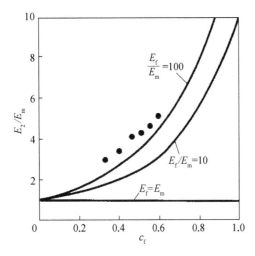

图 4.7　$E_2/E_m - c_f$ 曲线

如图 4.7 所示,实验点用 ● 表示,将理论结果与实验结果进行对比分析可知,除非 c_f 很高,否则纤维对 E_2 的提高只起到很小作用。即使 $E_f = 10E_m$,也需要 $c_f > 50\%$ 才能将 E_2 提高到 E_m 的两倍。在推导 E_2 的表达式时,横向应变不满足变形连续条件,实际上垂直于纤维和基体边界面上的位移应相等,理论与实验结果相差较大。

4.2.3　ν_{21} 的确定

泊松比 ν_{21} 定义为只在 1 方向受力时 2 方向应变与 1 方向应变的负比值(图 4.8),即

$$\nu_{21} = -\varepsilon_2/\varepsilon_1 \tag{4.21}$$

由纤维方向等应变假定,1 方向应变既是纤维又是基体的轴向应变,即

$$\varepsilon_{1f} = \varepsilon_{1m} = \varepsilon_1 \tag{4.22}$$

复合材料单元横向变形为

$$
\begin{aligned}
\Delta B &= B\varepsilon_2 = B\nu_{21}\varepsilon_1 \\
\Delta B &= \Delta B_f + \Delta B_m \\
&= \varepsilon_{2f} \cdot c_f B + \varepsilon_{2m} \cdot c_m B \\
&= \nu_f \varepsilon_{1f} \cdot c_f B + \nu_m \varepsilon_{1m} \cdot c_m B \\
&= \nu_f \varepsilon_1 \cdot c_f B + \nu_m \varepsilon_1 \cdot c_m B
\end{aligned} \tag{4.23}
$$

将上述公式组合除以 ε_1 和 B 得

$$\nu_{21} = c_m \nu_m + c_f \nu_f = (1 - c_f)\nu_m + c_f \nu_f \tag{4.24}$$

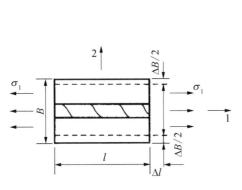

图 4.8　在 1 方向受拉力的体积单元

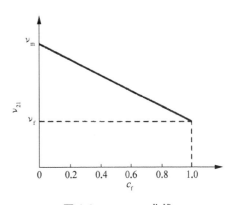

图 4.9　$\nu_{21} - c_f$ 曲线

式中 ν_f 和 ν_m 分别是纤维和基体的泊松比。图 4.9 表示 $\nu_{21} - c_f$ 曲线,由于一般 $\nu_f < \nu_m$,所以直线斜率为负值。

至于 ν_{12} 则由柔度 S 的对称性条件得

$$\nu_{12} = E_2 \cdot \frac{\nu_{21}}{E_1} = \frac{E_2}{E_1}(c_m \nu_m + c_f \nu_f) \tag{4.25}$$

4.2.4 G_{12} 的确定

如图 4.10 所示,由纤维和基体的剪应力相等的假定:

$$\tau_f = \tau_m = \tau \tag{4.26}$$

则变形表示为

$$\gamma_f = \frac{\tau_f}{G_f} = \frac{\tau}{G_f}, \gamma_m = \frac{\tau_m}{G_m} = \frac{\tau}{G_m} \tag{4.27}$$

则总剪切变形表示为

$$\Delta = \gamma B = \frac{\tau}{G_{12}} B \tag{4.28}$$

$$\Delta = \Delta_m + \Delta_f = \gamma_m c_m B + \gamma_f c_f B$$

$$= \frac{\tau_m}{G_m} c_m B + \frac{\tau_f}{G_f} c_f B$$

$$= \frac{c_m}{G_m} \tau B + \frac{c_f}{G_f} \tau B \tag{4.29}$$

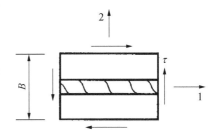

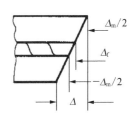

图 4.10 剪切体积单元

联合式(4.28)和式(4.29)得

$$\frac{1}{G_{12}} = \frac{c_m}{G_m} + \frac{c_f}{G_f} \tag{4.30}$$

$$G_{12} = \frac{G_m G_f}{(1 - c_f) G_f + c_f G_m} \tag{4.31}$$

将 G_{12} 无量纲化表示为

$$\frac{G_{12}}{G_m} = \frac{G_m G_f}{(1 - c_f) + c_f G_m / G_f} \tag{4.32}$$

如图 4.11 所示,同 E_2 一样,当 $G_f/G_m = 0$,只有 $c_f > 50\%$ 时 G_{12} 才能提高到 G_m 的两倍。理论结果与实验结果相差较大。

4.2.5 弹性常数的修正

由上述材料力学方法计算的 E_1 和 ν_{21} 与

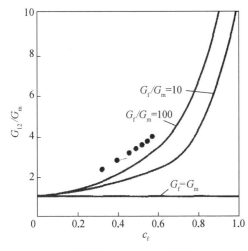

图 4.11 $G_{12} - c_f$ 曲线

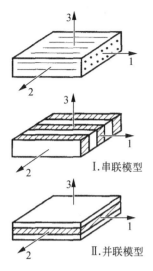

图 4.12 串联和并联模型

实验结果比较符合,但 E_2 和 G_{12} 一般与实验结果相差较大,为了得到较好的结果,人们又研究了其他方法对模型进行修正。有人将单层复合材料简化为薄片模型 I 和 II。模型 I 为纤维薄片和基体薄片在横向呈串联形式;模型 II 呈并联形式,其示意图如图 4.12 所示。

1. E_1^{II} 的确定

容易看出,用并联模型得出 E_1^{II} 与式(4.11)相同,即

$$E_1^{II} = E_1^{I} = E_f c_f + E_m(1 - c_f) \tag{4.33}$$

2. E_2^{II} 的确定

用模型 II 确定 E_2^{II} 与用模型 I 确定 E_1^{II} 相同,有

$$E_2^{II} = E_1^{II} = E_f c_f + E_m(1 - c_f) = E_1^{I} \tag{4.34}$$

3. ν_{21}^{II} 的确定

当单层复合材料有纵向应变 ε_1 时,横向应变 $\varepsilon_2 = -\nu_{21}^{II}\varepsilon_1$,并联模型两相薄片的纵向应变均为 ε_1,但必须有相等的横向收缩,静力平衡条件为

$$\sigma_f \varepsilon_f = \sigma_m \varepsilon_m \tag{4.35}$$

几何方程为

$$\varepsilon_f = \nu_{21}^{II}\varepsilon_1 - \nu_m \varepsilon_1 \tag{4.36}$$

物理关系为

$$\sigma_f = E_f \varepsilon_f \quad \sigma_m = E_m \varepsilon_m \tag{4.37}$$

将上述方程综合得

$$\nu_{21}^{II} = \frac{\nu_f E_f c_f + \nu_m E_m c_m}{E_f c_f + E_m c_m} \tag{4.38}$$

由于 $E_1^{II} = E_2^{II}$,所以 $\nu_{21}^{II} = \nu_{12}^{II}$。

4. G_{12}^{II} 的确定

设剪应力为 τ_{12} 和剪应变为 γ_{12},静力平衡条件为

$$\tau_{12} = \tau_f c_f + \tau_m c_m \tag{4.39}$$

几何方程为

$$\gamma_{12} = \gamma_f = \gamma_m \tag{4.40}$$

物理关系为

$$\tau_{12} = G_{12}^{II}\gamma_{12}, \tau_f = G_f \gamma_f, \tau_m = G_m \gamma_m \tag{4.41}$$

将上述方程综合得

$$G_{12}^{\text{II}} = G_{\text{f}} c_{\text{f}} + G_{\text{m}} \gamma_{\text{m}} \tag{4.42}$$

对于玻璃纤维/环氧单层复合材料,组分材料弹性常数为 $E_{\text{f}} = 70$ GPa , $\gamma_{\text{f}} = 0.23$, $E_{\text{m}} = 3$ GPa , $\nu_{\text{m}} = 0.36$,将串联模型和并联模型的预测结果画在图 4.13 中。结果与日本植村益次的实验相比, E_1 的预测值与实验符合得很好,实验值略低于预测值,其主要原因是纤维不完全平直或平行。对于 E_2 和 G_{12},模型 II 预测值偏高,模型 I 预测值偏低。偏低的原因是有一些纤维横向接触,纤维 c_{f} 越大则接触就越多。若用参数 C 表示接触程度,则 $C = 0$ 表示横向完全隔离,即对应串联模型(I);$C = 1$ 表示横向完全连通,即对应并联模型(II)。实际情况 C 介于 0 和 1 之间,日本植村益次等建议用下述公式表示:

$$
\begin{aligned}
&E_1 = E_1^{\text{I}} = E_1^{\text{II}} = E_{\text{f}} c_{\text{f}} + E_{\text{m}} c_{\text{m}} \\
&E_2 = (1 - C) E_2^{\text{I}} + C E_2^{\text{II}} \\
&\nu_{21} = (1 - C) \nu_{21}^{\text{I}} + C \nu_{21}^{\text{II}}, \nu_{12} = \nu_{21} E_2 / E_1 \\
&G_{12} = (1 - C) G_{12}^{\text{I}} + C G_{12}^{\text{II}}
\end{aligned} \tag{4.43}
$$

式中,C 为接触系数,由植村益次等通过玻璃/环氧材料的实验结果给出经验公式:

$$C = 0.4 c_{\text{f}} - 0.25 \text{ 或 } C = 0.2 \tag{4.44}$$

植村益次公式用虚线表示于图 4.13 中。

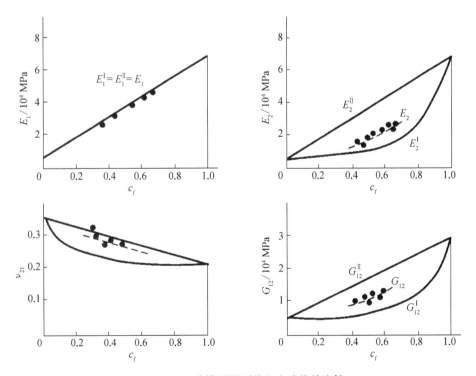

图 4.13　两种模型预测值和实验值的比较

4.3 刚度的弹性力学分析方法

4.3.1 弹性力学的极值法

虽然用材料力学的方法并加以修正后已经可以较好地预报弹性常数,但是弹性常数上下限的确定仍需要借助弹性力学方法。这里主要介绍的是极值法,极值法的核心是确定模量的上下限。极值法中的两大原理为最小余能原理和最小势能原理,最小余能原理是在所有的许可应力场中,真实应力场的余能最小,最小势能原理是在所有协调位移场中,真实位移场的势能最小。

设弹性体的体积为 V,表面为 S,受体积力 f_i 及 S_σ 上表面力 t_i^* 的作用,同时在 S_u 上给定位移 u_i^*。则真实位移场 u_i(或应变场 ε_{ij})和应力场 σ_{ij} 所对应弹性体的总势能 $J(\varepsilon_{ij})$ 和总余能 $J^c(\sigma_{ij})$ 分别为

$$J(\varepsilon_{ij}) = \iiint_V U_0 \mathrm{d}V - \iiint_V f_i u_i \mathrm{d}V - \iint_{S_\sigma} t_i^* u_i \mathrm{d}S \tag{4.45}$$

$$J^c(\sigma_{ij}) = \iiint_V U_0^c \mathrm{d}V - \iint_{S_a} t_i^* u_i \mathrm{d}S \tag{4.46}$$

式中,U_0 为应变能密度;U_0^c 为余应变能密度。

对于线弹性体,U_0 和 U_0^c 在数值上相等的,即 $U_0 = U_0^c = \dfrac{1}{2}\sigma_{ij}\varepsilon_{ij}$,因此,线弹性体的应变能和余应变能相等,即

$$\iiint_V U_0 \mathrm{d}V = \iiint_V U_0^c \mathrm{d}V = \frac{1}{2}\iiint_V \sigma i_j \varepsilon_{ij} \mathrm{d}V$$

$$= \iiint_V (\sigma_1 \varepsilon_1 + \sigma_2 \varepsilon_2 + \sigma_3 \varepsilon_3 + \tau_{23} \gamma_{23} + \tau_{13} \gamma_{13} + \tau_{12} \gamma_{12}) \, \mathrm{d}V \tag{4.47}$$

令 u_i^0 为许可位移场,相应的 ε_{ij}^0 为许可应变场,能满足几何方程和 S_u 上的位移边界条件,则由许可变形场所对应的总势能记为 $J(\varepsilon_{ij}^0)$。最小势能原理是指在所有满足几何方程和位移边界条件的位移场中,真实位移场的势能最小,即

$$J(\varepsilon_{ij}) \leqslant J(\varepsilon_{ij}^0) \tag{4.48}$$

令 σ_{ij}^0 为静力许可应力场,能满足平衡方程和 S_σ 上的应力边界条件,则由该许可应力场所对应的总余能记为 $J^c(\sigma_{ij})$。最小余能原理是指在所有满足平衡方程和应力边界条件的应力场中,真实应力场的余能最小,即

$$J^c(\sigma_{ij}) \leqslant J^c(\sigma_{ij}^0) \tag{4.49}$$

1. E 的下限

物体表面作用着力(力矩),令 σ_x^0、σ_y^0、σ_z^0、τ_{xy}^0、τ_{yz}^0、τ_{zx}^0 满足应力平衡方程和指定的边界

条件的应力场,即容许应力场,令 U^0 是由应力-应变关系式和应变能表达关系式得到的特定应力场下的应变能。应变能表达关系式为

$$U = \frac{1}{2}\int_V (\sigma_x \varepsilon_x + \sigma_y \varepsilon_y + \sigma_z \varepsilon_z + \tau_{xy}\gamma_{xy} + \tau_{xz}\gamma_{xz} + \tau_{yz}\gamma_{yz})\,\mathrm{d}V \tag{4.50}$$

根据最小余能原理,由规定载荷引起的物体的实际应变能 U 不超过 U^0,即

$$U \leqslant U^0 \tag{4.51}$$

对于单向载荷试件,满足该载荷和应力平衡方程的内应力场为

$$\sigma_x^0 = \sigma,\sigma_y^0 = \sigma_z^0 = \tau_{xy}^0 = \tau_{yz}^0 = \tau_{zx}^0 = 0 \tag{4.52}$$

则应变能可写为

$$U_0 = \frac{1}{2}\int_V \frac{(\sigma_x^0)^2}{E}\mathrm{d}V = \frac{\sigma^2}{2}\int_V \frac{1}{E}\mathrm{d}V \tag{4.53}$$

积分域遍及增强材料和基体体积,E 在 V 中不是常数,因此有

$$\int_V \frac{\mathrm{d}V}{E} = \int_{V_m} \frac{\mathrm{d}V_m}{E_m} + \int_{V_d} \frac{\mathrm{d}V_d}{E_d} = \left(\frac{c_m}{E_m} + \frac{c_d}{E_d}\right)V \tag{4.54}$$

$$U^0 = \frac{\sigma^2}{2}\left(\frac{V_m}{E_m} + \frac{V_d}{E_d}\right)V \tag{4.55}$$

由不等式 $U \leqslant U^0$ 和 $U = \frac{1}{2}\frac{\sigma^2}{E}V$ 可得

$$\frac{1}{2}\frac{\sigma^2}{E}V \leqslant \frac{\sigma^2}{2}\left(\frac{c_m}{E_m} + \frac{c_d}{E_d}\right)V \tag{4.56}$$

最后整理得

$$E \geqslant \frac{E_m E_d}{c_m E_d + c_d E_m} \tag{4.57}$$

这是弹性模量 E 的下限,与材料力学求得的 E_2 一致。其中 c_m 和 c_d 分别为基体和弥散材料的相对体积含量。

2. E 的上限

物体表面作用力为零,外表面有给定的位移,令 ε_x^*、ε_y^*、ε_z^*、γ_{xy}^*、γ_{yz}^*、γ_{zx}^* 是任意满足制定位移边界条件的相容应变场,利用应变能表达式得出的在应变场为 ε_x^*、ε_y^*、ε_z^*、γ_{xy}、γ_{yz}^*、γ_{zx}^* 下的应变能。根据最小势能原理,由规定的位移得到的物体中的实际应变能 U 不超过 U^*,即

$$U \leqslant U^* \tag{4.58}$$

使单轴试件承受一个伸长为 εL,ε 是平均应变,L 是试件长度,相应于试件边界上的平均

应变的内应力场为

$$\varepsilon_x^* = \varepsilon \varepsilon_y^* = \varepsilon_z^* = -\nu\varepsilon \gamma_{xy}^* = \gamma_{yz}^* = \gamma_{zx}^* = 0 \tag{4.59}$$

其中，ν 是复合材料的宏观泊松比,利用各向同性材料的应力应变关系得到给定应变场的基体应力为

$$\sigma_{xm}^* = \frac{1 - \nu_m - 2\nu_m\nu}{1 - \nu_m - 2\nu_m^2} E_m\varepsilon$$

$$\sigma_{ym}^* = \sigma_{zm}^* = \frac{\nu_m - \nu}{1 - \nu_m - 2\nu_m^2} E_m\varepsilon \tag{4.60}$$

$$\tau_{xym}^* = \tau_{yzm}^* = \tau_{zxm}^* = 0$$

弥散材料的应力为

$$\sigma_{xd}^* = \frac{1 - \nu_d - 2\nu_d\nu}{1 - \nu_d - 2\nu_d^2} E_d\varepsilon$$

$$\sigma_{yd}^* = \sigma_{zd}^* = \frac{\nu_d - \nu}{1 - \nu_d - 2\nu_d^2} E_d\varepsilon \tag{4.61}$$

$$\tau_{xyd}^* = \tau_{yzd}^* = \tau_{zxd}^* = 0$$

代入应变能方程(4.50)得到应变能表达式:

$$U^* = \frac{\varepsilon^2}{2}\int_{V_d} \frac{1 - \nu_d - 4\nu_d\nu + 2\nu^2}{1 - \nu_d - 2\nu_d^2} E_d dV + \frac{\varepsilon^2}{2}\int_{V_m} \frac{1 - \nu_m - 4\nu_m\nu + 2\nu^2}{1 - \nu_m - 2\nu_m^2} E_m dV \tag{4.62}$$

根据最小势能原理 $U \leqslant U^*$ 和 $U = \frac{1}{2}E\varepsilon^2 V$,得到模量上限表达式:

$$E \leqslant \frac{1 - \nu_d - 4\nu_d\nu + 2\nu^2}{1 - \nu_d - 2\nu_d^2} E_d c_d + \frac{1 - \nu_m - 4\nu_m\nu + 2\nu^2}{1 - \nu_m - 2\nu_m^2} E_m c_m \tag{4.63}$$

式中,c_m 和 c_d 分别为基体和弥散材料的相对体积含量。泊松比 ν 是未知的,因此 E 的上限也是未知的,按最小势能原理,应变能表达式 U^* 必须对不确定的常数 ν 求极小值,已确定 E 的界限,即

$$\frac{\partial U^*}{\partial \nu} = 0, \frac{\partial^2 U^*}{\partial \nu^2} > 0 \tag{4.64}$$

由此得

$$\nu = \frac{(1 - \nu_m - 2\nu_m^2)\nu_d E_d V_d + (1 - \nu_d - 2\nu_d^2)\nu_m E_m V_m}{(1 - \nu_m - 2\nu_m^2)E_d V_d + (1 - \nu_d - 2\nu_d^2)E_m V_m} \tag{4.65}$$

对于 $\nu_m = \nu_d = \nu$ 的特殊情况,E 的上限简化为

$$E \leqslant E_d V_d + E_m V_m \tag{4.66}$$

上述方法在 1960 年首次由 Paul 提出,该方法主要是用来解决各向同性复合材料,也可以用来解释纤维增强复合材料,与材料力学方法得到的 E_1 相一致。

如图 4.14 所示,对于玻璃/环氧复合材料,可见上下限差得很大。Hashin 和 Shtrikman 试图缩小 Paul 给出的上下限,以得到不均匀各向同性材料模量更为有用估算。

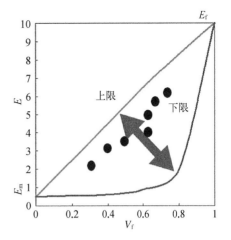

图 4.14　弹性模量 E 上下限及实验值

4.3.2　精确解

想要求出弹性力学的精确解是十分复杂而困难的,但可以用其结果来比较材料力学方法的正确性。多用圣维南半逆解法来解决,很大程度上取决于复合材料的几何形状、排列和纤维、基体的特性。为了修正弹性模量,可以通过考虑纤维的几何和排布、考虑纤维接触、考虑纤维的曲直以及考虑纤维的离散型来实现。

1. 考虑纤维的几何和排布

Hashin 和 Rosen 推广到纤维增强复合材料,考虑纤维的圆形截面,可以是空心或者实心的,纤维与纤维之间采用的是规则的空心纤维六角形阵列,也可采用不规则的空心纤维随机阵列,如图 4.15 所示,不过纤维方向模量用混合率的横向模量的表达式十分复杂。

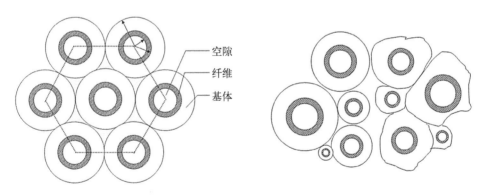

图 4.15　六角形阵列和随机阵列

Adams 和 Tsai 研究了两种阵列,分别是正方形随机阵列和六角形随机阵列,如图 4.16 所示。这两种阵列有重复的单元,不是真正的随机。六角形随机阵列比正方形随机阵列的分析结果与实验更符合,这一情况同非随机阵列中正方形阵列比真实的六角形阵列更符合实验结果。

Whitney 和 Riley 采用的所谓的独立模型,如图 4.17 所示,是一个圆柱纤维嵌入一基体材料圆柱中,仅研究一个植入物。复合材料圆柱体的植入物的体积含量和复合材料中全部纤维的体积含量是相同的,与纤维的具体阵列无关。

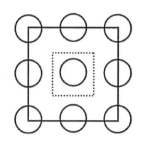

（a）圆形截面纤维正方形阵列和代表性体积单元

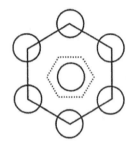  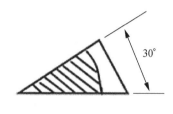

（b）六角形阵列和代表性体积单元

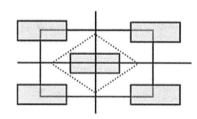 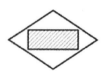 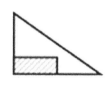

（c）矩形截面纤维的交错式正方形阵列和代表性体积单元

图 4.16 纤维几何排布

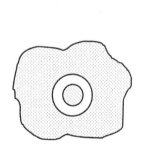 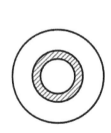 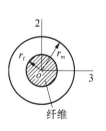 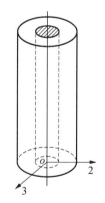

图 4.17 Whitney-Riley 数学模型　　**图 4.18 独立模型坐标图**

取同心圆柱模型坐标如图 4.18 所示。可以利用该模型对弹性常数进行预测,预测结果为

$$E_1 = E_f c_f + E_m c_m + \frac{4(\nu_f - \nu_m)^2 c_f c_m \eta_f + \eta_f \eta_m G_m}{(c_f \eta_f + c_m \eta_m) G_m + \eta_f \eta_m}$$

$$\nu_{21} = \nu_m + \frac{(\nu_f - \nu_m) c_f \eta_f (\eta_m + G_m)}{(c_f \eta_f + c_m \eta_m) G_m + \eta_f \eta_m}$$

(4.67)

$$E_2 = \frac{2K_{32}(1 - \nu_{32}) E_1}{E_1 + 4\nu_{21}^2 K_{32}}$$

$$G_{12} = G_m \frac{(G_f + G_m) + (G_f - G_m) c_f}{(G_f + G_m) - (G_f - G_m) c_f}$$

式中, K_{32} 为平面应变体积模量:

$$K_{32} = \frac{\eta_m(\eta_f + G_m) + G_m(\eta_f - \eta_m) c_f}{(\eta_f + G_m) - (\eta_f - \eta_m) c_f}$$

$$\eta_f = \frac{E_f}{2(1 - \nu_f - 2\nu_f^2)}$$

$$\eta_m = \frac{E_m}{2(1 - \nu_m - 2\nu_m^2)}$$

$$G_m = \frac{E_m}{2(1 + \nu_m)}$$

Whitney 和 Riley 的独立模型预测弹性常数以硼/环氧复合材料为例,与实验值比较, E_1、E_2 的预测值与实验值符合较好,但 G_{12} 比实验值低很多,说明此模型在模拟剪切刚度时有不足之处。

2. 考虑纤维接触

在实际的纤维增强复合材料中,由于制造工艺的问题,纤维往往是随机排列的,因此需要修正由规则排列分析得到的弹性常数。所有纤维不会彼此完全隔离,也不会彼此完全接触,可以采用这两种情况下解的线性组合来提供更为准确的模量。用 C 代表接触程度, $C=0$ 代表完全隔离, $C=1$ 代表完全接触,如图 4.19 所示。

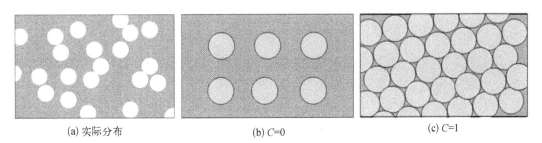

(a) 实际分布　　　　　　　　(b) $C=0$　　　　　　　　(c) $C=1$

图 4.19　实际纤维随机分布及极端情形

考虑纤维接触的弹性力学方法,Tsai 得到了垂直于纤维的模量:

$$E_2 = 2[1 - \nu_f + (\nu_f - \nu_m) V_m] \Big[(1 - C) \frac{K_f(2K_m + G_m) - G_m(K_f - K_m) V_m}{(2K_m + G_m) + 2(K_f - K_m) V_m}$$

$$+ C \frac{K_f(2K_m + G_f) - G_f(K_m - K_f) V_m}{(2K_m + G_m) - 2(K_m - K_f) V_m} \Big] \tag{4.68}$$

式中,

$$K_f = \frac{E_f}{2(1 - \nu_f)}, K_m = \frac{E_m}{2(1 - \nu_m)}, G_f = \frac{E_f}{2(1 + \nu_f)}, G_m = \frac{E_m}{2(1 + \nu_m)}$$

另外,可以得到:

$$\nu_{12} = (1 - C) \frac{K_f \nu_f (2K_m + G_m) V_f + K_m \nu_m (2K_f + G_m) V_m}{K_f(2K_m + G_m) - G_m(K_f - K_m) V_m}$$

$$+ C \frac{K_m \nu_m (2K_f + G_f) V_m + K_f \nu_f (2K_m + G_f) V_f}{K_f(2K_m + G_m) + G_m(K_f - K_m) V_m} \tag{4.69}$$

$$G_{12} = (1 - C) G_m \frac{2G_f - (G_f - G_m) V_m}{2G_m + (G_f - G_m) V_m} + C G_f \frac{(G_f + G_m) - (G_f - G_m) V_m}{(G_f + G_m) + (G_f - G_m) V_m} \tag{4.70}$$

接触系数 C 是用于判定实验数据和理论预测之间的对比关系的"人造因子",只是在实验数据落在理论界限之内才有用,其概念在某种程度上表达了复合材料的一相对另一相的连续性,拉伸比压缩的影响要大得多。

3. 考虑纤维的曲直

实际制造中,纤维本身不是笔直的,对纤维方向的模量,Tsai 考虑纤维的非直线性影响,对混合律进行了修正:

$$E_1 = K(E_f V_f + E_m V_m) \tag{4.71}$$

式中,K 是纤维不同线系数 0.9~1,由实验确定并取决于制造过程。

4. 考虑纤维的离散型

$$E_c = K E_f V_f + E_m V_m \tag{4.72}$$

式中,K 是效率系数,取值为 0.1~0.6。

4.3.3 Halpin-Tsai 方程

刚度的弹性力学方法预测结果都是由复杂的方程和曲线给出,这些方程难以使用,而曲线一般值局限于设计规范中相当小的一部分。需要一些简单且易于使用的结果。Halpin-Tsai(哈尔平-蔡)方程通过对已有理论预测公式的总结分析,提出的近似表达比较复杂的细观力学结果的内插法。Halpin-Tsai 方程为

$$E_1 \approx E_f c_f + E_m c_m$$

$$\nu_{21} = \nu_{f}c_{f} + \nu_{m}c_{m} \qquad (4.73)$$

$$\frac{M}{M_{m}} = \frac{1 + \xi\eta c_{f}}{1 - \eta c_{f}}$$

$$\eta = \frac{(M_{f}/M_{m}) - 1}{(M_{f}/M_{m}) + \xi}$$

式中, M 为复合材料模量 E_{2}、G_{12}、ν_{32}; M_{f} 为对应的纤维模量 E_{f}、G_{f}、ν_{f}; M_{m} 为对应的基体模量 E_{m}、G_{m}、ν_{m}; ξ 为一个非负数, 即 $[0, +\infty]$, 是纤维增强效果的度量因子。其值取决于纤维几何形状、排列方式和载荷情况等; $\eta < 1$, 受组分材料的性能及增强因子 ξ 影响。应用 Halpin-Tsai 方程预测复合材料弹性常数的关键是确定一个适当的 ξ 值, 可通过比较该方程和弹性力学精确解, 并由曲线拟合方法评估得到, 一般可选取 ξ 值为 1~2。

Halpin-Tsai 方程的优点是: 形式简单并且容易用于指导设计; 能概括比较精确的细观力学结果; 维体积含量 c_{f} 不接近 1 时相当精确; 有可能将各种学派统一起来。

复合材料制造方法不同, 引起纤维阵列几何不同, 因而复合材料的模量也不同。我们很难精确地预测出复合材料的模量, 现有的基于材料力学的 E_{1} 和 ν_{21} 以及基于弹性力学的 Halpin-Tsai 方程, 可以满足工程需要。

4.4　强度的材料力学分析方法

单层复合材料的破坏模式主要有基体开裂、纤维断裂、界面脱黏以及在层合板中的分层这四种, 要的破坏方式有脆性破坏和韧性破坏两种。脆性破坏吸收断裂能很小, 材料断裂韧性差; 韧性破坏吸收断裂能很大, 材料断裂韧性增加。

对纤维增强复合材料强度的预报, 还没有达到研究刚度预报那样接近问题实质的水平。强度准则是宏观的强度预报, 不是破坏模型。材料的强度, 与材料的局部性能和应力状态有关, 与材料的整体性能和整体应力状态关系相对较小, 材料的不均匀性影响较大, 而刚度的情况相反。材料的破坏, 总是从最薄弱的环节开始, 而后引起整个材料的破坏。

4.4.1　纵向拉伸强度 X_{t}

单向纤维增强复合材料随纤维方向的拉伸载荷增加, 其变形一般可分为 4 个阶段: 第一个阶段中纤维和基体都是弹性变形; 第二个阶段中基体发生塑性变形, 纤维继续弹性变形; 第三个阶段中纤维和基体都处于塑性变形; 第四个阶段中纤维断裂或基体开裂导致复合材料破坏。

分成几个阶段取决于纤维和基体相对的脆性或韧性。例如: 石墨/环氧复合材料中纤维和基体都属于脆性材料, 所以只有第一阶段和第四阶段。

1. 等强度纤维模型

Kelly 和 Davies 假设纤维有相同的强度并比基体脆。如图 4.20 所示, 若复合材料有多于某一最小纤维体积含量 V_{f}, 则纤维变形达到其相应最大应力时, 复合材料达到强度极限强度, 用应变表示为

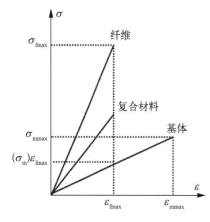

图 4.20　纤维和基体应力应变曲线

$$\varepsilon_{\text{cmax}} = \varepsilon_{\text{fmax}} \tag{4.74}$$

因为纤维较脆,它们不能和基体一样伸长。当纤维纵向拉伸破坏时,复合材料即破坏。复合材料的强度为

$$X_{\text{t}} = X_{\text{f}}c_{\text{f}} + \sigma'_{\text{m}}c_{\text{m}} \tag{4.75}$$

式中,X_{f} 纤维的拉伸强度;σ'_{m} 为基体应变等于纤维极限拉伸应变时的基体应力;$\sigma'_{\text{m}} = E_{\text{m}}\varepsilon'_{\text{fm}} = E_{\text{m}}X_{\text{f}}/E_{\text{f}}$。当纤维强度 X_{t} 等于基体强度 X_{m} 时可确定临界纤维体积分数 c_{fcr}:

$$c_{\text{fcr}} = \frac{X_{\text{m}} - \sigma'_{\text{m}}}{X_{\text{f}} - \sigma'_{\text{m}}} \tag{4.76}$$

这种情况的破坏方式是纤维先断,基体后断,然后复合材料破坏。当 $c_{\text{f}} > c_{\text{cr}}$ 时,$X_{\text{t}} > X_{\text{m}}$,表示纤维起增强作用;当 $c_{\text{f}} < c_{\text{cr}}$ 时,$X_{\text{t}} < X_{\text{m}}$,表示纤维不但未起增强作用反而削弱了基体的固有强度。

如果复合材料在纤维完全断裂后随即破坏,由此,可以确定实用的最小纤维体积分数 c_{fmin},则有

$$X_{\text{f}}c_{\text{fmin}} + \sigma'_{\text{m}}(1 - c_{\text{fmin}}) = X_{\text{m}}(1 - c_{\text{fmin}}) \tag{4.77}$$

整理得

$$c_{\text{fmin}} = \frac{X_{\text{m}} - \sigma'_{\text{m}}}{X_{\text{f}} + X_{\text{m}} - \sigma'_{\text{m}}} \tag{4.78}$$

可见 c_{fmin} 和 c_{fcr} 相差一个 X_{m},这种情况的破坏方式是纤维-基体-复合材料同时破坏。

通过上述分析可知,当 $c_{\text{f}} < c_{\text{fmin}}$ 时,复合材料强度完全由基体控制,并小于基体强度;当 $c_{\text{fmin}} < c_{\text{f}} < c_{\text{cr}}$ 时,复合材料强度由纤维变形控制,但小于基体强度,此时纤维体积分数增加不会提高复合材料强度;当 $c_{\text{f}} > c_{\text{cr}}$ 时,复合材料强度完全由纤维变形控制,并高于基体强度,此时纤维体积分数增加会显著提高复合材料强度。一般来讲纤维体积分数在 $0.4 \sim 0.7$,c_{f} 太小,达不到增强基体的效果,反而因纤维的存在和断裂削弱了基体的强度;c_{f} 太大,超过了 0.785 后,对正方点阵排列纤维来说,彼此接触,对随机排列来说纤维密集,基体的粘接作用变得很差,材料脆性增大,断裂韧性明显下降。

2. 统计强度纤维模型

上述分析是以等强度连续纤维在同一纵向位置断裂为前提的。但拉伸纤维不可能都有相同的断裂强度,也不会断在同一个地方。纤维表面缺陷是不确定的,总会有不同的断裂强度,必须用统计理论来合理地确定复合材料的强度。

罗森(Rosen)模型就是一个典型的统计纤维强度模型,如图 4.21 所示,其代表性体积单元由若干根纤维和一根断裂纤维构成。

复合材料的破坏分为两个途径发生,首先是纤维周围基体剪应力可以超过允许的基体剪应力,按在断裂纤维之间传递应力的机理,高的剪应力使纤维和基体之间的黏结发生

破坏;其次纤维断裂实际上可横过基体扩展到其他纤维,由此引起整个复合材料断裂,如果纤维和基体之间黏结很好以及基体的断裂韧性较高,那么纤维连续断裂直到累计足以引起整个复合材料的破坏。而纤维的断裂具有随机性,并且在纤维断裂后,需要考虑断裂处应力的重分布。应用 Rosen 统计理论得到:

$$\sigma_{cmax} = \sigma_{ref}c_f\left(\frac{1 - c_f^{1/2}}{c_f^{1/2}}\right)^{-1/(2\beta)} \tag{4.79}$$

式中, σ_{ref} 是基准应力,是纤维和基体性能的函数,本质上就是纤维的拉伸强度,但具有某种统计意义; β 是纤维强度的 weibull 分布统计参数,如图 4.22 所示。

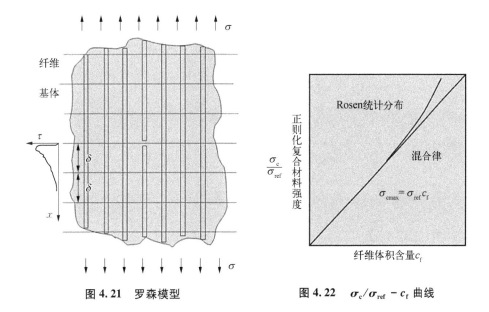

图 4.21　罗森模型　　　　图 4.22　$\sigma_c/\sigma_{ref} - c_f$ 曲线

由 Rosen 的分析可以得到如下结论:复合材料的断裂强度超过单一纤维的断裂强度;复合材料吸收能量的能力超过纤维吸收能量的能力。

4.4.2　纵向压缩强度 X_c

当复合材料受到沿纤维方向的压缩时,破坏形式主要是纤维屈曲(图 4.23),可以通过光弹实验验证,并且屈曲波长与纤维直径成正比。屈曲形式根据基体变形的形式不同

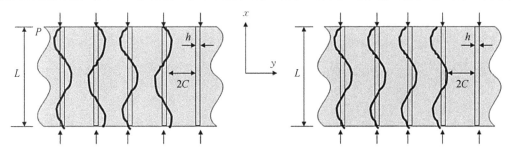

图 4.23　拉伸型和剪切型

可分为拉伸型及剪切型。当 c_f 较小时,基体产生横向拉压变形。当 c_f 较大时,基体产生剪切变形。

根据 Timoshenko(铁摩辛柯)和 Gere(盖尔)研究的能量方法:屈曲状态时纤维的应变能的改变加上基体应变能的改变,等于纤维上的力所做的功,即

$$\Delta U_f + \Delta U_m = \Delta W \tag{4.80}$$

对屈曲形式的屈曲挠曲形状是假定的。能量法的一个重要原理:计算的屈曲载荷是真实挠曲载荷的上限。单根纤维在垂直于纤维方向屈曲时的位移用级数形式表示为

$$V = \sum_{n=1}^{\infty} a_n \sin \frac{n \pi x}{L} \tag{4.81}$$

我们需要求出两种情况屈曲载荷中最低的一个控制量,控制着复合材料中的纤维屈曲。

1. 拉伸模型

根据 Timoshenko 和 Gere 的研究[式(4.80)],即

$$\Delta U_f + \Delta U_m = \Delta W$$

其中,ΔW、ΔU_f、ΔU_m 的表达式分别为

$$\Delta W = P\delta = \frac{P \pi^2}{4L} \sum_n n^2 a_n^2$$

$$\Delta U_f = \frac{\pi^4 E_f h^3}{48 L^3} \sum_n n^4 a_n^2$$

$$\Delta U_m = \frac{E_m L}{2C} \sum_n a_n^2$$

代入可得

$$\sigma_{fcr} = \frac{\pi^2 E_f h^2}{12 L^2} \left[m^2 + \frac{24 L^4 E_m}{\pi^4 C h^3 E_f} \left(\frac{1}{m^2} \right) \right] \tag{4.82}$$

而

$$\sigma_{cmax} = c_f \sigma_{fcr} + c_m \sigma_m \tag{4.83}$$

其中,$\sigma_m = E_m \varepsilon_{fcr}$,再将 σ_{fcr} 的表达式代入 σ_{cmax} 可得

$$\varepsilon_{fcr} = 2 \sqrt{\frac{c_f}{3(1 - c_f)} \left(\frac{E_m}{E_f} \right)^{1/2}} \tag{4.84}$$

因此,可以得到复合材料压缩强度为

$$X_c = \sigma_{cmax} = 2 \left[c_f + (1 - c_f) \frac{E_m}{E_f} \right] \sqrt{\frac{c_f E_m E_f}{3(1 - c_f)}} \tag{4.85}$$

假设和纤维相比,基体基本不受力,即 $E_m \ll E_f$,压缩强度可简化为

$$X_c = \sigma_{cmax} = c_f\sigma_{fcr} = 2c_f\sqrt{\frac{c_f E_m E_f}{3(1-c_f)}} \tag{4.86}$$

2. 剪切模型

同样,根据 Timoshenko 和 Gere 的研究[式(4.80)],即

$$\Delta U_f + \Delta U_m = \Delta W$$

其中, ΔW 、 ΔU_f 、 ΔU_m 的表达式分别为

$$\Delta U_m = G_m C\left(1 + \frac{h}{2C}\right)^2 \frac{\pi^2}{2L}\sum_n n^2 a_n^2$$

$$\Delta U_f = \frac{\pi^4 E_f h^3}{48L^3}\sum_n n^4 a_n^2$$

$$\Delta W = \frac{P\pi^2}{4L}\sum_n n^2 a_n^2$$

可得

$$\varepsilon_{cr} = \frac{1}{c_f(1-c_f)}\left(\frac{G_m}{E_f}\right) \tag{4.87}$$

$$\sigma_{fcr} = \frac{G_m}{c_f(1-c_f)} + \frac{\pi^2 E_f}{12}\left(\frac{mh}{L}\right)^2 \tag{4.88}$$

屈曲波长是 L/m ,波长相对于纤维直径 h 大时,式(4.88)第二项相对较小。则复合材料压缩强度为

$$X_c = \sigma_{cmax} = \frac{G_m}{(1-c_f)} \tag{4.89}$$

对于玻璃/环氧复合材料,在纤维体积分数较大的范围内,剪切模型有最低的复合材料强度。当体积分数较低时,拉伸模型控制复合材料强度。

不管是拉伸型还是剪切型,复合材料压缩强度预报公式(4.86)和式(4.89)预测的强度一般总是高于试验值。这只由于理论分析采用的是二维屈曲模型,实际上纤维周围都是基体,纤维不一定是平面屈曲,可能是空间屈曲,所以实际屈曲临界应力小于二维求得的值;同时在上述分析时,假设纤维是平直的,而真实情况并不是平直的,所以实际的临界应力会下降;另外当纤维屈曲时,基体可能进入了非弹性变形状态,这也会影响压缩强度的预报。因此把这些公式进行修正,基体模量乘以系数 η ,则拉伸和剪切型的复合材料压缩强记为

$$X_c = \sigma_{cmax} = c_f\sigma_{fcr} = 2c_f\sqrt{\frac{c_f \eta E_m E_f}{3(1-c_f)}} \tag{4.90}$$

$$X_c = \sigma_{cmax} = \frac{G_m}{(1 - c_f)} \eta \tag{4.91}$$

4.4.3 横向拉伸强度 Y_t

目前关于横向拉伸强度的研究仍然较少, Tsai 和 Hahn 提出经验方法, 引入系数:

$$\eta_y = \sigma_{m2} / \sigma_{f2} \tag{4.92}$$

其中, $0 < \eta_y \le 1$, 这说明复合材料的基体平均应力一般低于纤维的平均应力。并设应力集中系数 K_{my} 为

$$K_{my} = - \frac{(\sigma_{m2})_{max}}{\sigma_{m2}} \tag{4.93}$$

可以得到复合材料的横向平均应力为

$$\sigma_2 = \frac{1 + V_f\left(\dfrac{1}{\eta_y} - 1\right)}{K_{my}} (\sigma_{m2})_{max} \tag{4.94}$$

当 $(\sigma_{m2})_{max} = X_{min}$ 时, $\sigma_2 = Y_t$, 于是得到横向拉伸强度 Y_t 为

$$Y_t = \frac{1 + V_f\left(\dfrac{1}{\eta_y} - 1\right)}{K_{my}} X_{min} \tag{4.95}$$

其中, X_{min} 是基体拉伸强度和界面强度的最小值。

4.4.4 横向压缩强度 Y_c

一般是基体剪切破坏, 有时伴有界面破坏和纤维压裂, 实验表明:

$$Y_c \approx (4 \sim 7) Y_t \tag{4.96}$$

4.4.5 面内剪切强度 S

一般是基体和界面剪切破坏, 类似 Y_t:

$$S = \frac{1 + c_f(1/\eta_s - 1)}{K_{ms}} S_{mi} \tag{4.97}$$

其中, $\eta_s = \tau_m / \tau_f$, $0 < \eta_s \le 1$。

4.5 本 章 小 结

本章主要介绍了单层板的细观力学分析方法, 主要包括细观的刚度和细观的强度部

分,其中细观刚度部分主要介绍了刚度的材料力学分析方法和弹性力学极值法,其中强度的材料力学分析方法部分重点介绍了纵向拉伸强度的细观力学模型。

课 后 习 题

1. 用材料力学方法证明：

$$E_1 = E_f c_f + E_m c_m; \nu_{21} = c_m \nu_m + c_f \nu_f$$

2. 给出复合材料纵向拉伸强度 X_t 的表述,以及确定纤维控制复合材料强度的临界体积含量 c_{fcr} 和最小体积含量 c_{min}。

3. 已知某单层复合材料 $E_f = 230\ \text{Gpa}$, $E_m = 4.1\ \text{GPa}$, $c_f = 0.62$, $X_f = 3\ 450\ \text{MPa}$, $X_m = 105\ \text{MPa}$。试确定 E_1、E_2 及 X_t。

4. 定义复合材料表观模量 $E = F/\delta$,试用材料力学方法证明如下图所示的颗粒增强材料的弹性模量为

$$\frac{1}{E} = \int_0^1 \frac{\mathrm{d}x}{E_1 + (E_2 - E_1) A_2(x)}$$

其中, $A_2(x)$ 为颗粒材料的分布规律。

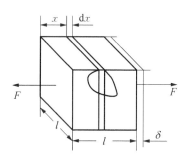 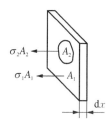

5. 用材料力学方法证明,单向纤维复合材料纵向总载荷与纤维承受载荷之比 $\dfrac{P}{P_f} = 1 + \dfrac{E_m}{E_f} \cdot \dfrac{c_m}{c_f}$。

6. 某纤维增强复合材料的基体应力应变曲线(如右图),纤维含量 $c_f = 0.5$, $E_f = 70\ \text{GPa}$, $X_f = 2.8\ \text{GPa}$,复合材料受力方向平行于纤维方向,试计算当应变为4%时,复合材料的应力 σ_t,以及此时的 c_{fcr} 和 c_{min} (用 0.000% 表示,小数点后保留三位)。

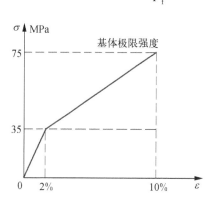

第 5 章
层合板理论

本章主要介绍层合板定义、特性、表示方法和经典层合板理论,特别是特殊层合板的刚度特性以及层合板强度的分析方法。

学习要点:

(1) 层合板的定义、特性和表示方法;

(2) 经典层合板理论的推导和应用;

(3) 层合板强度的分析方法。

5.1 引 言

层合板是指由多层单层板组合在一起的整体结构板。层合板性能取决于各个单层板的材料性能和铺设方式。铺设方式包括两层含义,单层板材料主方向按照不同方向铺设和各单层板的不同铺设顺序。因此,和单层板相比,层合板具有更大的设计自由度,可通过改变各单层板的材料性能和铺设方式可得到不同性能的层合板;同时,也可以在不改变单层材料的前提下,仅改变铺设方式来设计出满足不同工程要求的层合板。

层合板的特性:

(1) 单层板以纤维及其垂直方向为材料主方向,而层合板的各单层板的材料主方向按照不同方向排列,因此层合板的材料主方向是不确定的;

(2) 层合板的结构刚度取决于各单层板的材料性能和铺设方式,因此可根据单层板的材料性能和铺设顺序来推算层合板的结构刚度;

(3) 层合板的耦合作用更加复杂,如面内拉(压)、剪切载荷作用下引起弯曲、扭转变形,在弯曲、扭转载荷作用下引起的拉(压)、剪切变形;

(4) 层合板的破坏机理更复杂,单层板受载破坏时即全部失效,而层合板随着载荷的增加,其中一层或几层先破坏,其余单层还可能继续承受载荷,不一定全部失效,因此,层合板强度分析比单层板复杂;

(5) 层合板在成型时一般需要加热固化,冷却后由于各单层板在同一方向上的热膨胀性能不一致,因此有温度应力的存在,在强度分析时必须考虑这个因素;

（6）层合板包含不同的单层板（材料可能相同,但铺设方向不同）,在变形时为满足变形协调条件,各单层板之间存在层间应力。

由于层合板上述特性的存在,其刚度和强度分析比单层板复杂得多,需采用宏观力学分析方法,即把单层板看成均匀的各向异性薄板,再把各单层板"层合"成层合板,分析其刚度和强度。

层合板通过坐标系统、铺层编号和铺层角来表示。层合板由多层单层板"层合"而成,每层单层板的材料主方向可能各不相同,导致层合板没有明确的材料主方向,层合板一般选择结构的自然轴方向为坐标系统。例如,矩形板取垂直于两边方向为坐标系统。选定坐标后,对层合板进行编号,一般采用自上而下进行自然序号编制。铺层角是指层合板中单层板材料主方向与坐标轴的夹角,以逆时针方向为正,顺时针方向为负,图5.1所示的 θ 角为正。

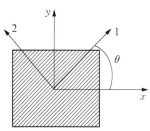

图 5.1　单层板材料主方向与坐标轴的夹角

对由等厚度单层板组成的层合板,直接用角度来表示。例如一层合板由 4 层单层板组成,各单层板的铺层角分别是:$+\alpha$（第 1 层）、$0°$（第 2 层）、$90°$（第 3 层）、$-\alpha$（第 4 层）,则该层合板可表示为 $[+\alpha/0°/90°/-\alpha]$。

对于不同厚度单层板组成的层合板,除了角度外,还需注明各层厚度。例如:一层合板由 3 层单层板组成,第 1 层铺层角为 $0°$,厚度为 t;第 2 层铺层角为 $90°$,厚度为 $2t$;第 3 层铺层角为 $45°$,厚度为 $3t$。该层合板的表示方法为 $[0°t/90°2t/45°3t]$。

依据结构对称性,层合板可分为以下三种。

1. 对称层合板

指几何尺寸和材料性能都对称于中面的层合板。例如:

$$[30°/-60°/15°/15°/-60°/30°]$$

如果对称的各单层板（第 1 层和第 6 层、第 2 层和第 5 层、第 3 层和第 4 层）性能均相同,则是对称层合板。

对于奇数层的层合板,可以把中间层看作两层铺层角相同、厚度折半的单层板,再根据定义来判断是否为对称层合板。例如:

$$[0°t/90°2t/45°3t/90°2t/0°t]$$

如果对称的各单层板（第 1 层和第 5、第 2 层和第 4 层）性能均相同,则是对称层合板。

对称层合板的表示方式可简化,对于上述两例的层合板可写为

$$[30°/-60°/15°]_s$$
$$[0°t/90°2t/\overline{45°3t}]_s$$

其中,$\overline{45°3t}$ 上划线表示的是该层为层合板的中间层。

2. 反对称层合板

指层合板中与中面相对的单层板铺层角有正负交替,并且几何尺寸对称和其他材料

性能均相同的层合板。例如：

$$[-45°/30°/-30°/45°]$$

如果层合板的中间层为 0° 或 90° 时，而其他单层板与中面成反对称，则该层合板也是反对称层合板。例如：

$$[-45°/30°/0°/-30°/45°]$$

$$[-45°/90°/45°]$$

3. 不对称层合板

既不是对称也不是反对称的层合板。例如：

$$[90°/30°/0°]$$

$$[45°/-15°/0°/30°]$$

5.2 经典层合板理论

本节中在弹性范围内对层合板的刚度进行分析，推导出层合板刚度的计算公式，为此，先以单层板和层合板的应力-应变关系及层合板假设作为切入点。

5.2.1 单层板的应力-应变关系

层合板是由单层板组成的。每一单层板可看作是层合板中的一层，在平面应力状态下。正交各向异性单层板在材料主方向上的应力-应变关系为

$$\begin{Bmatrix} \sigma_1 \\ \sigma_2 \\ \tau_{12} \end{Bmatrix} = \begin{bmatrix} Q_{11} & Q_{12} & 0 \\ Q_{12} & Q_{22} & 0 \\ 0 & 0 & Q_{66} \end{bmatrix} \begin{Bmatrix} \varepsilon_1 \\ \varepsilon_2 \\ \gamma_{12} \end{Bmatrix} \tag{5.1}$$

在 $x-y$ 坐标系中，铺层角为 θ 的单层板的应力-应变关系为

$$\begin{Bmatrix} \sigma_x \\ \sigma_y \\ \tau_{xy} \end{Bmatrix} = \begin{bmatrix} \overline{Q}_{11} & \overline{Q}_{12} & \overline{Q}_{16} \\ \overline{Q}_{12} & \overline{Q}_{22} & \overline{Q}_{26} \\ \overline{Q}_{16} & \overline{Q}_{26} & \overline{Q}_{66} \end{bmatrix} \begin{Bmatrix} \varepsilon_x \\ \varepsilon_y \\ \gamma_{xy} \end{Bmatrix} \tag{5.2}$$

其中，$\overline{Q}_{11}$、$\overline{Q}_{12}$、$\overline{Q}_{22}$ 和 $\overline{Q}_{66}$ 是铺层角 θ 的偶函数，$\overline{Q}_{16}$ 和 $\overline{Q}_{26}$ 是铺层角 θ 的奇函数，这些性质对层合板刚度的分析非常有用。

因此，对于第 k 层单层板，其应力-应变关系为

$$\begin{Bmatrix} \sigma_x \\ \sigma_y \\ \tau_{xy} \end{Bmatrix} = \begin{bmatrix} \overline{Q}_{11} & \overline{Q}_{12} & \overline{Q}_{16} \\ \overline{Q}_{12} & \overline{Q}_{22} & \overline{Q}_{26} \\ \overline{Q}_{16} & \overline{Q}_{26} & \overline{Q}_{66} \end{bmatrix}_k \begin{Bmatrix} \varepsilon_x \\ \varepsilon_y \\ \gamma_{xy} \end{Bmatrix} \tag{5.3}$$

简写为

$$\sigma_k = \overline{Q}_k \varepsilon_k \tag{5.4}$$

5.2.2 层合板的应力-应变关系

取坐标系 x、y、z 中 $z = 0$ 的 xoy 面称为层合板的中面,一般用平分板厚的面作为中面,如图 5.2 所示。沿板厚范围内 x、y、z 方向的位移分别定义为 u、v、w,中面上的点 x、y、z 方向的位移分别定义为 u_0、v_0、w_0,其中 w_0 为板的挠度。

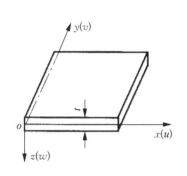

图 5.2 层合板坐标系

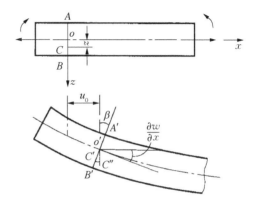

图 5.3 直线段变形前后关系

为了简化问题,对所研究的层合板作如下限制。

(1)变形连续:层合板各单层之间粘接良好,作为一个整体结构板,并且粘接层很薄,其本身不发生变形,即各单层板之间变形连续。

(2)薄板:层合板虽由多层单层板组成,但其厚度要符合薄板假定,即厚度 t 与跨度 L 之比要满足条件: $\dfrac{1}{100} < \dfrac{t}{L} < \dfrac{1}{10}$。

(3)等厚度:整个整合板是等厚度的。

在以上限制条件的基础上,还需要做如下假设。

(1)直法线假设:层合板中变形前垂直于中面的直线段,变形后仍然保持直线且垂直于中面,称为直法线假设。

(2)直线段长度不变:该线段长度不变, $\varepsilon_z = 0$。

先求 AB 线段上 C 点(坐标为 z) x 方向的位移 u_0。由假设条件(1),层合板在拉伸和弯曲作用下,板中某一垂直于中面的直线段 AB 变形后到 $A'B'$ 位置,如图 5.3 所示。原中面上 O 点的 x 方向位移为 u_0,直线段 AB 变形后仍与中面垂直,即 $A'B'$ 与挠曲线上 O' 点的切线垂直, O' 点的切角为 $\dfrac{\partial w}{\partial x}$,则 C 点在 x 方向的位移为

$$u_C = u_0 - C'C'' = u_0 - z\frac{\partial w}{\partial x} \tag{5.5}$$

同理,C 点在 y 方向的位移为

$$v_C = v_0 - z \frac{\partial w}{\partial y} \tag{5.6}$$

由假设条件(2)可知,$\varepsilon_z = \dfrac{\partial w}{\partial z} = 0$,所以 w 与 z 无关,即 $w = w(x,y) = w_0$。

层合板中任意点位移为

$$
\begin{aligned}
w &= w_0(x,y) \\
u &= u_0 - z \frac{\partial w_0}{\partial x} \\
v &= v_0 - z \frac{\partial w_0}{\partial y}
\end{aligned}
\tag{5.7}
$$

根据小变形假设,位移和应变的关系式为

$$
\begin{aligned}
\varepsilon_x &= \frac{\partial u}{\partial x}, \varepsilon_y = \frac{\partial v}{\partial y}, \varepsilon_z = \frac{\partial w}{\partial z} = 0, \\
\gamma_{xy} &= \frac{\partial v}{\partial x} + \frac{\partial u}{\partial y}, \gamma_{yz} = \frac{\partial w}{\partial y} + \frac{\partial v}{\partial z}, \gamma_{zx} = \frac{\partial u}{\partial z} + \frac{\partial w}{\partial x}
\end{aligned}
\tag{5.8}
$$

将位移表达式代入,得

$$
\begin{aligned}
\varepsilon_x &= \frac{\partial u_0}{\partial x} - z \frac{\partial^2 w}{\partial x^2} = \varepsilon_x^0 - z \frac{\partial^2 w}{\partial x^2} \\
\varepsilon_y &= \frac{\partial v_0}{\partial y} - z \frac{\partial^2 w}{\partial y^2} = \varepsilon_y^0 - z \frac{\partial^2 w}{\partial y^2} \\
\gamma_{xy} &= \frac{\partial v_0}{\partial x} + \frac{\partial u_0}{\partial y} - 2z \frac{\partial^2 w}{\partial x \partial y} = \gamma_{xy}^0 - 2z \frac{\partial^2 w}{\partial x \partial y} \\
\varepsilon_z &= \gamma_{yz} = \gamma_{zx} = 0
\end{aligned}
\tag{5.9}
$$

其中,ε_x^0、ε_y^0 和 γ_{xy}^0 为中面应变。

进一步,简写为

$$
\begin{bmatrix} \varepsilon_x \\ \varepsilon_y \\ \gamma_{xy} \end{bmatrix} = \begin{bmatrix} \varepsilon_x^0 \\ \varepsilon_y^0 \\ \gamma_{xy}^0 \end{bmatrix} + z \begin{bmatrix} K_x \\ K_y \\ K_{xy} \end{bmatrix}
\tag{5.10}
$$

其中,$K_x = -\dfrac{\partial^2 w}{\partial x^2}$;$K_y = -\dfrac{\partial^2 w}{\partial y^2}$;$K_{xy} = -2 \dfrac{\partial^2 w}{\partial x \partial y}$。$K_x$ 和 K_y 称为板中面弯曲挠曲率;K_{xy} 称为板中面扭曲率。

则第 k 层单层板的应力为

$$\begin{bmatrix} \sigma_x \\ \sigma_y \\ \tau_{xy} \end{bmatrix} = \begin{bmatrix} \overline{Q}_{11} & \overline{Q}_{12} & \overline{Q}_{16} \\ \overline{Q}_{12} & \overline{Q}_{22} & \overline{Q}_{26} \\ \overline{Q}_{16} & \overline{Q}_{26} & \overline{Q}_{66} \end{bmatrix}_k \left\{ \begin{bmatrix} \varepsilon_x^0 \\ \varepsilon_y^0 \\ \gamma_{xy}^0 \end{bmatrix} + z \begin{bmatrix} K_x \\ K_y \\ K_{xy} \end{bmatrix} \right\} \tag{5.11}$$

从式(5.11)可以看出,层合板的应变由中面应变和弯曲应变两部分组成,沿厚度方向线性分布;而应力除与应变有关外,还和各单层材料特性有关,若各层材料特性不相同,则各层应力不连续分布,但在同一层内是线性分布的。

例题 1: 已知单层的弹性常数为 $E_1 = 50 \text{ GPa}$,$E_2 = 10 \text{ GPa}$,$v_{21} = 0.4$,$G_{12} = 20 \text{ GPa}$;层合板的厚度为 0.4 mm,层合板 $[90°/0°/0°/90°]$;$\varepsilon_x^0 = 0.001$,$K_X = 5 \text{ m}^{-1}$。计算层合板各层的 x 向应变。

解: 层合板各层的 x 向应变为

$$\varepsilon_x = \varepsilon_0 + z K_x$$

层合板的总厚度为 0.4 mm,根据几何关系可以计算出 z 坐标。

第 1 层单层板:$-0.2 \text{ mm} \leqslant z \leqslant -0.1 \text{ mm}$,$\varepsilon_x = 0.001 + 0.005z$。

$\varepsilon_x = 0(z = -0.2 \text{ mm})$,$\varepsilon_x = 5 \times 10^{-4}(z = -0.1 \text{mm})$

第 2 层单层板:$-0.1 \text{ mm} \leqslant z \leqslant 0$,$\varepsilon_x = 0.001 + 0.005z$。

$\varepsilon_x = 5 \times 10^{-4}(z = -0.1 \text{ mm})$,$\varepsilon_x = 0.001(z = 0)$

第 3 层单层板:$0 \leqslant z \leqslant 0.1 \text{ mm}$,$\varepsilon_x = 0.001 + 0.005z$。

$\varepsilon_x = 0.001(z = 0)$,$\varepsilon_x = 0.0015(z = 0.1 \text{ mm})$

第 4 层单层板:$0 \leqslant z \leqslant 0.1 \text{ mm}$,$\varepsilon_x = 0.001 + 0.005z$。

$\varepsilon_x = 0.0015(z = 0.1 \text{ mm})$,$\varepsilon_x = 0.002(z = 0.2 \text{ mm})$

5.2.3 层合板的刚度

如图 5.4 所示,N_x、N_y 和 N_{xy} 为层合板横截面上单位宽度(或长度)上的内力,M_x、M_y 和 M_{xy} 为层合板横截面上单位宽度的内力矩。

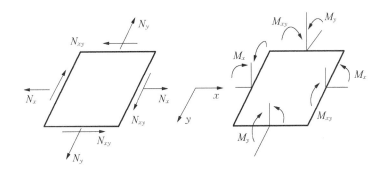

图 5.4 层合板内力定义

如图 5.5 所示,层合板内力是应力沿着厚度方向的积分,具体表达式为

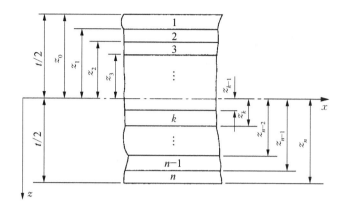

图 5.5　层合板沿厚度方向 z 坐标的定义

$$\begin{bmatrix} N_x \\ N_y \\ N_{xy} \end{bmatrix} = \int_{-\frac{t}{2}}^{\frac{t}{2}} \begin{bmatrix} \sigma_x \\ \sigma_y \\ \tau_{xy} \end{bmatrix} \mathrm{d}z$$

$$\begin{bmatrix} M_x \\ M_y \\ M_{xy} \end{bmatrix} = \int_{-\frac{t}{2}}^{\frac{t}{2}} \begin{bmatrix} \sigma_x \\ \sigma_y \\ \tau_{xy} \end{bmatrix} z\mathrm{d}z$$

$$(5.12)$$

简写为

$$N = \int_{-\frac{t}{2}}^{\frac{t}{2}} \sigma \mathrm{d}z$$

$$M = \int_{-\frac{t}{2}}^{\frac{t}{2}} \sigma z\mathrm{d}z$$

$$(5.13)$$

其中，t 为层合板的总厚度。

由于层合板的应力是不连续分布的，采用分层积分：

$$N = \sum_{k=1}^{n} \int_{z_{k-1}}^{z_k} \sigma_k \mathrm{d}z$$

$$M = \sum_{k=1}^{n} \int_{z_{k-1}}^{z_k} \sigma_k z\mathrm{d}z$$

$$(5.14)$$

其中，z_{k-1} 和 z_k 为层合板中第 k 层单层板的 z 坐标。层合板的总厚度为 t，则 $z_0 = -\dfrac{t}{2}$，$z_n = \dfrac{t}{2}$。

将第 k 层的应力-应变关系式代入，则得内力、内力矩与应变的关系为

$$N = \sum_{k=1}^{n} \overline{Q}_k \left(\int_{z_{k-1}}^{z_k} \varepsilon^0 \mathrm{d}z + \int_{z_{k-1}}^{z_k} zK\mathrm{d}z \right)$$
$$M = \sum_{k=1}^{n} \overline{Q}_k \left(\int_{z_{k-1}}^{z_k} \varepsilon^0 z\mathrm{d}z + \int_{z_{k-1}}^{z_k} Kz^2 \mathrm{d}z \right) \tag{5.15}$$

其中，$K = \begin{bmatrix} K_x & K_y & K_{xy} \end{bmatrix}$，$K_x$ 和 K_y 为板中面弯曲挠曲率，K_{xy} 为板中面扭曲率。则

$$N = \sum_{k=1}^{n} \overline{Q}_k \left(\varepsilon^0 \int_{z_{k-1}}^{z_k} \mathrm{d}z + K \int_{z_{k-1}}^{z_k} z\mathrm{d}z \right)$$
$$M = \sum_{k=1}^{n} \overline{Q}_k \left(\varepsilon^0 \int_{z_{k-1}}^{z_k} z\mathrm{d}z + K \int_{z_{k-1}}^{z_k} z^2 \mathrm{d}z \right) \tag{5.16}$$

积分，得

$$N = \sum_{k=1}^{n} \overline{Q}_k \left[(z_k - z_{k-1}) \varepsilon_+^0 \frac{1}{2}(z_k^2 - z_{k-1}^2) K \right]$$
$$M = \sum_{k=1}^{n} \overline{Q}_k \left[\frac{1}{2}(z_k^2 - z_{k-1}^2) \varepsilon_+^0 \frac{1}{3}(z_k^3 - z_{k-1}^3) K \right] \tag{5.17}$$

进一步整理，得

$$N = A\varepsilon^0 + BK$$
$$M = B\varepsilon^0 + DK \tag{5.18}$$

其中，A、B 和 D 的具体表达式为

$$A = \sum_{k=1}^{n} \overline{Q}_k (z_k - z_{k-1})$$
$$B = \frac{1}{2} \sum_{k=1}^{n} \overline{Q}_k (z_k^2 - z_{k-1}^2)$$
$$D = \frac{1}{3} \sum_{k=1}^{n} \overline{Q}_k (z_k^3 - z_{k-1}^3) \tag{5.19}$$

矩阵 A、B 和 D 的具体元素为

$$A_{ij} = \sum_{k=1}^{n} (\overline{Q}_{ij})_k (z_k - z_{k-1})$$
$$B_{ij} = \frac{1}{2} \sum_{k=1}^{n} (\overline{Q}_{ij})_k (z_k^2 - z_{k-1}^2)$$
$$D_{ij} = \frac{1}{3} \sum_{k=1}^{n} (\overline{Q}_{ij})_k (z_k^3 - z_{k-1}^3) \tag{5.20}$$

其中，$i = 1,2,6$；$j = 1,2,6$。

A_{ij} 只是面内内力与中面应变有关的刚度系数，统称为拉伸刚度；D_{ij} 只是内力矩与中面曲率及扭曲率有关的刚度系数，统称为弯曲刚度；而 B_{ij} 表示弯曲、扭转和拉伸、剪切之

间有耦合关系,统称为耦合刚度。由于 B_{ij} 的存在,面内内力不仅引起中面应变,同时产生弯曲和扭转变形;同样,内力矩不仅引起弯曲和扭转变形,同时产生中面应变。

刚度公式(5.17)是在直法线假设的前提下推导出来的,称为经典层合板理论。某些层合板由于横向剪切刚度较低,γ_{yz} 或 γ_{xz} 横向剪切应变较大,不能忽略,留待以后再讨论。一般把层合板几何中面作为中面,如取其他位置为中面坐标,B_{ij} 和 D_{ij} 将发生相应变化。

5.2.4 典型层合板的刚度分析

实际应用时,往往层合板的某些刚度系数为零,这样需通过几种典型层合板分析,探讨层合板刚度与各单层板刚度及铺设方式之间的规律,先从单层板刚度入手。

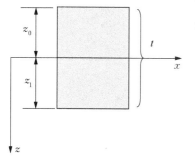

图 5.6 单层板的 z 坐标

1. 单层板

单层板的 z 坐标如图 5.6 所示。$z_0 = -\dfrac{t}{2}$,$z_1 = \dfrac{t}{2}$,其中,t 为单层板的总厚度。

1)各向同性单层板

各向同性单层板的材料为各向同性材料,$E_1 = E_2 = E$,$\nu_{21} = \nu_{12} = \nu$,有

$$Q = \begin{bmatrix} Q_{11} & Q_{12} & 0 \\ Q_{12} & Q_{11} & 0 \\ 0 & 0 & Q_{66} \end{bmatrix} = \begin{bmatrix} \dfrac{E}{1-\nu^2} & \dfrac{\nu E}{1-\nu^2} & 0 \\ \dfrac{\nu E}{1-\nu^2} & \dfrac{E}{1-\nu^2} & 0 \\ 0 & 0 & \dfrac{E}{2(1+\nu)} \end{bmatrix} \tag{5.21}$$

可得

$$A_{11} = A_{22} = \frac{Et}{1-\nu^2} = A$$

$$A_{12} = \frac{\nu Et}{1-\nu^2} = \nu A$$

$$A_{66} = \frac{Et}{2(1+\nu)} = \frac{1-\nu}{2} A$$

$$A_{16} = A_{26} = 0$$

$$B_{ij} = 0 \tag{5.22}$$

$$D_{11} = D_{22} = \frac{Et^3}{12(1-\nu^2)} = D$$

$$D_{12} = \nu D$$

$$D_{66} = \frac{Et^3}{24(1 + \nu)} = \frac{1 - \nu}{2}D$$

$$D_{16} = D_{26} = 0$$

2）特殊正交各向异性单层板

特殊正交各向异性单层板是指铺层角为零的正交各向异性单层板：

$$Q = \begin{bmatrix} Q_{11} & Q_{12} & 0 \\ Q_{12} & Q_{22} & 0 \\ 0 & 0 & Q_{66} \end{bmatrix} = \begin{bmatrix} \dfrac{E_1}{1 - \nu_{21}\nu_{12}} & \dfrac{\nu_{21}E_2}{1 - \nu_{21}\nu_{12}} & 0 \\ \dfrac{\nu_{12}E_1}{1 - \nu_{21}\nu_{12}} & \dfrac{E_2}{1 - \nu_{21}\nu_{12}} & 0 \\ 0 & 0 & G_{12} \end{bmatrix} \tag{5.23}$$

单层板的铺层角为零,则

$$\overline{Q} = \begin{bmatrix} \overline{Q}_{11} & \overline{Q}_{12} & \overline{Q}_{16} \\ \overline{Q}_{12} & \overline{Q}_{22} & \overline{Q}_{26} \\ \overline{Q}_{16} & \overline{Q}_{26} & \overline{Q}_{66} \end{bmatrix} = \begin{bmatrix} \dfrac{E_1}{1 - \nu_{21}\nu_{12}} & \dfrac{\nu_{21}E_2}{1 - \nu_{21}\nu_{12}} & 0 \\ \dfrac{\nu_{12}E_1}{1 - \nu_{21}\nu_{12}} & \dfrac{E_2}{1 - \nu_{21}\nu_{12}} & 0 \\ 0 & 0 & G_{12} \end{bmatrix} \tag{5.24}$$

各刚度系数为

$$A_{11} = Q_{11}t, \ A_{12} = Q_{12}t$$
$$A_{22} = Q_{22}t, \ A_{66} = Q_{66}t$$
$$B_{ij} = 0 \tag{5.25}$$
$$D_{11} = \frac{Q_{11}t^3}{12}, \ D_{12} = \frac{Q_{12}t^3}{12}$$
$$D_{22} = \frac{Q_{22}t^3}{12}, \ D_{66} = \frac{Q_{66}t^3}{12}$$

3）一般正交各向异性单层板

一般正交各向异性单层板是指铺层角不为零的正交各向异性单层板：

$$\overline{Q} = \overline{Q}(\theta) = \begin{bmatrix} \overline{Q}_{11} & \overline{Q}_{12} & \overline{Q}_{16} \\ \overline{Q}_{12} & \overline{Q}_{11} & \overline{Q}_{26} \\ \overline{Q}_{16} & \overline{Q}_{26} & \overline{Q}_{66} \end{bmatrix} \tag{5.26}$$

各刚度系数为

$$A_{ij} = \overline{Q}_{ij} t$$

$$B_{ij} = 0 \qquad\qquad (5.27)$$

$$D_{ij} = \frac{\overline{Q}_{ij} t^3}{12}$$

4）各向异性单层板

各向异性单层板是指非正交各向异性的单层板：

$$Q = \begin{bmatrix} Q_{11} & Q_{12} & Q_{16} \\ Q_{12} & Q_{22} & Q_{26} \\ Q_{16} & Q_{26} & Q_{66} \end{bmatrix} \qquad\qquad (5.28)$$

对于非正交各向异性单层板而言，$\overline{Q}$ 和 Q 之间的关系不再满足公式(5.26)，因此，这里不能采用 $\overline{Q}$ 来描述，而直接用 Q 来表述。各刚度系数的表达式为

$$A_{ij} = Q_{ij} t$$

$$B_{ij} = 0 \qquad\qquad (5.29)$$

$$D_{ij} = \frac{Q_{ij} t^3}{12}$$

总结一下单层板刚度特点：

（1）单层板耦合矩阵 $B = 0$，不存在面内和面外的变形耦合；

（2）对于各向同性和特殊正交各向异性单层板，$A_{16} = A_{26} = 0$，$D_{16} = D_{26} = 0$。因此，拉伸变形和剪切变形之间没有耦合，弯曲变形和扭转变形之间也没有耦合；

（3）一般正交各向异性单层板存在拉剪和弯扭耦合。

2. 对称层合板

刚度矩阵 B_{ij} 如下：

$$
\begin{aligned}
B_{ij} &= \frac{1}{2} \sum_{k=1}^{n} (\overline{Q}_{ij})_k (z_k^2 - z_{k-1}^2) \\
&= \frac{1}{2} (\overline{Q}_{ij})_1 (z_1^2 - z_0^2) + \frac{1}{2} (\overline{Q}_{ij})_2 (z_2^2 - z_1^2) + \cdots + \frac{1}{2} (\overline{Q}_{ij})_{n-1} (z_{n-1}^2 - z_{n-2}^2) \\
&\quad + \frac{1}{2} (\overline{Q}_{ij})_n (z_n^2 - z_{n-1}^2)
\end{aligned}
\qquad (5.30)
$$

当层数为偶数时，根据对称层合板的定义，各单层几何尺寸和材料性能都对称于中面。可知：

$$
\begin{aligned}
(\overline{Q}_{ij})_1 &= (\overline{Q}_{ij})_n \\
(z_1^2 - z_0^2) &= -(z_n^2 - z_{n-1}^2)
\end{aligned}
\qquad (5.31)
$$

由此可以看出，式(5.31)中第 1 项和第 n 项之和为零；同理，第 2 项和第 $n-1$ 项之和也为零，以此类推，式(5.31)所有项之和为零，即

$$B_{ij} = 0 \tag{5.32}$$

当层数为奇数时,按照层数为偶数的推导,可依次推导出对称于中面的对应层相加为零,最后剩下中间的一层单层板。由单层板的刚度特点可知,中间层的刚度系数 $B_{ij} = 0$。因此,层数为奇数的对称层合板,其耦合刚度系数均为零。

1) 各向同性对称层合板

每层单层板的材料为各向同性,但不一定是同一种材料:

$$Q_k = \begin{bmatrix} Q_{11} & Q_{12} & 0 \\ Q_{12} & Q_{11} & 0 \\ 0 & 0 & Q_{66} \end{bmatrix}_k = \begin{bmatrix} \dfrac{E_k}{1-\nu_k^2} & \dfrac{\nu_k E_k}{1-\nu_k^2} & 0 \\ \dfrac{\nu_k E_k}{1-\nu_k^2} & \dfrac{E_k}{1-\nu_k^2} & 0 \\ 0 & 0 & \dfrac{E_k}{2(1+\nu_k)} \end{bmatrix} \tag{5.33}$$

其中, E_k、ν_k 分别为第 k 层材料的弹性模量和泊松比。

刚度系数及其之间的关系为

$$A_{11} = A_{22} = A_{12} + 2A_{66}$$
$$D_{11} = D_{22} = D_{12} + 2D_{66}$$
$$A_{16} = A_{26} = 0 \tag{5.34}$$
$$D_{16} = D_{26} = 0$$
$$B_{ij} = 0$$

2) 特殊正交各向异性对称层合板

每层单层板的材料为正交各向异性,且铺层角为零:

$$Q_k = \begin{bmatrix} Q_{11} & Q_{12} & 0 \\ Q_{12} & Q_{11} & 0 \\ 0 & 0 & Q_{66} \end{bmatrix}_k \tag{5.35}$$

刚度系数及其之间的关系为

$$A_{16} = A_{26} = 0$$
$$D_{16} = D_{26} = 0 \tag{5.36}$$
$$B_{ij} = 0$$

3) 正规对称正交铺设层合板

该对称层合板的铺设方式为铺层角 0° 和 90° 的单层板交替铺设。因此,这种层合板的层数为奇数,如 [0°/90°/0°] 或 [0°t_1/90°t_2/0°t_1]。

对于铺层角 0° 的单层板而言:

$$\overline{Q}_{0°} = \begin{bmatrix} Q_{11} & Q_{12} & 0 \\ Q_{12} & Q_{22} & 0 \\ 0 & 0 & Q_{66} \end{bmatrix}_{0°} \tag{5.37}$$

如果铺层角 90° 的单层板与铺层角 0° 的单层板的材料相同,则

$$\overline{Q}_{90°} = \begin{bmatrix} Q_{22} & Q_{12} & 0 \\ Q_{12} & Q_{11} & 0 \\ 0 & 0 & Q_{66} \end{bmatrix}_{0°} \tag{5.38}$$

刚度系数为零的项为

$$A_{16} = A_{26} = 0$$
$$D_{16} = D_{26} = 0 \tag{5.39}$$
$$B_{ij} = 0$$

4) 正规对称角铺设层合板

该对称层合板的铺设方式为铺层角 α 和 $-\alpha$($\alpha \neq 0°$,$\alpha \neq 90°$)的单层板交替铺设。根据铺设方式和对称定义可知,该类层合板的层数是奇数,如 $[30°/-30°/30°]$。

对于铺层角为 α 的单层板,有

$$\overline{Q}_{\alpha} = \begin{bmatrix} \overline{Q}_{11} & \overline{Q}_{12} & \overline{Q}_{16} \\ \overline{Q}_{12} & \overline{Q}_{22} & \overline{Q}_{26} \\ \overline{Q}_{16} & \overline{Q}_{26} & \overline{Q}_{66} \end{bmatrix}_{\alpha} \tag{5.40}$$

则对于铺层角为 $-\alpha$ 的单层板,有

$$\overline{Q}_{-\alpha} = \overline{Q}_{\alpha} = \begin{bmatrix} \overline{Q}_{11} & \overline{Q}_{12} & -\overline{Q}_{16} \\ \overline{Q}_{12} & \overline{Q}_{22} & -\overline{Q}_{26} \\ -\overline{Q}_{16} & -\overline{Q}_{26} & \overline{Q}_{66} \end{bmatrix}_{\alpha} \tag{5.41}$$

根据刚度计算公式,可知:

$$A_{11} = (\overline{Q}_{11})_{\alpha} \sum_{k=1}^{n} (z_k - z_{k-1}) = (\overline{Q}_{11})_{\alpha} t \ (t \text{ 为层合板的总厚度})$$

$$A_{12} = (\overline{Q}_{12})_{\alpha} t$$

$$A_{22} = (\overline{Q}_{22})_{\alpha} t$$

$$A_{66} = (\overline{Q}_{66})_{\alpha} t$$

$$A_{16} = (\overline{Q}_{16})_{\alpha} \Big(\sum_{\text{奇数层}} t_k - \sum_{\text{偶数层}} t_k \Big)$$

$$A_{26} = (\overline{Q}_{26})_{\alpha} \Big(\sum_{\text{奇数层}} t_k - \sum_{\text{偶数层}} t_k \Big)$$

$$B_{ij} = 0 \tag{5.42}$$

$$D_{11} = \frac{1}{3}(\overline{Q}_{11})_\alpha \sum_{k=1}^{n}(z_k^3 - z_{k-1}^3) = \frac{1}{12}(\overline{Q}_{11})_\alpha t^3$$

$$D_{12} = \frac{1}{12}(\overline{Q}_{12})_\alpha t^3$$

$$D_{22} = \frac{1}{12}(\overline{Q}_{22})_\alpha t^3$$

$$D_{66} = \frac{1}{12}(\overline{Q}_{66})_\alpha t^3$$

刚度系数 D_{16} 和 D_{26} 规律不太明显,只能直接代入公式计算。

3. 反对称层合板

当层数为偶数时,如 $[30°/ - 45°/45°/ - 30°]$ 。 根据反对称层合板的定义,可知与中面相对应单层板,有

$$\theta_1 = - \theta_n$$

进一步,有

$$\begin{bmatrix} \overline{Q}_{11} & \overline{Q}_{12} & \overline{Q}_{16} \\ \overline{Q}_{12} & \overline{Q}_{22} & \overline{Q}_{26} \\ \overline{Q}_{16} & \overline{Q}_{26} & \overline{Q}_{66} \end{bmatrix}_1 = \begin{bmatrix} \overline{Q}_{11} & \overline{Q}_{12} & -\overline{Q}_{16} \\ \overline{Q}_{12} & \overline{Q}_{22} & -\overline{Q}_{26} \\ -\overline{Q}_{16} & -\overline{Q}_{26} & \overline{Q}_{66} \end{bmatrix}_n \tag{5.43}$$

其他与中面相对应单层板,观察各刚度系数,我们发现:

$$A_{16} = (\overline{Q}_{16})_1(z_1 - z_0) + \cdots + (\overline{Q}_{16})_n(z_n - z_{n-1})$$

$$(\overline{Q}_{16})_1 = -(\overline{Q}_{16})_n, (\overline{Q}_{16})_2 = -(\overline{Q}_{16})_{n-1}, \cdots \tag{5.44}$$

$$(z_1 - z_0) = (z_n - z_{n-1}), (z_2 - z_1) = (z_{n-1} - z_{n-2}), \cdots$$

由此可得, $A_{16} = 0$;同理, $A_{26} = 0$, $D_{16} = 0$, $D_{26} = 0$ 。

反对称角铺设层合板的铺层角不是 $0°$ 和 $90°$,且各单层板铺层角的绝对值相等,如 $[30°/ - 30°/30°/ - 30°]$ 。

因为是反对称层合板,所以 $A_{16} = 0$ 、$A_{26} = 0$ 、$D_{16} = 0$ 和 $D_{26} = 0$ 。

假定各单层板铺层角的绝对值为 α ,则

$$(\overline{Q}_{11})_\alpha = (\overline{Q}_{11})_{-\alpha}, (\overline{Q}_{12})_\alpha = (\overline{Q}_{12})_{-\alpha}, (\overline{Q}_{22})_\alpha = (\overline{Q}_{22})_{-\alpha}, (\overline{Q}_{66})_\alpha = (\overline{Q}_{66})_{-\alpha} \tag{5.45}$$

因此,代入刚度系数的计算公式,可得

$$B_{11} = 0$$
$$B_{12} = 0$$
$$B_{22} = 0$$
$$B_{66} = 0$$

(5.46)

该类层合板的内力与应变关系为

$$
\begin{bmatrix} N_x \\ N_y \\ N_{xy} \end{bmatrix} =
\begin{bmatrix} A_{11} & A_{12} & 0 \\ A_{12} & A_{22} & 0 \\ 0 & 0 & A_{66} \end{bmatrix}
\begin{bmatrix} \varepsilon_x^0 \\ \varepsilon_y^0 \\ \gamma_{xy}^0 \end{bmatrix} +
\begin{bmatrix} 0 & 0 & B_{16} \\ 0 & 0 & B_{26} \\ B_{16} & B_{26} & 0 \end{bmatrix}
\begin{bmatrix} K_x \\ K_y \\ K_{xy} \end{bmatrix}
$$

$$
\begin{bmatrix} M_x \\ M_y \\ M_{xy} \end{bmatrix} =
\begin{bmatrix} 0 & 0 & B_{16} \\ 0 & 0 & B_{26} \\ B_{16} & B_{26} & 0 \end{bmatrix}
\begin{bmatrix} \varepsilon_x^0 \\ \varepsilon_y^0 \\ \gamma_{xy}^0 \end{bmatrix} +
\begin{bmatrix} D_{11} & D_{12} & 0 \\ D_{12} & D_{22} & 0 \\ 0 & 0 & D_{66} \end{bmatrix}
\begin{bmatrix} K_x \\ K_y \\ K_{xy} \end{bmatrix}
$$

(5.47)

该类层合板的刚度系数 B_{16} 和 B_{26}，拉伸(压缩)和扭转之间存在变形耦合。

4. 不对称层合板

$[0°/90°]_n$ 正交铺设层合板既不是对称也不是反对称,正交正向异性单层的铺层角按照0°和90°交错铺设而成。其特殊的铺设方式表现出特殊的刚度特点。

由于 $(Q_{11})_{0°} = (Q_{22})_{90°}$、$(Q_{22})_{0°} = (Q_{11})_{90°}$ 以及 $Q_{16} = Q_{26} = 0$,因此有

$$A_{11} = A_{22}, D_{11} = D_{22}$$
$$A_{16} = A_{26} = 0, D_{16} = D_{26} = 0, B_{16} = B_{26} = 0$$

(5.48)

且可证明 $B_{12} = B_{66} = 0$, $B_{11} = -B_{22}$。该类层合板的内力与应变关系为

$$
\begin{bmatrix} N_x \\ N_y \\ N_{xy} \end{bmatrix} =
\begin{bmatrix} A_{11} & A_{12} & 0 \\ A_{12} & A_{11} & 0 \\ 0 & 0 & A_{66} \end{bmatrix}
\begin{bmatrix} \varepsilon_x^0 \\ \varepsilon_y^0 \\ \gamma_{xy}^0 \end{bmatrix} +
\begin{bmatrix} B_{11} & 0 & 0 \\ 0 & -B_{11} & 0 \\ 0 & 0 & 0 \end{bmatrix}
\begin{bmatrix} K_x \\ K_y \\ K_{xy} \end{bmatrix}
$$

$$
\begin{bmatrix} M_x \\ M_y \\ M_{xy} \end{bmatrix} =
\begin{bmatrix} B_{11} & 0 & 0 \\ 0 & B_{11} & 0 \\ 0 & 0 & 0 \end{bmatrix}
\begin{bmatrix} \varepsilon_x^0 \\ \varepsilon_y^0 \\ \gamma_{xy}^0 \end{bmatrix} +
\begin{bmatrix} D_{11} & D_{12} & 0 \\ D_{12} & D_{11} & 0 \\ 0 & 0 & D_{66} \end{bmatrix}
\begin{bmatrix} K_x \\ K_y \\ K_{xy} \end{bmatrix}
$$

(5.49)

5.3 层合板强度分析方法

5.3.1 层合板强度概述

层合板的基本元件是单层板,因此层合板强度计算的基础是单层板的强度,称为层合板强度宏观力学分析方法。该方法的基础是计算每一层单层板的应力状态。由

于复合材料的各向异性和不均匀性,破坏形式复杂,对于复合材料层合板,某一单层板的破坏不一定等同于整个层合板的破坏。虽然由于某个或某几个单层板破坏带来层合板的刚度降低,但层合板仍可能承受更高的载荷,继续加载直到层合板全部破坏,这时的外载荷称为层合板的极限载荷,层合板强度分析的主要目的是确定其极限载荷。

图 5.7 所示为层合板的载荷与变形特性曲线。图中 N_1、N_2、N_3、N_4···依次为层合板中各单层板相继发生破坏时的载荷,在 N_1 载荷作用下,有些单层板开始破坏,这时层合板刚度有所降低,即载荷与变形关系直线的斜率减小,刚度不能恢复到原来状态,称 N_1 点为层合板的"屈服"点,这种特性类似于金属材料的屈服现象,但是机理完全不同。随着外载荷的增加,破坏层越来越多,刚度越来越低,因此图中的载荷与变形关系线是由斜率依次减小的折线组成。当外载荷达到层合板极限载荷时,层合板的刚度为零。

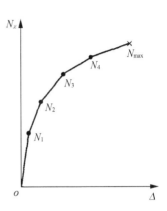

图 5.7　层合板载荷与变形特性曲线

求解层合板的极限载荷非常复杂,主要步骤如下:

(1) 设定外载荷之间的比例,即按搁在和分量比例加载;

(2) 根据单层板性能,计算层合板刚度 A_{ij}、B_{ij} 和 D_{ij};

(3) 求各单层在材料主方向上应力与外载荷之间的关系;

(4) 将各单层在材料主方向上应力代入强度准则关系式进行比较,来确定发生破坏的单层板;

(5) 保持已破坏的单层板的几何位置,进行刚度退化处理,重新计算含有破坏单层板的层合板刚度;

(6) 重复上述步骤,计算各层应力,代入强度准则,判断其他单层是否破坏,然后计算刚度和检查,直到剩下的层合板能继续承受增加的载荷为止。当所有单层板都发生破坏,此时的载荷即为层合板的极限载荷。

5.3.2　层合板刚度退化准则

一般情况下,层合板在最先一层失效后仍能继续承受较高的载荷,用最先一层失效强度作为层合板的强度指标似乎保守了一些。但当层合板中最弱的一层失效后板的刚度将发生变化,应力在各铺层中的分布也随之改变。因此,求层合板强度的关键是如何处理失效层的刚度,即层合板刚度退化准则。

有三种处理方法可供参考。

(1) 取消失效层的刚度,对剩余层进行重复计算,直至某一层失效而引起层合板总体失效。

(2) 按失效形式取消失效层某些刚度。如基体失效时令 $Q_{22} = Q_{12} = Q_{66} = 0$, Q_{11} 保持不变;纤维脱黏失效时令 $Q_{66} = 0$, Q_{11} 保持不变, Q_{22} 则拉伸时取消压缩时保留。

(3) 不完全取消刚度,人为地减少某些刚度的百分比来处理失效层。

5.3.3　层合板强度分析实例

例题 2： 已知层合板的铺层为 $[0°t_1/90°t_2/0°t_1]$（$t_2 = 10t_1$），总厚度为 1 mm；只受载荷 $N_x = N$，其余载荷均为零；单层板为玻璃纤维/环氧，其性能为 $E_1 = 54$ GPa、$E_2 = 18$ GPa、$\nu_{21} = 0.25$、$G_{12} = 8.8$ GPa、$X_t = X_c = 1\,050$ MPa、$Y_t = 28$ MPa、$Y_c = 140$ MPa、$S = 42$ MPa。求出该层合板的极限载荷。

解： 1. 求开始发生破坏的"屈服"强度值

（1）计算 $\overline{Q}_{ij}$ 和 A_{ij}。

第 1 和 3 层单层板（铺层角为 0°）的 $\overline{Q}_{ij}$ 为

$$
\overline{Q}_{1,3} = \begin{bmatrix} 5.515 & 0.459\,6 & 0 \\ 0.459\,6 & 1.838 & 0 \\ 0 & 0 & 0.880 \end{bmatrix} \times 10^4 \text{ MPa}
$$

第 2 层单层板（铺层角为 90°）的 $\overline{Q}_{ij}$ 为

$$
\overline{Q}_2 = \begin{bmatrix} 1.838 & 0.459\,6 & 0 \\ 0.459\,6 & 5.515 & 0 \\ 0 & 0 & 0.880 \end{bmatrix} \times 10^4 \text{ MPa}
$$

层合板的拉伸刚度为

$$
A_0 = \begin{bmatrix} 24.51 & 4.596 & 0 \\ 4.596 & 49.02 & 0 \\ 0 & 0 & 8.8 \end{bmatrix} \times 10^6 (\text{N/m})
$$

其中，A_0 表示未发生破坏层合板的刚度。

（2）计算应变 ε_x、ε_y 和 γ_{xy}。

层合板的内力与应变的关系为

$$
\begin{bmatrix} N \\ M \end{bmatrix} = \begin{bmatrix} A & B \\ B & D \end{bmatrix} \begin{bmatrix} \varepsilon^0 \\ K \end{bmatrix}
$$

对于本算例而言，$M = 0$、$B = 0$，则上式变为

$$
N = A\varepsilon^0
$$

将已知量代入，则

$$
\begin{bmatrix} \varepsilon_x^0 \\ \varepsilon_y^0 \\ \gamma_{xy}^0 \end{bmatrix} = \begin{bmatrix} A_{11} & A_{12} & 0 \\ A_{12} & A_{22} & 0 \\ 0 & 0 & A_{66} \end{bmatrix}^{-1} \begin{bmatrix} N \\ 0 \\ 0 \end{bmatrix} = \begin{bmatrix} 4.153 \times 10^{-8} \\ -3.894 \times 10^{-9} \\ 0 \end{bmatrix} N
$$

（3）求各层应力。

第 1 和 3 层单层板的应力为

$$\begin{bmatrix} \sigma_x \\ \sigma_y \\ \tau_{xy} \end{bmatrix}_{1,3} = \bar{Q}_{1,3} \begin{bmatrix} \varepsilon_x^0 \\ \varepsilon_y^0 \\ \gamma_{xy}^0 \end{bmatrix} = \begin{bmatrix} 2\,272 \\ 119.3 \\ 0 \end{bmatrix} N(\mathrm{Pa})$$

$$\begin{bmatrix} \sigma_1 \\ \sigma_2 \\ \tau_{12} \end{bmatrix}_{1,3} = \begin{bmatrix} 2\,272 \\ 119.3 \\ 0 \end{bmatrix} N(\mathrm{Pa})$$

第 2 层单层板的应力为

$$\begin{bmatrix} \sigma_x \\ \sigma_y \\ \tau_{xy} \end{bmatrix}_2 = \bar{Q}_2 \begin{bmatrix} \varepsilon_x^0 \\ \varepsilon_y^0 \\ \gamma_{xy}^0 \end{bmatrix} = \begin{bmatrix} 745.2 \\ -23.9 \\ 0 \end{bmatrix} N(\mathrm{Pa})$$

$$\begin{bmatrix} \sigma_1 \\ \sigma_2 \\ \tau_{12} \end{bmatrix}_2 = \begin{bmatrix} -23.9 \\ 745.2 \\ 0 \end{bmatrix} N(\mathrm{Pa})$$

（4）采用 Hill-Tsai 强度理论求层合板开始发生破坏的"屈服"强度值。

Hill-Tsai 强度理论的表达式为

$$\frac{\sigma_1^2}{X^2} - \frac{\sigma_1\sigma_2}{X^2} + \frac{\sigma_2^2}{Y^2} + \frac{\tau_{12}^2}{S^2} = 1$$

上式中 X 和 Y 的选取：当 $\sigma_1 > 0$ 时，$X = X_t$，当 $\sigma_1 < 0$ 时，$X = X_c$；当 $\sigma_2 > 0$ 时，$Y = Y_t$，当 $\sigma_2 < 0$ 时，$Y = Y_c$。

将第 1 和 3 层单层板的应力代入到 Hill-Tsai 强度理论表达式中，计算得

$$(N)_{1,3} = 2.104 \times 10^5 (\mathrm{N/m})$$

同理，将第 2 层单层板的应力代入，可得

$$(N)_2 = 3.756 \times 10^4 (\mathrm{N/m})$$

对比可以看出，第 2 层单层板先破坏，开始发生破坏的"屈服"载荷为

$$N_1 = 3.756 \times 10^4 (\mathrm{N/m})$$

在 N_1 载荷作用下，应变 $\varepsilon_x^0 = 1.56 \times 10^{-3}$，各单层的应力为

$$\begin{bmatrix} \sigma_1 \\ \sigma_2 \\ \tau_{12} \end{bmatrix}_{1,3} = \begin{bmatrix} 85.4 \\ 4.49 \\ 0 \end{bmatrix} (\mathrm{MPa})$$

$$\begin{bmatrix} \sigma_1 \\ \sigma_2 \\ \tau_{12} \end{bmatrix}_2 = \begin{bmatrix} -0.899 \\ 28.02 \\ 0 \end{bmatrix} (\mathrm{MPa})$$

可以看出,第 2 层应力 σ_2 达到了 Y_t,第 2 层的 2 方向发生了破坏。

2. 进行第 2 次计算

(1) 计算含有破坏层层合板的 $\overline{Q}_{ij}$ 和 A_{ij}。

第 1 和 3 层单层板(铺层角为 0°)没有发生破坏,其 $\overline{Q}_{ij}$ 仍然为

$$\overline{Q}_{1,3} = \begin{bmatrix} 5.515 & 0.459\,6 & 0 \\ 0.459\,6 & 1.838 & 0 \\ 0 & 0 & 0.880 \end{bmatrix} \times 10^4\ \text{MPa}$$

第 2 层单层板(铺层角为 90°)的 2 方向发生了破坏,根据刚度退化准则,其 Q_{ij} 变为

$$\overline{Q}_2 = \begin{bmatrix} 0 & 0 & 0 \\ 0 & 5.515 & 0 \\ 0 & 0 & 0 \end{bmatrix} \times 10^4\ \text{MPa}$$

层合板的拉伸刚度为

$$A_1 = \begin{bmatrix} 9.192 & 0.766 & 0 \\ 0.766 & 49.02 & 0 \\ 0 & 0 & 1.467 \end{bmatrix} \times 10^6\,(\text{N/m})$$

其中,A_1 表示层合板发生第 1 次破坏后的拉伸刚度。

(2) 计算应变和应力。

因为层合板的破坏过程是缓慢的,需要冻结破坏时的应力状态,再采用增量计算。应变的增量为

$$\begin{bmatrix} \Delta\varepsilon_x^0 \\ \Delta\varepsilon_y^0 \\ \Delta\gamma_{xy}^0 \end{bmatrix} = \begin{bmatrix} A_{11} & A_{12} & 0 \\ A_{12} & A_{22} & 0 \\ 0 & 0 & A_{66} \end{bmatrix}_1^{-1} \begin{bmatrix} \Delta N \\ 0 \\ 0 \end{bmatrix} = \begin{bmatrix} 1.089 \\ -0.017\,0\,2 \\ 0 \end{bmatrix} \times 10^{-7}\Delta N$$

$$\begin{bmatrix} \sigma_1 \\ \sigma_2 \\ \tau_{12} \end{bmatrix}_{1,3} = \begin{bmatrix} 85.4 + 5.999 \times 10^{-3}\Delta N \\ 4.49 + 4.692 \times 10^{-4}\Delta N \\ 0 \end{bmatrix}\,(\text{MPa})$$

$$\begin{bmatrix} \sigma_1 \\ \sigma_2 \\ \tau_{12} \end{bmatrix}_2 = \begin{bmatrix} -0.899 - 9.39 \times 10^{-5}\Delta N \\ 0 \\ 0 \end{bmatrix}\,(\text{MPa})$$

(3) 计算破坏载荷 (N_2)。

将第 1、2 和 3 层单层板的应力分别代入到 Hill-Tsai 强度理论表达式中,计算得

$$(\Delta N)_{1,3} = 4.666 \times 10^4\,(\text{N/m})\ , \quad (\Delta N)_2 = 1.117 \times 10^7\,(\text{N/m})$$

对比可以看出,第 1 和 3 层单层板破坏,破坏载荷为

$$N_2 = N_1 + (\Delta N)_{1,3} = 8.422 \times 10^4 (\text{N/m})$$

在 N_2 载荷作用下,应变 $\varepsilon_x^0 = 6.66 \times 10^{-3}$,各单层的应力为

$$\begin{bmatrix} \sigma_1 \\ \sigma_2 \\ \tau_{12} \end{bmatrix}_{1,3} = \begin{bmatrix} 365.3 \\ 26.38 \\ 0 \end{bmatrix} (\text{MPa})$$

$$\begin{bmatrix} \sigma_1 \\ \sigma_2 \\ \tau_{12} \end{bmatrix}_2 = \begin{bmatrix} 26.38 \\ 0 \\ 0 \end{bmatrix} (\text{MPa})$$

可以看出,第 1、3 层应力 σ_2 达到了 Y_t,第 1、3 层的 2 方向发生了破坏。此时层合板中各层的 2 方向都发生了破坏,但是第 1、3 层的 1 方向还没有破坏,沿着 x 方向还有继续承载的可能。

3. 进行第 3 次计算

层合板中各单层的 2 方向都发生了破坏,根据刚度退化准则,其 Q_{ij} 为

$$\overline{Q}_{1,3} = \begin{bmatrix} 5.515 & 0 & 0 \\ 0 & 0 & 0 \\ 0 & 0 & 0 \end{bmatrix} \times 10^4 \ \text{MPa}$$

$$\overline{Q}_2 = \begin{bmatrix} 0 & 0 & 0 \\ 0 & 5.515 & 0 \\ 0 & 0 & 0 \end{bmatrix} \times 10^4 \ \text{MPa}$$

层合板的拉伸刚度为

$$A_2 = \begin{bmatrix} 9.192 & 0 & 0 \\ 0 & 45.96 & 0 \\ 0 & 0 & 0 \end{bmatrix} \times 10^6 (\text{N/m})$$

应变增量为

$$\begin{bmatrix} \Delta\varepsilon_x^0 \\ \Delta\varepsilon_y^0 \\ \Delta\gamma_{xy}^0 \end{bmatrix} = \begin{bmatrix} 1.089 \\ 0 \\ 0 \end{bmatrix} \times 10^{-7} \Delta N$$

应力为

$$\begin{bmatrix} \sigma_1 \\ \sigma_2 \\ \tau_{12} \end{bmatrix}_{1,3} = \begin{bmatrix} 365.3 + 0.006\Delta N \\ 0 \\ 0 \end{bmatrix} (\text{MPa})$$

$$\begin{bmatrix} \sigma_1 \\ \sigma_2 \\ \tau_{12} \end{bmatrix}_2 = \begin{bmatrix} 0 \\ 0 \\ 0 \end{bmatrix} (\text{MPa})$$

代入到 Hill-Tsai 强度理论表达式中,计算得

$$(\Delta N)_{1,3} = 1.141 \times 10^5 (\text{N/m})$$

第 1 和 3 层单层板破坏,破坏载荷为

$$N_3 = N_2 + (\Delta N)_{1,3} = 1.983 \times 10^5 (\text{N/m})$$

x 方向的应变为

$$\varepsilon_x^0 = 0.019\ 1$$

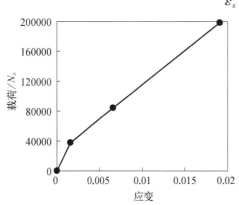

图 5.8　层合板的载荷-变形曲线

此时,层合板各单层沿 x 方向均发生破坏,失去 x 方向的承载能力。

层合板的载荷-变形曲线见图 5.8。

由于影响因素很多,单向板的宏观强度估算与试验结果有一定差距。复合材料层合板除了具有与影响单向板相同的因素外,还增加了许多新的影响因素,如各铺层刚度和强度的分散性、厚度的不均匀、铺层顺序的影响、固化应力和层间应力的存在等。所以,层合板强度最终还应通过实验来验证。

5.4　层合板设计基本准则

5.4.1　层合板设计的任务

层合板设计的任务就是根据设计要求,确定铺层构成,完成该层合板的材料设计。首先确定层合板中各铺层的组分材料,包括纤维和基体的种类、品种、规格等。然后根据铺层性能确定层合板的三个铺层要素:各铺层的铺层角、铺层顺序和各种铺层角铺层的层数或这些铺层数相对于层合板总层数的百分比(层数比)。层合板设计通常也称为层合板的铺层设计。

5.4.2　铺层设计的一般原则

铺层设计应综合考虑强度、刚度、结构稳定性、抗冲击损伤能力等多方面要求,提高层合板承载效率,并有好的工艺性。

1. 确定层合板中各铺层铺设角的原则

(1) 有效传力。大多数情况下层合板主要承受平面载荷。为了最大限度地利用纤维

轴向的高性能,应该用 0°层承受轴向载荷;用±45°层来承受剪切载荷,即将剪切载荷分解为拉、压分量来布置纤维承载;用 90°层用来承受横向载荷。以避免树脂直接受载,并控制层合板的泊松比。根据需要确定层合板中应布置哪几种铺层角。

（2）为了提高构件的抗屈曲性能,对于受轴压的构件,例如筋条和梁、肋的凸缘部位以及需承受轴压的蒙皮,除了布置较大比例的 0°铺层外,也需布置一定数量的±45°层,以提高结构受压稳定性。对受剪切载荷的构件,如腹板等,主要布置±45°层,但也应布置少量的 90°层,以提高剪切失稳临界载荷。

（3）对于可能遭受垂直于层合板平面的低能量冲击构件,在层合板最外层铺设±45°层或加一层玻璃布,可以提高抗冲击能力,对防剥离也有利,同时还可以改善工艺性。

综上所述,一般建议构件中宜同时包含四种铺层,一般在 0°、±45°层合板中必须有 6%～10% 的 90°铺层,构成正交各向异性板。除特殊需要外,应采用均衡对称层合板,以避免固化时或受载后因耦合效应引起翘曲。若需设计成准各向同性板,也可采用 0°、30°、60°、90°铺层构成的层合板。

2. 各铺层顺序的确定

（1）同一铺层角的铺层沿层合板方向应尽量均匀分布,不宜过于集中,若超过 4 层,易在两种铺设方向铺层组的层间出现分层。

（2）层合板的面内刚度只与层数比和铺设角有关,与铺层顺序无关。但当层合板的性能还与弯曲刚度有关时(例如层合结构梁),则弯曲刚度与铺层顺序有关。

3. 各铺设方向铺层层数的确定

各种铺设方向铺层的层数应通过计算或计算图表确定。一般先求出层数比;再根据所需总数求得各种铺设角的层数。

5.4.3　层合板设计方法

层合板设计方法主要是指当层合板中的铺层角组合已大致选定后,如何确定各铺设角铺层的层数比和层数的方法。其数值应根据结构件的受载情况和所要求的设计精度求得。可按照不同的设计要求,如按刚度设计、按强度设计、按某些特殊要求(零热膨胀系数、负泊松比等),设计层合板,也可能是同时满足多项设计要求的多目标设计。层合板设计方法随着复合材料结构应用的不断扩大而逐步发展完善。较简单的近似设计方法可采用等代设计法和准网络设计法;有的情况下可用解析法直接求解;层合板优化设计方法则通过迭代计算,按优化准则得到最合理的结果;在初步设计中还常利用层合板排序法或毯式曲线设计法来进行设计。

1. 等代设计法

此方法一般称为等刚度设计或等强度设计。该方法为早期在老型号飞机上试用复合材料构件时采用,即:将准各向同性的复合材料层合板等刚度地替换原来的各向同性铝合金板。由于复合材料的比强度、比刚度很高,故仍能取得 5%～10% 的减重效益。

2. 准网络设计法(应力比设计法)

此方法借鉴了纤维缠绕构件的设计方法。根据在设计中铺层纤维方向与所受载荷方向一致性要求,设计时假设只考虑复合材料中纤维的承载能力,忽略基体的刚度和强度,直接按平面内主应力σ_x、σ_y和τ_{xy}的大小来分配各铺设方向铺层中的纤维数量,由此确定各铺层方向铺层组的层数比。这是一种按载荷大小进行的初步设计方法,所得结果可供层合板初步设计参考。

3. 解析法

解析法一般根据复合材料力学或结构力学建立起来的基本关系式求解。以层合板刚度设计为例。层合板的刚度设计常以结构要求的总体刚度指标为依据,例如机翼翼盒因气动弹性特性的要求提出的弯曲刚度、扭转刚度指标,以及进一步对每块壁板、蒙皮提出的需要满足的拉压刚度和剪切刚度的要求。

4. 毯式曲线设计法

此方法为复合材料层合板的初步设计方法,已普遍采用。该方法用于以0°、±45°、90°为铺层角的层合板,是一种用列线图来确定铺层比的近似方法。如果进行几次迭代,也可按某项设计要求(如刚度)确定其铺层比和各层组的层数。该方法首先要根据经典层合板理论,经计算机编程计算,建立起所选用的复合材料(0°、±45°、90°)层合板的弹性模量、强度或其他性能与各铺设角的百分比的关系曲线,即毯式曲线。

5. 按刚度或强度要求的层合板排序法

层合板排序法又称为层合板系列法。层合板系列设计法是基于某一类(即选定某几种铺层角)层合板,选取几种不同的定向铺层组体积比所构成的层合板系列,以表格形式列出各种层合板在各组载荷作用下的刚度值、强度值以及所需的铺层数,供设计选择。

层合板系列设计法需给出一系列层合板的计算数据,其设计计算工作量很大,一般需要依靠计算机来实施。这种设计方法的优点是按复杂应力状态来求得其强度,摒弃了认为单轴强度可叠加为复杂应力状态下强度的假设。该方法也是初步设计方法。

6. 层合板优化设计法

优化设计方法是利用程序,通过迭代计算,按照一定的优化准则,以取得最合理的结果。目前,已有多种适用的分析程序。层合板优化设计法是满足某种(或某些)约束条件下(如强度、刚度、稳定性)使其质量最小的一种设计方法。目前已提出各种约束条件下的层合板优化设计方法。

7. 气动弹性剪裁法

这是复合材料特有的设计方法,已用于前掠翼设计。在前述几种铺层设计方法中,为了减少设计和工艺上的难度,尽量采用均衡对称层合板以避免或减轻各种耦合效应,实际上大多数还都采用$\frac{\pi}{4}$正交各向异性层合板。而气动弹性剪裁法则是利用复合材料的各向异性及其各种耦合效应进行铺层设计,以获得预期的结构柔度或产生某种希望的特定变形规律来提高设计性能和静、动气动弹性特性(如提高机翼的颤振速度;防止前掠翼的扭转扩大并提高其发散速度)。由于这种方法有可能获得很大的气动弹性和减重上的收益,各先进国家都正在继续研究和发展。

8. 多目标优化设计

现代结构设计中,新的设计概念和设计方法的提出使设计人员经常面对多个甚至相互存在矛盾的设计目标。因此,怎样对一个设计结果进行合理地评判,在多个目标之间进行折中,最终找到一个合理的设计结果,无疑是设计人员十分关注的问题。层合板的多目标优化设计是指同时考虑重量、刚度、强度、稳定性等多设计目标的结构优化设计问题。

多目标优化的求解方法甚多,其中最主要的方法是将多目标优化问题求解时作适当的处理。处理的方法可分为两种:一种处理方法是将多目标优化问题重新构造一个函数,即评价函数,从而将多目标优化问题转变为求评价函数的单目标优化问题,如主要目标法和统一目标法等;另一种处理方法是将多目标优化问题转化为一系列单目标优化问题来求解。具体求解方法不在此详述。

5.5 本章小结

本章重点介绍了经典层合板理论,包括层合板的刚度和层合板的强度分析方法,并给出了典型铺层的刚度和强度计算方法,介绍了层合板的一般设计准则。

课后习题

1. 已知 $[0°/90°]_s$ 碳/环氧层合板的参数为 $E_1=140\,\mathrm{GPa}$、$E_2=7\,\mathrm{GPa}$、$G_{12}=4.5\,\mathrm{GPa}$、$\mu_{21}=0.32$,求工程弹性常数 E_x、E_y、μ_{xy}、G_{xy}。

2. 已知 T300/5208 单层板的厚度为 0.2 mm,单层板性能参数为 $E_1=181\,\mathrm{GPa}$、$E_2=10.3\,\mathrm{GPa}$、$G_{12}=7.17\,\mathrm{GPa}$、$\mu_{21}=0.28$,求 $[30°/-30°]$ 反对称层合板的刚度系数 A_{ij}、B_{ij}、D_{ij}。

3. 求 $[30°/-30°]_s$ 对称层合板的刚度系数。单层板的性能参数同第2题。

4. 证明 $[\theta/0/-\theta]$ 反对称层合板的刚度系数 $D_{16}=D_{26}=0$。各单层厚度相同。

5. 考虑两种特殊的反对称层合板:$[0°/0°/90°/90°]$ 层合板 A,$[0°/90°/0°/90°]$ 层合板 B。单层板性能和习题1中的相同。比较其耦合刚度系数 B_{11}。

6. 比较两种反对称层合板:$[45°/45°/-45°/-45°]$ 层合板 A 和 $[45°/-45°/45°/-45°]$ 层合板 B 的耦合刚度系数 B_{16}。单层板性能和习题1中的相同。

第6章
层合板结构力学

本章主要介绍层合板的结构行为分析方法,包括层合板的弯曲问题、稳定性问题和振动问题,重点讨论了耦合刚度对结构行为的影响。

学习要点:

(1) 层合平板弯曲平衡方程、屈曲方程与振动方程的推导,针对特殊层合板各方程的简化;

(2) 层合板耦合效应随铺层顺序、层数与层合板厚度的变化规律。

6.1 引 言

层合板作为承力结构多承受弯曲载荷作用,会在使用中表现出失稳与振动特征,与均质结构不同,层合板的弯曲、屈曲与振动需要充分考虑层合结构、铺层等特点,对于一些特殊铺设的层合板可以用于设计具有特定承载特征的结构,这也是层合板具有良好可设计性的突出表现。本章将分别从弯曲问题、稳定性问题和振动问题介绍层合板的结构行为分析方法。

6.2 弯 曲 问 题

作为结构件,层合板的功能是承受垂直于板面的载荷,称为横向载荷。在横向载荷作用下,求解板的挠度、变形及应力分布是弯曲问题的主要内容。本节主要介绍厚度均匀的层合平板弯曲方程的建立与求解方法。

研究的层合平板属于薄板($t < 1/5a$ 或 b, t 为板厚, a、b 为板的两个平面尺寸),满足小变形($w < t/4$)条件,且无面内张力。无论是层合板还是构成层合板的单层均厚度均匀,材料都满足线性弹性假设。

6.2.1 层合平板在横向载荷作用下的平衡微分方程

如图 6.1 所示,受到横向载荷 $q(x,y)$ 作用的层合平板几何尺寸为 $a \times b \times t$,取一微

元体 $dx \times dy \times t$，其中面上作用的外力、内力与内力矩如图 6.2 所示。

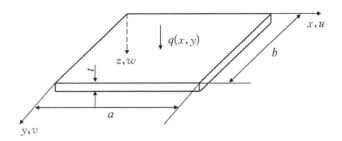

图 6.1　层合平板受横向载荷示意图

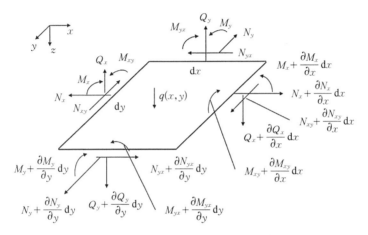

图 6.2　层合平板微元体中面受力示意图

$\{N\}$ 与 $\{M\}$ 定义为单位宽度、整个厚度范围内内力的合力与合力矩：

$$\{N\} = \int \{\sigma\} \, dz \tag{6.1}$$

$$\{M\} = \int \{\sigma\} z \, dz \tag{6.2}$$

其中，M_x 和 M_{yx} 沿 y 轴方向；M_y 和 M_{xy} 沿 x 轴方向。根据互等定理满足 $M_{yx} = M_{xy}$，$N_{yx} = N_{xy}$。

Q_x 和 Q_y 分别定义为 z 轴方向层合板侧面（单位宽度、整个厚度）内力的合力，这与第 5 章中将层合板单层简化为平面应力状态（面外应力不是不存在，而是与平面应力相比可忽略）并不矛盾。

微元体 x 方向的平衡方程：

$$-N_x dy - N_{yx} dx + \left(N_x + \frac{\partial N_x}{\partial x} dx \right) dy + \left(N_{yx} + \frac{\partial N_{yx}}{\partial y} dy \right) dx = 0$$

整理后，得

$$\frac{\partial N_x}{\partial x} + \frac{\partial N_{xy}}{\partial y} = 0 \tag{6.3}$$

同理,建立微元体 y 方向的平衡方程可以得到:

$$\frac{\partial N_y}{\partial y} + \frac{\partial N_{xy}}{\partial x} = 0 \tag{6.4}$$

微元体 z 方向的平衡方程:

$$- Q_x \mathrm{d}y + \left(Q_x + \frac{\partial Q_x}{\partial x}\mathrm{d}x \right)\mathrm{d}y - Q_y \mathrm{d}x + \left(Q_y + \frac{\partial Q_y}{\partial y}\mathrm{d}y \right)\mathrm{d}x + q\mathrm{d}x\mathrm{d}y = 0$$

$$\frac{\partial Q_x}{\partial x} + \frac{\partial Q_y}{\partial y} + q = 0 \tag{6.5}$$

对微元体的 x 向中心轴($\mathrm{d}y/2$)取矩:

$$M_y \mathrm{d}x - \left(M_y + \frac{\partial M_y}{\partial y}\mathrm{d}y \right)\mathrm{d}x + M_{xy}\mathrm{d}y - \left(M_{xy} + \frac{\partial M_{xy}}{\partial x}\mathrm{d}x \right)\mathrm{d}y + Q_y \mathrm{d}x\frac{\mathrm{d}y}{2}$$

$$+ \left(Q_y + \frac{\partial Q_y}{\partial y}\mathrm{d}y \right)\mathrm{d}x\frac{\mathrm{d}y}{2} = 0$$

整理并略去高阶小量 $\left(\dfrac{1}{2}\dfrac{\partial Q_y}{\partial y}\mathrm{d}y \right)$ 得到:

$$\frac{\partial M_y}{\partial y} + \frac{\partial M_{xy}}{\partial x} = Q_y \tag{6.6}$$

同理,对微元体的 y 向中心轴($\mathrm{d}x/2$)取矩,得到:

$$\frac{\partial M_x}{\partial x} + \frac{\partial M_{xy}}{\partial y} = Q_x \tag{6.7}$$

将式(6.6)和式(6.7)代入式(6.5),得到:

$$\frac{\partial^2 M_x}{\partial x^2} + 2\frac{\partial M_{xy}}{\partial x \partial y} + \frac{\partial^2 M_y}{\partial y^2} + q = 0 \tag{6.8}$$

联立式(6.3)、式(6.4)和式(6.8)得到:

$$\begin{cases} \dfrac{\partial N_x}{\partial x} + \dfrac{\partial N_{xy}}{\partial y} = 0 \\[2mm] \dfrac{\partial N_{xy}}{\partial x} + \dfrac{\partial N_y}{\partial y} = 0 \\[2mm] \dfrac{\partial^2 M_x}{\partial x^2} + 2\dfrac{\partial M_{xy}}{\partial x \partial y} + \dfrac{\partial^2 M_y}{\partial y^2} + q = 0 \end{cases} \tag{6.9}$$

式(6.9)即为层合平板横向载荷作用下的平衡微分方程。

6.2.2　平衡方程的位移表达形式

用 $\{u_0, v_0, w\}^{\mathrm{T}}$ 表示层合板中面($z = t/2$)的位移，$\{N\}$ 与 $\{M\}$ 可以表示为

$$\{N\} = \begin{Bmatrix} N_x \\ N_y \\ N_{xy} \end{Bmatrix} = [A] \begin{Bmatrix} \varepsilon_x^0 \\ \varepsilon_y^0 \\ \gamma_{xy}^0 \end{Bmatrix} + [B] \begin{Bmatrix} K_x \\ K_y \\ K_{xy} \end{Bmatrix}$$

$$\{M\} = \begin{Bmatrix} M_x \\ M_y \\ M_{xy} \end{Bmatrix} = [B] \begin{Bmatrix} \varepsilon_x^0 \\ \varepsilon_y^0 \\ \gamma_{xy}^0 \end{Bmatrix} + [D] \begin{Bmatrix} K_x \\ K_y \\ K_{xy} \end{Bmatrix}$$

其中，$[A]$、$[B]$、$[D]$ 分别为拉伸刚度矩阵、耦合刚度矩阵与弯曲刚度矩阵。中面的应变和曲率与中面位移间满足几何方程：

$$\begin{Bmatrix} \varepsilon_x^0 \\ \varepsilon_y^0 \\ \gamma_{xy}^0 \end{Bmatrix} = \begin{Bmatrix} \dfrac{\partial u_0}{\partial x} \\ \dfrac{\partial v_0}{\partial y} \\ \dfrac{\partial u_0}{\partial y} + \dfrac{\partial v_0}{\partial x} \end{Bmatrix}, \begin{Bmatrix} K_x \\ K_y \\ K_{xy} \end{Bmatrix} = \begin{Bmatrix} -\dfrac{\partial^2 w}{\partial x^2} \\ -\dfrac{\partial^2 w}{\partial y^2} \\ -2\dfrac{\partial^2 w}{\partial x \partial y} \end{Bmatrix}$$

为书写方便，略去位移的下标"0"，并用"，"表示对下标的微分。方程(6.9)可以变换为

$$
\begin{aligned}
& A_{11} u_{,xx} + 2A_{16} u_{,xy} + A_{66} u_{,yy} + A_{16} v_{,xx} + (A_{12} + A_{66}) v_{,xy} + A_{26} v_{,yy} \\
& \quad - B_{11} w_{,xxx} - 3B_{16} w_{,xxy} - (B_{12} + 2B_{66}) w_{,xyy} - B_{26} w_{,yyy} = 0 \\
& A_{16} u_{,xx} + (A_{12} + A_{66}) u_{,xy} + A_{26} u_{,xy} + A_{66} v_{,xx} + 2A_{26} v_{,xy} + A_{22} v_{,yy} \\
& \quad - B_{16} w_{,xxx} - (B_{12} + 2B_{66}) w_{,xxy} - 3B_{26} w_{,xyy} - B_{22} w_{,yyy} = 0 \\
& D_{11} w_{,xxxx} + 4D_{16} w_{,xxxy} + 2(D_{12} + 2D_{66}) w_{,xxyy} + 4D_{26} w_{,xyyy} + D_{22} w_{,yyyy} \\
& \quad - B_{11} u_{,xxx} - 3B_{16} u_{,xxy} - (B_{12} + 2B_{66}) u_{,xyy} - B_{26} u_{,yyy} - B_{16} v_{,xxx} \\
& \quad - (B_{12} + 2B_{66}) v_{,xxy} - 3B_{26} v_{,xyy} - B_{22} v_{,yyy} = q(x, y)
\end{aligned}
\tag{6.10}
$$

共三个方程、三个未知数(u, v, w)，结合边界条件，可以求解。

为简化方程(6.10)的写法，引入如下算子：

$$L_{11} = A_{11} \frac{\partial^2}{\partial x^2} + 2A_{16} \frac{\partial^2}{\partial x \partial y} + A_{66} \frac{\partial^2}{\partial y^2}$$

$$L_{12} = A_{16} \frac{\partial^2}{\partial x^2} + (A_{12} + A_{66}) \frac{\partial^2}{\partial x \partial y} + A_{26} \frac{\partial^2}{\partial y^2}$$

$$L_{22} = A_{66} \frac{\partial^2}{\partial x^2} + 2A_{26} \frac{\partial^2}{\partial x \partial y} + A_{22} \frac{\partial^2}{\partial y^2}$$

$$L_{13} = -B_{11} \frac{\partial^3}{\partial x^3} - 3B_{16} \frac{\partial^3}{\partial x^2 \partial y} - (B_{12} + 2B_{66}) \frac{\partial^3}{\partial x \partial y^2} - B_{26} \frac{\partial^3}{\partial y^3} \qquad (6.11)$$

$$L_{23} = -B_{16} \frac{\partial^3}{\partial x^3} - (B_{12} + 2B_{66}) \frac{\partial^3}{\partial x^2 \partial y} - 3B_{26} \frac{\partial^3}{\partial x \partial y^2} - B_{22} \frac{\partial^3}{\partial y^3}$$

$$L_{33} = D_{11} \frac{\partial^4}{\partial x^4} + 4D_{16} \frac{\partial^4}{\partial x^3 \partial y} + 2(D_{12} + 2D_{66}) \frac{\partial^4}{\partial x^2 \partial y^2} + 4D_{26} \frac{\partial^4}{\partial x \partial y^3} + D_{22} \frac{\partial^4}{\partial y^4}$$

这样,方程(6.10)可以简写为

$$L_{11}u + L_{12}v + L_{13}w = 0$$
$$L_{12}u + L_{22}v + L_{23}w = 0 \qquad (6.12)$$
$$L_{13}u + L_{23}v + L_{33}w = q$$

当层合板关于中面对称时, $B_{ij} = 0$, 则 $L_{13} = L_{23} = 0$。 平衡方程简化为

$$L_{11}u + L_{12}v = 0$$
$$L_{12}u + L_{22}v = 0 \qquad (6.13)$$
$$L_{33}w = q$$

可见,对于对称层合板, u、v 的方程(平面问题)与 w 的方程(弯曲问题)独立,可以分别单独求解。

6.2.3　层合平板的挠度方程

一般地,将(6.13)中的第3式称为层合平板的挠度方程,对于对称层合板,其具体形式为

$$D_{11}w_{,xxxx} + 4D_{16}w_{,xxxy} + 2(D_{12} + 2D_{66})w_{,xxyy} + 4D_{26}w_{,xyyy} + D_{22}w_{,yyyy} = q(x,y)$$

$$(6.14)$$

该方程与均匀各向异性平板的挠度方程是一致的,只是系数 D_{ij} 不同。特别地,当 $D_{16} = D_{26} = 0$ 时,即正交各向异性层合板,其挠度方程为

$$D_{11}w_{,xxxx} + 2(D_{12} + 2D_{66})w_{,xxyy} + D_{22}w_{,yyyy} = q(x,y) \qquad (6.15)$$

该方程与均匀正交各向异性板的挠度方程一致。

如果组成层合平板的各单层均为各向同性层(但每层不一定相同),即满足 $D_{16} = D_{26} = 0$, $D_{11} = D_{22} = D_{12} + 2D_{66} = D$, 则层合平板的挠度方程简化为

$$w_{,xxxx} + 2w_{,xxyy} + w_{,yyyy} = q(x,y)/D \qquad (6.16)$$

该方程与各向同性平板的挠度方程在形式上完全一致,只是系数 D 的计算不同。

6.2.4 边界条件

一般情况下的非对称层合平板,需要联合求解平面问题和弯曲问题。相应地,在边界条件中也要同时规定平面边界条件和弯曲边界条件,对于四阶微分方程,每边需要有 4 个边界条件,如图 6.3 所示。

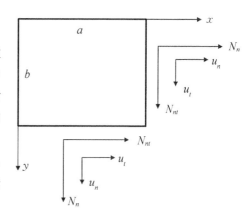

分别用 n 和 t 表示边界平面的法向与切向, u_n 和 u_t 表示法向与切向位移, N_n 和 N_{nt} 表示法向与切向力。

图 6.3 层合平板边界条件示意图

1. 简支边界条件

简支边界条件用 S 表示,对于给定边界位移 $(\bar{u}_n, \bar{u}_t)$ 和边界力 $(\bar{N}_n, \bar{N}_{nt})$,共有 4 种组合:

$$
\begin{aligned}
&S1: w = 0, M_n = 0, u_n = \bar{u}_n, u_t = \bar{u}_t \\
&S2: w = 0, M_n = 0, N_n = \bar{N}_n, u_t = \bar{u}_t \\
&S3: w = 0, M_n = 0, u_n = \bar{u}_n, N_{nt} = \bar{N}_{nt} \\
&S4: w = 0, M_n = 0, N_n = \bar{N}_n, N_{nt} = \bar{N}_{nt}
\end{aligned}
\tag{6.17}
$$

2. 固支边界条件

固支边界条件用 C 表示,同样有 4 种组合:

$$
\begin{aligned}
&C1: w = 0, w_{,n} = 0, u_n = \bar{u}_n, u_t = \bar{u}_t \\
&C2: w = 0, w_{,n} = 0, N_n = \bar{N}_n, u_t = \bar{u}_t \\
&C3: w = 0, w_{,n} = 0, u_n = \bar{u}_n, N_{nt} = \bar{N}_{nt} \\
&C4: w = 0, w_{,n} = 0, N_n = \bar{N}_n, N_{nt} = \bar{N}_{nt}
\end{aligned}
\tag{6.18}
$$

6.2.5 典型简支层合板弯曲问题

以四边简支、承受分布横向载荷 $q(x, y)$ 作用的层合板(图 6.4)的挠度问题求解为例,说明层合板弯曲问题求解过程,讨论耦合刚度对挠度的影响。

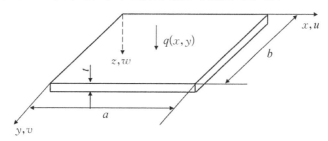

图 6.4 层合平板横向载荷下的变形示意图

首先将横向载荷 $q(x,y)$ 展开为双三角级数：

$$q(x,y) = \sum_{m=1}^{\infty} \sum_{n=1}^{\infty} q_{mn} \sin\frac{m\pi x}{a} \sin\frac{n\pi y}{b} \tag{6.19}$$

式中，m、n 为任意正整数，q_{mn} 可由式（6.20）求出：

$$q_{mn} = \frac{4}{ab}\int_0^a \int_0^b q(x,y) \sin\frac{m\pi x}{a} \sin\frac{n\pi y}{b} \mathrm{d}x\mathrm{d}y \tag{6.20}$$

对于均布载荷，即 $q(x,y) = q_0$，有

$$q(x,y) = q_0 = \sum_{m=1,3,5}^{\infty} \sum_{n=1,3,5}^{\infty} \frac{16q_0}{\pi^2 mn} \sin\frac{m\pi x}{a} \sin\frac{n\pi y}{b} \tag{6.21}$$

以下针对几种特殊层合板分别讨论解的情况。

1. 特殊正交各向异性层合板

考虑的层合板是关于中面对称铺设的正交各向异性板，满足 $B_{ij} = 0$，且 $A_{16} = A_{26} = 0$，$D_{16} = D_{26} = 0$。则该层合板的挠度方程具有式（6.15）的形式：

$$D_{11}w_{,xxxx} + 2(D_{12} + 2D_{66})w_{,xxyy} + D_{22}w_{,yyyy} = q(x,y)$$

简支边界条件：

$$\begin{aligned} x = 0,a: \; &w = 0, M_x = -D_{11}w_{,xx} - D_{12}w_{,yy} = 0 \\ y = 0,b: \; &w = 0, M_y = -D_{12}w_{,xx} - D_{22}w_{,yy} = 0 \end{aligned} \tag{6.22}$$

设中面挠度为以下三角级数形式：

$$w = \sum_{m=1}^{\infty} \sum_{n=1}^{\infty} a_{mn} \sin\frac{m\pi x}{a} \sin\frac{n\pi y}{b} \tag{6.23}$$

该解满足式（6.22）的边界条件。将 w 代入方程（6.15）中，可以求得 a_{mn}：

$$a_{mn} = \frac{q_{mn}/\pi^4}{D_{11}\left(\dfrac{m}{a}\right)^4 + 2(D_{12} + 2D_{66})\left(\dfrac{m}{a}\right)^2\left(\dfrac{n}{b}\right)^2 + D_{22}\left(\dfrac{n}{b}\right)^4} \tag{6.24}$$

因此，对于均布载荷 $[q(x,y) = q_0]$，挠度的解为

$$w = \frac{16q_0}{\pi^6} \frac{\displaystyle\sum_{m=1,3,5}^{\infty} \sum_{n=1,3,5}^{\infty} \frac{1}{mn} \sin\dfrac{m\pi x}{a} \sin\dfrac{n\pi y}{b}}{D_{11}\left(\dfrac{m}{a}\right)^4 + 2(D_{12} + 2D_{66})\left(\dfrac{m}{a}\right)^2\left(\dfrac{n}{b}\right)^2 + D_{22}\left(\dfrac{n}{b}\right)^4} \tag{6.25}$$

在求得挠度 w 后，根据几何方程与物理方程可求得应力。

2. 对称角铺设层合板

考虑的层合板是对称的，满足 $B_{ij} = 0$，由于 D_{16}、D_{26} 不为零，其基本方程具有以下形式：

$$D_{11}w_{,xxxx} + 4D_{16}w_{,xxxy} + 2(D_{12} + 2D_{66})w_{,xxyy} + 4D_{26}w_{,xyyy} + D_{22}w_{,yyyy} = q(x,y)$$

边界条件为

$$\begin{aligned} x = 0, a: & w = 0, M_x = -D_{11}w_{,xx} - D_{12}w_{,yy} - 2D_{16}w_{,xy} = 0 \\ y = 0, b: & w = 0, M_y = -D_{12}w_{,xx} - D_{22}w_{,yy} - D_{26}w_{,xy} = 0 \end{aligned} \tag{6.26}$$

由于 D_{16}、D_{26} 的存在,挠度 w 的表达式不能用双三角级数展开,否则 $w_{,xxxy}$ 和 $w_{,xyyy}$ 将出现正弦和余弦奇次函数,变量不能分离。此外挠度展开式也不满足边界条件,因此可以采用瑞利-里茨(Rayleigh-Ritz)法近似求解。

应变能可表示为

$$U = \frac{1}{2}\iint (M_x K_x + M_y K_x + M_{xy}K_{xy})\mathrm{d}x\mathrm{d}y \tag{6.27}$$

将 $\{M\}$ 定义代入,可以得到:

$$\begin{aligned} U = \frac{1}{2}\iint & \big[(D_{11}K_x + D_{12}K_y + D_{16}K_{xy})K_x + (D_{12}K_x + D_{22}K_y + D_{26}K_{xy})K_y \\ & + (D_{16}K_x + D_{26}K_y + D_{66}K_{xy})K_{xy} \big]\mathrm{d}x\mathrm{d}y \\ = \frac{1}{2}\iint & \{ [D_{11}(w_{,xx})^2 + 2D_{12}w_{,xx}w_{,yy} + D_{22}(w_{,yy})^2 + 4D_{66}(w_{,yy})^2] \\ & + 4D_{16}w_{,xx}w_{,xy} + 4D_{26}w_{,yy}w_{,xy}\}\mathrm{d}x\mathrm{d}y \end{aligned} \tag{6.28}$$

弯曲变形过程中,外力所做的功:

$$W^* = \iint qw\mathrm{d}x\mathrm{d}y \tag{6.29}$$

层合板总势能为

$$\begin{aligned} \Pi = U - W^* = \frac{1}{2}\iint & [D_{11}(w_{,xx})^2 + 2D_{12}w_{,xx}w_{,yy} + D_{22}(w_{,yy})^2 + 4D_{66}(w_{,yy})^2 \\ & + 4D_{16}w_{,xx}w_{,xy} + 4D_{26}w_{,yy}w_{,xy} - 2qw]\mathrm{d}x\mathrm{d}y \end{aligned} \tag{6.30}$$

仍然选取式(6.23)形式的挠度,此时满足位移边界条件,即 $x = 0, a: w = 0$ 和 $y = 0, b: w = 0$,但是不满足力的边界条件,$x = 0, a: M_x \neq 0; y = 0, b: M_y \neq 0$。因此,可用最小势能原理,将 w 的表达式代入总势能表达式,由最小势能原理可知:

$$\frac{\partial \Pi}{\partial a_{mn}} = 0 \tag{6.31}$$

如果选取 $m = 1, 2, \cdots, 7$,$n = 1, 2, \cdots, 7$ 则由式(6.31)可得到 49 个线形代数方程,可解得 49 个未知量 a_{mn}。

对于受均布载荷 q_0 的正方形板,当 $D_{22}/D_{11} = 1$,$(D_{12} + 2D_{66})/D_{11} = 1.5$,$D_{16}/D_{11} = D_{26}/D_{11} = -0.5$ 时,得到层合板最大挠度为

$$w_{\max} = \frac{0.004\,25a^4 q_0}{D_{11}} \tag{6.32}$$

其精确解为 $w_{\max}^* = \dfrac{0.004\,52a^4 q_0}{D_{11}}$，可见式(6.23)的解具有较高的精度。若此时直接忽略 D_{16} 和 D_{26}，即认为 $D_{16}/D_{11} = D_{26}/D_{11} = 0$，其解为

$$w_{\max} = \frac{0.003\,24a^4 q_0}{D_{11}} \tag{6.33}$$

比较以上结果可知，忽略弯曲、扭转耦合刚度后误差约为 28%，所以对于对称角铺设层合板，不允许近似为特殊正交各向异性层合板。

3. 反对称正交铺设层合板

设层合板拉伸刚度满足 $A_{11} = A_{22}$，A_{12}，A_{66}，耦合刚度满足 $B_{22} = -B_{11}$，弯曲刚度满足 $D_{11} = D_{22}$，D_{12}，D_{66}。与特殊正交各向异性层合板相比，出现了 B_{11}、B_{22}。因此，平衡方程是联立的：

$$
\begin{aligned}
&A_{11}u_{,xx} + A_{66}u_{,yy} + (A_{12} + A_{66})v_{,xy} - B_{11}w_{,xxx} = 0 \\
&(A_{12} + A_{66})u_{,xy} + A_{66}v_{,yy} + A_{22}v_{,yy} + B_{11}w_{,yyy} = 0 \\
&D_{11}(w_{,xxxx} + w_{,yyyy}) + 2(D_{12} + 2D_{66})w_{,xxyy} - B_{11}(u_{,xxx} - v_{,yyy}) = q(x,y)
\end{aligned} \tag{6.34}
$$

层合板的边界条件为 S2[式(6.17)的第 2 式]：

$$
\begin{aligned}
&x = 0, a\colon\ w = 0,\ M_x = B_{11}u_{,x} - D_{11}w_{,xx} - D_{12}w_{,yy} = 0 \\
&v = 0,\ N_x = A_{11}u_{,x} - A_{12}v_{,y} - B_{11}w_{,xx} = 0 \\
&y = 0, b\colon\ w = 0,\ M_y = -B_{11}v_{,y} - D_{12}w_{,xx} - D_{22}w_{,yy} = 0 \\
&u = 0,\ N_y = A_{12}u_{,x} + A_{11}v_{,y} + B_{11}w_{,yy} = 0
\end{aligned} \tag{6.35}
$$

位移选取以下形式：

$$
\begin{aligned}
u &= \sum_{m=1}^{\infty}\sum_{m=1}^{\infty} a_{nm}\cos\frac{m\pi x}{a}\sin\frac{n\pi y}{b} \\
v &= \sum_{m=1}^{\infty}\sum_{m=1}^{\infty} b_{nm}\sin\frac{m\pi x}{a}\cos\frac{n\pi y}{b} \\
w &= \sum_{m=1}^{\infty}\sum_{m=1}^{\infty} c_{nm}\sin\frac{m\pi x}{a}\sin\frac{n\pi y}{b}
\end{aligned} \tag{6.36}
$$

选取的位移函数满足平衡方程与边界条件，因此可得精确解。若横向载荷取双三角级数的第 1 项，即

$$q(x,y) = q_0\sin\frac{\pi x}{a}\sin\frac{\pi y}{b} \tag{6.37}$$

将 2、4、6 层和无限多层的矩形反对称正交铺设石墨/环氧层合板的最大挠度值绘于图 6.5 中,无限多层相当于忽略拉伸-弯曲耦合的特殊正交各向异性层合板的解。图中可以看出,对于两层层合板忽略耦合影响,误差很大,即实际的挠度近似为特殊正交层合板的三倍;随层数增加,拉伸-弯曲耦合作用对挠度的影响衰减很快,而且与层合板长宽比 a/b 无关;当层数多于 6 层时,忽略耦合影响带来的误差很小。另外,应注意耦合效应的影响还取决于 E_1/E_2,E_1/E_2 增大,耦合效应也增大,相对于 E_1/E_2,G_{12}/E_2 与 ν_{21} 对挠度的影响较小。

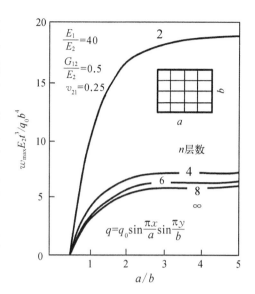

图 6.5　石墨/环氧矩形反对称正交铺设层合板横向正弦载荷下的最大挠度

4. 反对称角铺设层合板

对于反对称角铺设层合板,满足 $A_{16} = A_{26} = D_{16} = D_{26} = 0$,耦合刚度有 B_{16}、B_{26}。基本微分方程为

$$
\begin{aligned}
&A_{11}u_{,xx} + A_{66}u_{,yy} + (A_{12} + A_{66})v_{,xy} - 3B_{16}w_{,xxy} - B_{26}w_{,yyy} = 0\\
&(A_{12} + A_{66})u_{,xy} + A_{66}v_{,xx} + A_{22}v_{,yy} - B_{16}w_{,xxx} - 3B_{26}w_{,xyy} = 0\\
&D_{11}w_{,xxxx} + 2(D_{12} + 2D_{66})w_{,xxyy} + D_{22}w_{,yyyy} - B_{16}(3u_{,xxy} - v_{,xxx})\\
&- 3B_{26}(u_{,yyy} + 3v_{,xyy}) = q(x,y)
\end{aligned}
\tag{6.38}
$$

层合板的边界条件为 $S3$[式(6.17)的第 3 式]:

$$
\begin{aligned}
x = 0, a:\ &w = 0, M_x = B_{16}(u_{,y} + v_{,x}) - D_{11}w_{,xx} - D_{12}w_{,yy} = 0\\
&u = 0, N_{xy} = A_{66}(u_{,y} + v_{,x}) - B_{16}w_{,xx} - B_{26}w_{,yy} = 0\\
y = 0, b:\ &w = 0, M_y = B_{26}(u_{,y} + v_{,x}) - D_{12}w_{,xx} - D_{22}w_{,yy} = 0\\
&v = 0, N_{xy} = A_{66}(u_{,y} + v_{,x}) - B_{16}w_{,xx} - B_{26}w_{,yy} = 0
\end{aligned}
\tag{6.39}
$$

取如下形式的位移:

$$
\begin{aligned}
u &= \sum_{m=1}^{\infty}\sum_{m=1}^{\infty} a_{nm}\sin\frac{m\pi x}{a}\cos\frac{n\pi y}{b}\\
v &= \sum_{m=1}^{\infty}\sum_{m=1}^{\infty} b_{nm}\cos\frac{m\pi x}{a}\sin\frac{n\pi y}{b}\\
w &= \sum_{m=1}^{\infty}\sum_{m=1}^{\infty} c_{nm}\sin\frac{m\pi x}{a}\sin\frac{n\pi y}{b}
\end{aligned}
\tag{6.40}
$$

位移函数满足平衡方程与边界条件,因此得到的是精确解。

对于 $E_1/E_2 = 40$、$G_{12}/E_2 = 0.5$、$\nu_{21} = 0.25$ 的石墨/环氧角铺设层合方板,在载荷

$q(x,y) = q_0 \sin\dfrac{\pi x}{a}\sin\dfrac{\pi y}{b}$ 作用下,最大挠度随铺层角 θ 的变化规律表示在图 6.6 中。显然耦合对两层层合板的影响最大,但随层数增加迅速减小。

对于 $\pm 45°$ 石墨/环氧反对称角铺设层合方板在横向正弦载荷下的最大挠度随模量比的变化规律如图 6.7 所示。可见,除了接近 $E_1/E_2 = 1$ 的模量比外,弯曲与拉伸耦合对挠度的影响是显著的;相同模量比下,随着层数的增加,耦合对挠度的影响降低。

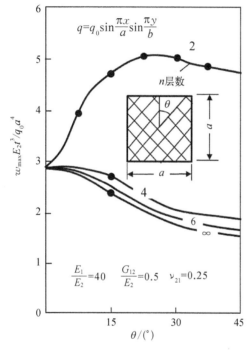

图 6.6　最大挠度随铺层角的变化规律　　图 6.7　最大挠度随模量比的变化规律

综合以上实例,在求得层合板横向载荷下的挠度以后,可以通过几何方程得到应变,进一步通过物理方程得到相应的应力,并进行安全性评价。值得注意的是,在计算应力时应按照各层的刚度系数逐层进行。

6.3　稳定性问题

失稳是指结构从稳定平衡状态进入非稳定平衡状态、失去使用功能的一种结构行为,在材料力学等课程中,介绍过压杆稳定问题。本节介绍的稳定性问题,主要针对层合平板在平面载荷(压缩、剪切)达到一定值时,产生横向挠度,以致初始平直的平衡状态不再稳定,中面挠曲成为曲面,层合平板进入非稳定的平衡状态,通常称板发生了屈曲,相应的载荷值称为临界载荷。从理论上讲,板的屈曲形式和相应的临界载荷值有无穷多个,但实际应用只需要求得其中最小的一个临界载荷值,称之为屈曲载荷。

6.3.1　屈曲方程与边界条件

假设屈曲以前是薄膜应力状态,不考虑拉弯耦合影响,当薄板受平面载荷时,由薄膜状态进入屈曲状态,控制方程为

$$\delta N_{x,x} + \delta N_{xy,x} = 0$$
$$\delta N_{y,y} + \delta N_{xy,x} = 0 \qquad (6.41)$$
$$\delta M_{x,xx} + 2\delta M_{xy,xy} + \delta M_{y,yy} + \overline{N}_x \delta w_{,xx} + 2\overline{N}_{xy} \delta w_{,xy} + \overline{N}_y \delta w_{,yy} = 0$$

式中,δ 表示从屈曲前的平衡状态开始的变分(δN 与 δM 分别为力和力矩的变分、δw 位移的变分);其中合力和合力矩的变分与应变变形的变分的关系仍用经典层合理论的力-中面应变/曲率,力矩-中面应变/曲率关系。用位移表示的屈曲方程与弯曲方程相似(除用变分符号外),但两者有本质不同,弯曲问题数学上属边界值问题,而屈曲问题属求特征值问题,其本质是求引起屈曲的最小载荷,而屈曲后的变形大小是不确定的。

屈曲问题的边界条件仅适用于屈曲变形,因为屈曲前变形假设为薄膜状态,特征值问题的一个明显特点是所有的边界条件都是齐次的,即皆为零,这样简支边界条件为

$$S1：\delta w = 0, \delta M_n = 0, \delta u_n = 0, \delta u_t = 0$$
$$S2：\delta w = 0, \delta M_n = 0, \delta N_n = 0, \delta u_t = 0 \qquad (6.42)$$
$$S3：\delta w = 0, \delta M_n = 0, \delta u_n = 0, \delta N_{nt} = 0$$
$$S4：\delta w = 0, \delta M_n = 0, \delta N_n = 0, \delta N_{nt} = 0$$

固支边界条件为

$$C1：\delta w = 0, \delta w_{,n} = 0, \delta u_n = 0, \delta u_t = 0$$
$$C2：\delta w = 0, \delta w_{,n} = 0, \delta N_n = 0, \delta u_t = 0 \qquad (6.43)$$
$$C3：\delta w = 0, \delta w_{,n} = 0, \delta u_n = 0, \delta N_{nt} = 0$$
$$C4：\delta w = 0, \delta w_{,n} = 0, \delta N_n = 0, \delta N_{nt} = 0$$

6.3.2　平面载荷作用下四边简支层合板的屈曲

考虑沿 x 方向作用均匀平面力 $\overline{N}_x$ 的四边简支矩形层合板的屈曲问题,如图 6.8 所示。与弯曲问题类似,分别讨论以下几种特殊情况。

1. 特殊正交各向异性层合板

所讨论的层合板没有拉弯耦合、拉剪耦合和弯扭耦合,即满足 $B_{ij} = 0$、$A_{16} = A_{26} = 0$、$D_{16} = D_{26} = 0$。该板的屈曲问题可由一个屈曲方程表示:

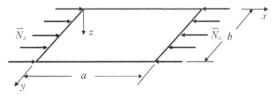

图 6.8　单向均布平面压力作用下的简支矩形层合板

$$D_{11}\delta w_{,xxxx} + 2(D_{12} + 2D_{66})\delta w_{,xxyy} + D_{22}\delta w_{,yyyy} + \overline{N}_x \delta w_{,xx} = 0 \qquad (6.44)$$

边界条件取为四边简支：

$$x = 0, a: \delta w = 0, \delta M_x = -D_{11} \delta w_{,xx} - D_{12} \delta w_{,yy} = 0$$
$$y = 0, b: \delta w = 0, \delta M_y = -D_{12} \delta w_{,xx} - D_{22} \delta w_{,yy} = 0 \tag{6.45}$$

与弯曲问题类似，设满足边界条件的解具有以下形式：

$$\delta w = a_{mn} \sin\frac{m\pi x}{a} \sin\frac{n\pi y}{b} \tag{6.46}$$

式中，m 和 n 分别为 x 和 y 方向的屈曲半波数。将解代入控制方程，得到：

$$\overline{N}_x = \pi^2 \left[D_{11}\left(\frac{m}{a}\right)^2 + 2(D_{12} + 2D_{66})\left(\frac{n}{b}\right)^2 + D_{22}\left(\frac{n}{b}\right)^4 \left(\frac{a}{m}\right)^2 \right] \tag{6.47}$$

显然，当 $n = 1$ 时，$\overline{N}_x$ 有最小值，即临界屈曲载荷为

$$\overline{N}_x = \pi^2 \left[D_{11}\left(\frac{m}{a}\right)^2 + 2(D_{12} + 2D_{66})\left(\frac{1}{b}\right)^2 + D_{22}\left(\frac{1}{b}\right)^4 \left(\frac{a}{m}\right)^2 \right]$$

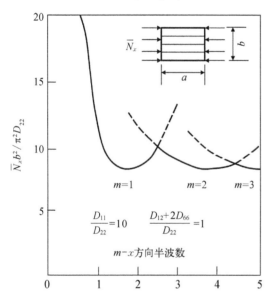

图 6.9 特殊正交各向异性简支矩形层合板单向均布 $\overline{N}_x - a/b$ 关系

不同 m 值下的 $\overline{N}_x$ 最小值并不明显，随不同刚度和板的长宽比而变化。图 6.9 所示为 $D_{11}/D_{22} = 10$，$(D_{12} + 2D_{66})/D_{22} = 1$ 相对于板长宽比（a/b）的 $\overline{N}_x$ 值。对于 $a/b < 2.5$ 的板，在 x 方向以一个半波屈曲，例如方板（$a/b = 1$）的屈曲载荷为

$$\overline{N}_x = \frac{13\pi^2 D_{22}}{b^2}$$

随着 a/b 的增加，在 x 方向板屈曲成更多的半波，且对 a/b 的曲线趋于平坦，接近：

$$\overline{N}_x = \frac{8.325\pi^2 D_{22}}{b^2}$$

2. 对称角铺设层合板

与特殊正交各向异性层合板相比，对称角铺设层合板引入了扭转刚度 D_{16} 和 D_{26}，相应的屈曲方程为

$$D_{11}\delta w_{,xxxx} + 4D_{16}\delta w_{,xxxy} + 2(D_{12} + 2D_{66})\delta w_{,xxyy} + 4D_{26}\delta w_{,xyyy}$$
$$+ D_{22}\delta w_{,yyyy} + \overline{N}_x \delta w_{,xx} = 0 \tag{6.48}$$

简支边界条件为

$$x = 0, a: \delta w = 0, \delta M_x = -D_{11} \delta w_{,xx} - D_{12} \delta w_{,yy} - 2D_{16}\delta w_{,xy} = 0$$
$$y = 0, b: \delta w = 0, \delta M_y = -D_{12} \delta w_{,xx} - D_{22} \delta w_{,yy} - 2D_{26}\delta w_{,xy} = 0 \tag{6.49}$$

由于在变分方程中存在 D_{16} 和 D_{26},因此不能得到封闭解(这与弯曲问题类似)。可以得到近似的瑞利-里茨解,解的形式为

$$\delta w = \sum_{m=1}^{\infty} \sum_{n=1}^{\infty} a_{mn} \sin \frac{m\pi x}{a} \sin \frac{n\pi y}{b} \tag{6.50}$$

该解只满足位移边界条件,不满足力的边界条件,因此,其结果是缓慢地收敛到真实解。

3. 反对称正交铺设层合板

与弯曲问题相同,设层合板拉伸刚度满足 $A_{11} = A_{22}$,A_{12},$A_{66} \neq 0$,耦合刚度满足 $B_{22} = -B_{11}$,弯曲刚度满足 $D_{11} = D_{22}$,D_{12},$D_{66} \neq 0$。屈曲方程是联立的:

$$\begin{aligned}
& A_{11} \delta u_{,xx} + A_{66} \delta u_{,yy} + (A_{12} + A_{66}) \delta v_{,xy} - B_{11} \delta w_{,xxx} = 0 \\
& (A_{12} + A_{66}) \delta u_{,xy} + A_{66} \delta v_{,xx} + A_{22} \delta v_{,yy} + B_{11} \delta w_{,yyy} = 0 \\
& D_{11}(\delta w_{,xxxx} + \delta w_{,yyyy}) + 2(D_{12} + 2D_{66}) \delta w_{,xxyy} \\
& \quad - B_{11}(\delta u_{,xxx} - \delta v_{,yyy}) + \bar{N}_x \delta w_{,xx} = 0
\end{aligned} \tag{6.51}$$

简支边界条件取为 $S2$:

$$\begin{aligned}
& x = 0, a: \delta w = 0, M_x = B_{11} \delta u_{,x} - D_{11} \delta w_{,xx} - D_{12} \delta w_{,yy} = 0 \\
& \delta v = 0, N_x = A_{11} \delta u_{,x} - A_{12} \delta v_{,y} - B_{11} \delta w_{,xx} = 0 \\
& y = 0, b: \delta w = 0, M_y = -B_{11} \delta v_{,y} - D_{12} \delta w_{,xx} - D_{22} \delta w_{,yy} = 0 \\
& \delta u = 0, N_y = A_{12} \delta u_{,x} + A_{11} \delta v_{,y} + B_{11} \delta w_{,yy} = 0
\end{aligned} \tag{6.52}$$

位移变分选取以下形式:

$$\begin{aligned}
\delta u &= \bar{u} \cos \frac{m\pi x}{a} \sin \frac{n\pi y}{b} \\
\delta v &= \bar{v} \sin \frac{m\pi x}{a} \cos \frac{n\pi y}{b} \\
\delta w &= \bar{w} \sin \frac{m\pi x}{a} \sin \frac{n\pi y}{b}
\end{aligned} \tag{6.53}$$

可满足全部边界条件。将位移代入到控制方程,得到:

$$\bar{N}_x = \left(\frac{a}{m\pi}\right)^2 \left(T_{33} + \frac{2T_{12} T_{23} T_{13} - T_{22} T_{13}^2 - T_{11} T_{23}^2}{T_{11} T_{22} - T_{12}^2}\right) \tag{6.54}$$

式中,

$$T_{11} = A_{11} \left(\frac{m\pi}{a}\right)^2 + A_{66} \left(\frac{n\pi}{b}\right)^2, \quad T_{12} = (A_{12} + A_{66}) \frac{m\pi}{a} \frac{n\pi}{b}$$

$$T_{13} = -B_{11} \left(\frac{m\pi}{a}\right)^3, \quad T_{22} = A_{11} \left(\frac{n\pi}{b}\right)^2 + A_{66} \left(\frac{m\pi}{a}\right)^2, \quad T_{23} = B_{11} \left(\frac{n\pi}{a}\right)^3$$

$$T_{33} = D_{11} \left[\left(\frac{m\pi}{a}\right)^4 + \left(\frac{n\pi}{b}\right)^4\right] + 2(D_{12} + 2D_{66}) \left(\frac{m\pi}{a}\right)^2 \left(\frac{n\pi}{b}\right)^2$$

如果 $B_{11} = 0$，则有 $T_{13} = T_{23} = 0$，此时若满足 $D_{11} = D_{22}$，则式(6.54)简化为特殊正交各向异性层合板的解。

式(6.54)是 m、n 的复杂函数，因此必须从包含 m、n 全部整数值的过程研究中找出该式表示的最低屈曲载荷，而不是由 $\bar{N}_x$ 对于 m、n 的一阶偏导数等于零的方法求得。

对 $E_1/E_2 = 40$、$G_{12}/E_2 = 0.5$、$\nu_{21} = 0.25$ 的石墨/环氧反对称正交层合板的数值计算结果表示于图 6.10 中。对于层数少的层合板，耦合影响很大，随着层数增加，这种影响迅速减小，在层数少于 6 层时，耦合影响不可忽略。

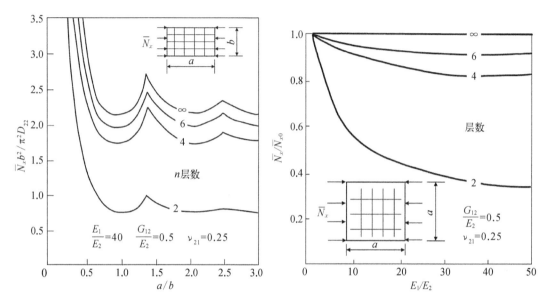

图 6.10　简支反对称正交矩形层合板
单向均布 $\bar{N}_x - a/b$ 关系

图 6.11　简支反对称正交层合方板的
单向相对屈曲载荷

考虑其他复合材料时，耦合对屈曲载荷的影响主要与模量比 E_1/E_2 有关，如图 6.11 所示。图中给出的是用方形正交各向异性板（$B_{11} = 0$）的屈曲载荷 $\bar{N}_{x0}$ 正则化的相对屈曲载荷值 $\bar{N}_x/\bar{N}_{x0}$ 与 E_1/E_2（G_{12}/E_2 和 ν_{21} 取为常数，对屈曲载荷的影响较模量比小）的关系。

可以看出，在一定范围内（图中所示 $E_1/E_2 \leqslant 40$），随着模量比增加，耦合对屈曲载荷的影响明显，然后趋于稳定。耦合对两层层合板的屈曲载荷影响最大，随着层数增加，影响程度降低，6 层以内不可忽略。

4. 反对称角铺设层合板

对于反对称角铺设层合板，$A_{16} = A_{26} = 0$，$D_{16} = D_{26} = 0$，耦合刚度 B_{16}，$B_{26} \neq 0$，相应的屈曲方程为

$$
\begin{aligned}
& A_{11}\delta u_{,xx} + A_{66}\delta u_{,yy} + (A_{12} + A_{66})\delta v_{,xy} - 3B_{16}\delta w_{,xxy} - B_{26}\delta w_{,yyy} = 0 \\
& (A_{12} + A_{66})\delta u_{,xy} + A_{66}\delta v_{,xx} + A_{22}\delta v_{,yy} - B_{16}\delta w_{,xxx} - 3B_{26}\delta w_{,xyy} = 0 \\
& D_{11}\delta w_{,xxxx} + D_{22}\delta w_{,yyyy} + 2(D_{12} + 2D_{66})\delta w_{,xxyy} - B_{16}(3\delta u_{,xxy} - \delta v_{,xxx}) \\
& \quad - B_{26}(\delta u_{,yyy} - 3\delta v_{,xyy}) + \bar{N}_x\delta w_{,xx} = 0
\end{aligned}
\tag{6.55}
$$

简支边界条件取为 S3：

$$x = 0, a: \delta w = 0, \delta M_x = B_{16}(\delta v_{,x} + \delta u_{,y}) - D_{11}\delta w_{,xx} - D_{12}\delta w_{,yy} = 0$$
$$\delta u = 0, \delta N_{xy} = A_{66}(\delta v_{,x} + \delta u_{,y}) - B_{16}\delta w_{,xx} - B_{26}\delta w_{,yy} = 0$$
$$y = 0, b: \delta w = 0, \delta M_y = B_{26}(\delta v_{,x} + \delta u_{,y}) - D_{12}\delta w_{,xx} - D_{22}\delta w_{,yy} = 0 \tag{6.56}$$
$$\delta v = 0, \delta N_{xy} = A_{66}(\delta v_{,x} + \delta u_{,y}) - B_{16}\delta w_{,xx} - B_{26}\delta w_{,yy} = 0$$

位移变分选取以下形式：

$$\delta u = \bar{u}\sin\frac{m\pi x}{a}\cos\frac{n\pi y}{b}$$
$$\delta v = \bar{v}\cos\frac{m\pi x}{a}\sin\frac{n\pi y}{b} \tag{6.57}$$
$$\delta w = \bar{w}\sin\frac{m\pi x}{a}\sin\frac{n\pi y}{b}$$

可满足边界条件和变分方程。得到：

$$\bar{N}_x = \left(\frac{a}{m\pi}\right)^2 \left(T_{33} + \frac{2T_{12}T_{23}T_{13} - T_{22}T_{13}^2 - T_{11}T_{23}^2}{T_{11}T_{22} - T_{12}^2}\right) \tag{6.58}$$

式中，

$$T_{11} = A_{11}\left(\frac{m\pi}{a}\right)^2 + A_{66}\left(\frac{n\pi}{b}\right)^2, T_{12} = (A_{12} + A_{66})\frac{m\pi}{a}\frac{n\pi}{b}$$

$$T_{13} = -\left[3B_{16}\left(\frac{m\pi}{a}\right)^2 + B_{26}\left(\frac{n\pi}{b}\right)^2\right]\left(\frac{n\pi}{b}\right), T_{22} = A_{22}\left(\frac{n\pi}{b}\right)^2 + A_{66}\left(\frac{m\pi}{a}\right)^2$$

$$T_{23} = -\left[B_{16}\left(\frac{m\pi}{a}\right)^2 + 3B_{26}\left(\frac{n\pi}{b}\right)^2\right]\left(\frac{m\pi}{a}\right)$$

$$T_{33} = D_{11}\left(\frac{m\pi}{a}\right)^4 + 2(D_{12} + 2D_{66})\left(\frac{m\pi}{a}\right)^2\left(\frac{n\pi}{b}\right)^2 + D_{22}\left(\frac{n\pi}{b}\right)^4$$

如果 $B_{16} = B_{26} = 0$，则有 $T_{13} = T_{23} = 0$，则式 (6.58) 简化为特殊正交各向异性层合板的解。$\bar{N}_x$ 的特性与反对称正交铺设层合板的解具有相同的变化规律。

图 6.12 给出了 $E_1/E_2 = 40$、$G_{12}/E_2 = 0.5$、$\nu_{21} = 0.25$ 的石墨/环氧反对称角铺设层合方板的数值结果。弯曲-拉伸耦合刚度对两层层合板的屈曲载荷影响最大，铺设角为 45° 时，影响最大，大约为正交各向异性解的 1/3；层数小于 6 层的反对称角铺设层合板，如果采用特殊正交各向异性板近似，误差显著，因此在设计时需要引起足够的重视。层数为 6 层时，屈曲载荷误差约为 7%，可见，随层数增加，弯曲-拉伸耦合的影响迅速降低。

其他层合板的屈曲载荷随模量比的变化规律如图 6.13 所示，与反对称正交层合板的特性类似。

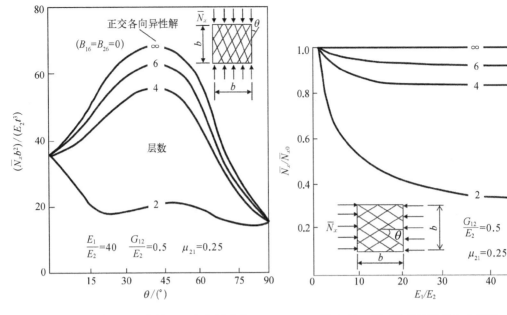

图 6.12 简支反对称角铺设层合方板屈曲
载荷随铺层角的变化

图 6.13 反对称角铺设层合方板的
单向相对屈曲载荷

6.4 振 动 问 题

板的振动问题与屈曲问题类似,是一个特征值问题,主要是求解板的频率和振型。本节以边界简支的特殊正交各向异性、对称角铺设、反对称正交铺设与反对称角铺设四种层合板的自由振动频率求解来讨论层合平板的自由振动问题(图 6.14),将重点关注扭转耦合与弯曲-拉伸耦合刚度对振动特性的影响。

与屈曲问题类似,板的固有频率理论上有无穷多个,其中最低的频率称为板的基频。与屈曲问题不同的是工程应用上除基频外,有时也需要求出其他更高阶的频率值。另外,往往需要了解相应于各阶频率的振型。

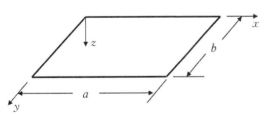

图 6.14 简支矩形层合平板

6.4.1 特殊正交各向异性层合板

由于运动方程与静力平衡方程只相差惯性力,因此在式(6.41)中引入惯性力即可得到振动方程:

$$\delta N_{x,x} + \delta N_{xy,y} = 0$$
$$\delta N_{xy,x} + \delta N_{y,y} = 0 \qquad (6.59)$$
$$\delta M_{x,xx} + 2\delta M_{xy,xy} + \delta M_{y,yy} + \rho\delta w_{,tt} = 0$$

式中, ρ 为层合板密度; t 为时间; δ 表示从平衡状态起的变分;挠度变分 δw 不只是坐标而且还是时间的函数。

略去平面载荷,只讨论垂直于中面的横向振动。板的自由振动方程为

$$D_{11}\delta w_{,xxxx} + 2(D_{12} + 2D_{66})\delta w_{,xxyy} + D_{22}\delta w_{,yyyy} + 4D_{16}\delta w_{,xxxy}$$
$$+ 4D_{26}\delta w_{,xyyy} + \rho\delta w_{,tt} = 0 \qquad (6.60)$$

简支边界条件为

$$x = 0, a: \delta w = 0, \delta M_x = -D_{11}\delta w_{,xx} - D_{12}\delta w_{,yy} = 0$$
$$y = 0, b: \delta w = 0, \delta M_y = -D_{12}\delta w_{,xx} - D_{22}\delta w_{,yy} = 0 \qquad (6.61)$$

弹性连续体的自由振动是时间的谐函数,因此选择谐函数解(艾什顿-惠特尼引入):

$$\delta w(x, y, t) = (A\cos\omega t + B\sin\omega t)\delta w(x, y) \qquad (6.62)$$

将此问题分为时间和空间两部分,且选取:

$$\delta w(x, y) = \sin\frac{m\pi x}{a}\sin\frac{n\pi y}{b}$$

可满足振动方程和边界条件。解函数的形式为

$$\delta w(x, y, t) = (A\cos\omega t + B\sin\omega t)\sin\frac{m\pi x}{a}\sin\frac{n\pi y}{b} \qquad (6.63)$$

将式(6.63)代入振动方程,得到:

$$\omega^2 = \frac{\pi^4}{\rho}\left[D_{11}\left(\frac{m}{a}\right)^4 + 2(D_{12} + D_{66})\left(\frac{m}{a}\right)^2\left(\frac{n}{b}\right)^2 + D_{22}\left(\frac{n}{b}\right)^4\right] \qquad (6.64)$$

各频率 ω 对应于不同振型(对应不同 m、n 取值),当 $m = n = 1$ 时得到基频(最低频率)。

对于 $D_{11}/D_{22} = 10$ 和 $(D_{12} + 2D_{66})/D_{22} = 1$ 的特殊正交各向异性方板,计算其前4阶振型,列于表6.1中。作为对比,列出了各向同性板($D_{11} = D_{22} = D_{12} + 2D_{66} = D$, $D_{66} = \frac{1-\nu}{2}D$, $D = \frac{Et^2}{12(1-\nu^2)}t$, t 为板厚)的相应频率。

表6.1 特殊正交各向异性和各向同性简支方板自由振动频率

振 型	特殊正交各向异性			各 向 同 性		
	m	n	K	m	n	K^*
1	1	1	3.605 55	1	1	2
2	1	2	5.830 95	1	2	5
3	1	3	10.440 31	2	1	5
4	2	1	12.961 48	2	2	8

表 6.1 中,对于特殊正交各向异性板 ω 与系数 K 分别为

$$\omega = \frac{K\pi^2}{a^2}\sqrt{\frac{D_{22}}{\rho}} \tag{6.65}$$

$$K = \sqrt{10\,m^4 + 2m^2n^2 + n^4}$$

对于各向同性板:

$$\omega = \frac{K^*\pi^2}{a^2}\sqrt{\frac{D}{\rho}} \tag{6.66}$$

$$K^* = m^2 + n^2$$

从表 6.1 中数据可以看出,层合板的频率均高于各向同性板,层合板的频率显示了方向性,$m = 1$、$n = 2$ 时的频率低于 $m = 2$、$n = 1$ 时的频率,而各向同性板则频率相同,两种板前四阶振型如图 6.15 所示,图中虚线表示该处任何时间挠度为零。

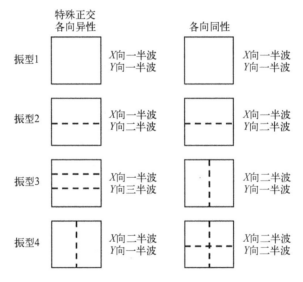

图 6.15　简支特殊正交各向异性方板和各向同性方板的振型

6.4.2　对称角铺设层合板

与特殊正交各向异性层合板相比,对称角铺设层合板由于 D_{16} 和 D_{26} 的存在(剪切耦合刚度 A_{16} 和 A_{26} 由于控制方程非联立,对挠度影响不大)而存在差别。其控制方程为

$$\begin{aligned}
&D_{11}\delta w_{,xxxx} + 4D_{16}\delta w_{,xxxy} + 2(D_{12} + 2D_{66})\delta w_{,xxyy} \\
&\quad + 4D_{26}\delta w_{,xyyy} + D_{22}\delta w_{,yyyy} + \rho\delta w_{,tt} = 0
\end{aligned} \tag{6.67}$$

简支边界条件为

$$x = 0, a : \delta w = 0, \delta M_x = -D_{11}\delta w_{,xx} - D_{12}\delta w_{,yy} - 2D_{16}\delta w_{,xy} = 0$$
$$y = 0, b : \delta w = 0, \delta M_y = -D_{12}\delta w_{,xx} - D_{22}\delta w_{,yy} - 2D_{26}\delta w_{,xy} = 0 \tag{6.68}$$

与前面讨论过的问题类似,控制方程与边界条件中因 D_{16} 和 D_{26} 的存在而不存在封闭解,依然选取如下形式的挠度变分:

$$\delta w(x,y,t) = \sum_{m=1}^{\infty}\sum_{m=1}^{\infty} a_{nm}(t)\sin\frac{m\pi x}{a}\sin\frac{n\pi y}{b}$$

满足位移边界条件但不满足力的边界条件,利用最小势能原理瑞利-里茨法求得近似解。

6.4.3　反对称正交铺设层合板

由于存在拉弯耦合,振动方程是联立的。对于 $A_{22} = A_{11}$、$B_{22} = -B_{11}$、$D_{22} = D_{11}$ 的层合板的控制方程为

$$A_{11}\delta u_{,xx} + A_{66}\delta u_{,yy} + (A_{12} + A_{66})\delta v_{,xy} - B_{11}\delta w_{,xxx} = 0$$
$$(A_{12} + A_{66})\delta u_{,xy} + A_{66}\delta v_{,xx} + A_{22}\delta v_{,yy} + B_{11}\delta w_{,yyy} = 0$$
$$D_{11}(\delta w_{,xxxx} + \delta w_{,yyyy}) + 2(D_{12} + 2D_{66})\delta w_{,xxyy}$$
$$- B_{11}(\delta u_{,xxx} - \delta v_{,yyy}) + \rho\delta w_{,tt} = 0 \tag{6.69}$$

取简支边界条件为 S2,选取如下位移变分:

$$\delta u(x,y,t) = \sum_{m=1}^{\infty}\sum_{m=1}^{\infty} u_0\cos\frac{m\pi x}{a}\sin\frac{n\pi y}{b}e^{i\omega t}$$
$$\delta v(x,y,t) = \sum_{m=1}^{\infty}\sum_{m=1}^{\infty} v_0\sin\frac{m\pi x}{a}\cos\frac{n\pi y}{b}e^{i\omega t} \tag{6.70}$$
$$\delta w(x,y,t) = \sum_{m=1}^{\infty}\sum_{m=1}^{\infty} w_0\sin\frac{m\pi x}{a}\sin\frac{n\pi y}{b}e^{i\omega t}$$

式中, $e^{i\omega t} = A\cos\omega t + B\sin\omega t$。在任何时刻都满足控制方程和边界条件,代入控制方程得到:

$$\omega^2 = \frac{1}{\rho}\left(T_{33} + \frac{2T_{12}T_{23}T_{13} - T_{22}T_{13}^2 - T_{11}T_{23}^2}{T_{11}T_{22} - T_{12}^2}\right) \tag{6.71}$$

式中, $T_{ij}(i,j=1,2,3)$ 的定义与屈曲问题中的式(6.54)相同。若有 $B_{11} = 0$,则 $T_{13} = T_{23} = 0$,式(6.71)可以简化为式(6.64)。

将式(6.71)作为 m 和 n 的函数处理,求极小值,基频相应于 $m=1$ 和 $n=1$。对于 $E_1/E_2 = 40$, $G_{12}/E_2 = 0.5$ 和 $\nu_{21} = 0.25$ 的石墨/环氧反对称正交铺设层合板的数值计算结果如图 6.16 所示,拉伸和弯曲的耦合影响降低了板的振动频率,耦合的影响随层合板层数增加而减小。

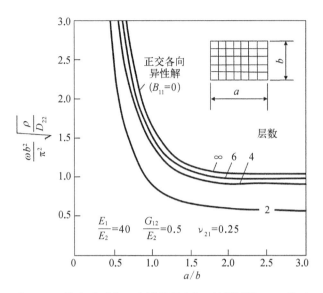

图 6.16　简支反对称正交铺设层合矩形板基频与 a/b 关系

6.4.4　反对称角铺设层合板

振动方程为

$$
\begin{aligned}
&A_{11}\delta u_{,xx} + A_{66}\delta u_{,yy} + (A_{12}+A_{66})\delta v_{,xy} - 3B_{16}\delta w_{,xxy} - B_{26}\delta w_{,xyy} = 0 \\
&(A_{12}+A_{66})\delta u_{,xy} + A_{66}\delta v_{,xx} + A_{22}\delta v_{,yy} - B_{16}\delta w_{,xxx} - 3B_{26}\delta w_{,xyy} = 0 \\
&D_{11}(\delta w_{,xxxx} + \delta w_{,yyyy}) + 2(D_{12}+2D_{66})\delta w_{,xxyy} - B_{16}(3\delta u_{,xxy} + \delta v_{,xxx}) \\
&- B_{26}(\delta u_{,yyy} + 3\delta v_{,xyy}) + \rho\delta w_{,tt} = 0
\end{aligned}
\tag{6.72}
$$

简支边界条件为 $S3$［式(6.56)］。选取位移变分为

$$
\delta u = u_0 \sin\frac{m\pi x}{a}\cos\frac{n\pi y}{b}\mathrm{e}^{\mathrm{i}\omega t}
$$

$$
\delta v = v_0 \cos\frac{m\pi x}{a}\sin\frac{n\pi y}{b}\mathrm{e}^{\mathrm{i}\omega t}
\tag{6.73}
$$

$$
\delta w = w_0 \sin\frac{m\pi x}{a}\sin\frac{n\pi y}{b}\mathrm{e}^{\mathrm{i}\omega t}
$$

满足边界条件和振动方程,代入振动方程可求得

$$
\omega^2 = \frac{1}{\rho}\left(T_{33} + \frac{2T_{12}T_{23}T_{13} - T_{22}T_{13}^2 - T_{11}T_{23}^2}{T_{11}T_{22} - T_{12}^2}\right)
\tag{6.74}
$$

式中, $T_{ij}(i,j=1,2,3)$ 的定义与屈曲问题中的式(6.58)中相应项相同。如果 $B_{16}=B_{26}=0$,则 $T_{13}=T_{23}=0$,式(6.74)可以简化为式(6.64)。

对于 $E_1/E_2=40$, $G_{12}/E_2=0.5$ 和 $\nu_{21}=0.25$ 的石墨/环氧反对称角铺设层合方板,基

频随铺层角变化的数值计算结果如图 6.17 所示,随着层合板层数增加,拉伸和弯曲的耦合对基频的影响减小,其他复合材料也有类似的规律。

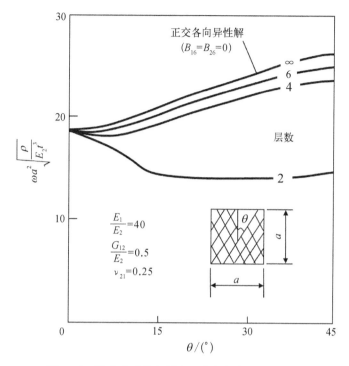

图 6.17　简支反对称角铺设层合方板基频与 θ 关系

6.5　本 章 小 结

本章主要介绍了层合板的结构行为分析方法,包括层合板的弯曲问题、稳定性问题和振动问题,分析了耦合刚度对结构行为的影响。

课 后 习 题

1. 推导方程(6.10)。

2. 证明:由各向同性单层构成的层合板(各单层性能不同)在均布横向载荷下的弯曲方程为 $w_{,xxxx} + 2w_{,xxyy} + w_{,yyyy} = q/D$($D$ 为常数)。

3. 将方程(6.41)写成式(6.10)的形式。

4. 四边简支矩形薄板 $[\,0°t_1/90°2t_1/0°t_1\,]$,$a = 100$ cm,$b = 200$ cm,$t = 1.8$ cm。已知单层板特性:$E_1 = 1.0 \times 10^5$ MPa,$E_2 = 2.0 \times 10^4$ MPa,$\nu_{21} = 0.2$,$G_{21} = 5.0 \times 10^3$ MPa,密度 $\rho = 1.6$ g/cm³。求:(1) 均布载荷 $q_0 = 1.0 \times 10^{-3}$ MPa 作用下,板中点挠度;(2) 面内临界屈曲压缩载荷 $(N_x)_{cr}$;(3) 板的自振基频 ω。

第7章
复合材料渐近损伤分析方法

本章主要介绍复合材料损伤概念、损伤类型、含损伤的材料本构、初始损伤判据以及损伤演化模型,对单向复合材料横向损伤过程进行了分析。

学习要点:

(1) 掌握材料损伤概念、复合材料损伤特点、在复合材料本构中如何考虑损伤;

(2) 掌握损伤演化率、通过断裂能降低数值计算的网格依赖性以及复合累积损伤分析的数值计算过程。

7.1 引　言

复合材料结构在外力作用下会出现多种损伤模式,不同的损伤模式会相互作用,复合材料结构刚度性能降低,并且表现为渐近损伤失效。损伤是材料内部微细观结构状态对应的力学效应的宏观表征量,描述材料发生了一种不可逆的能量耗散过程。Kachanov 在 1958 年研究金属蠕变断裂过程中首次引入了"连续性因子"和"有效应力"的概念来描述低应力脆性蠕变损伤的过程。Rabotnov 在 1963 年进一步引入"损伤因子"的概念。1986 年,Kachanov 出版了第一本有关损伤力学的专著。1992 年,Lemaitre 出版了有关损伤力学的教程。研究材料损伤的方法大致分为细观方法、宏观唯象方法和统计学方法。细观方法是利用透镜和扫描电镜等近代力学方法和手段来观察微观尺度的物理现象和研究损伤演变的物理机制,但该方法很难与宏观力学响应之间建立联系;宏观唯象方法以连续介质损伤力学和不可逆热力学为基础,从宏观现象出发研究材料宏观的力学行为,对于不同的损伤机制引入不同的损伤变量,从而得到不同形式的损伤演化方程,结合宏观试验确定参数,得到能够真实描述材料力学行为的含损伤的本构关系;统计学方法是依据微裂纹和微缺陷的随机性,把损伤变量用一个随机特征的场变量来描述,进而构造材料的损伤模型。损伤变量代表材料性能的平均衰减,反映材料在微观尺度空洞的生成和扩展、空穴和其他微观裂纹等,并且引入有效应力的概念建立表观应力和损伤变量的联系。关于复合材料渐近损伤分析,需要探讨引入损伤变量、建立损伤演化方程、确定初始损伤条件和损伤破坏准则以及形成材料的损伤本构关系。

7.2　损伤的基本概念

损伤变量是根据所研究材料内部存在的微细观缺陷特征引入的变量，一般损伤变量定义有宏观和微观基准量：宏观基准量包括弹性常数、电阻、密度、重量、延伸率、屈服应力和声速等；微观基准量包括空隙的几何特征（形状、取向、排列方式、长度、面积和体积等）。

Kachanov 和 Rabotnov 通过有效面积定义了损伤变量。设单向拉伸试件的原始截面面积为 A_0，材料发生损伤后表观横截面面积为 A，其中空隙的总面积为 A_ω，净承载面积（有效面积）为 A_{eff}，此时 $A_\omega + A_{eff} = A$，定义连续性因子 $\psi = A_{eff}/A$，损伤变量为 $\omega = A_\omega/A$，则有 $\omega + \psi = 1$。材料未出现损伤在初始状态下，即 $t = t_0$、$\omega = 0$、$\psi = 1$；材料损伤发展到极限状态下，即 $t = t_R$、$\omega = 1$、$\psi = 0$。

由于通过缺陷面积来确定损伤变量存在一定的困难，因此可以把空隙视为第二相材料，根据材料弹性模量的混合率，则受损材料的弹性模量为

$$E(\omega) = E_0(1 - \omega) + E_V\omega \tag{7.1}$$

其中，ω 为空隙所占有的体积分数；E_0 为初始材料未发生损伤时的弹性性能；E_V 为空隙对应的弹性性能，一般 $E_V = 0$。则式（7.1）可写为

$$\omega = 1 - \frac{E(\omega)}{E_0} \tag{7.2}$$

因此材料的损伤可以由材料弹性性能的降低来描述，损伤变量可通过材料弹性模量的变化来测定。上述损伤变量与孔隙的几何形状有关，忽略了孔隙间的相互作用和微应力集中的影响。

纤维复合材料的基本损伤类型有基体开裂、纤维断裂、纤维与基体界面脱黏以及分层（图 7.1）。通常损伤模式单独地或结合在一起发生，占支配的一种或多种损伤模式取决于纤维、基体界面三者的相对强度、刚度及纤维取向、铺层形式及载荷条件等。Reifsnider 研究了复合材料疲劳损伤的过程，在加载初期（疲劳寿命的 15% 以下）复合材料内部出现了基体开裂，然后出现界面脱黏与基体开裂共存，加载到疲劳寿命的 20% 左右基体开裂达到饱和（呈现等间距形式），在疲劳寿命的 50% 左右出现分层、纤维折断或拔出，最后复合材料层板破坏。

复合材料的弹性性能表现为各向异性，并且损伤与破坏模式直接相关，因此与各向同性损伤不同，在不同的方向需要采用不同的损伤变量来描述。Murakami 采用二阶对称张量来描述空间损伤状态：

$$\omega = \sum_{j=1}^{3} \omega_j \cdot n_j \otimes n_j \tag{7.3}$$

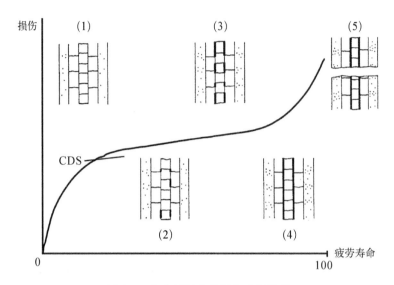

图 7.1　复合材料疲劳损伤破坏模式

（1）基体开裂;（2）基体开裂伴随界面脱黏;（3）分层;（4）纤维断裂或拔出;（5）整体破坏

其中, n_j 为损伤主方向单位矢量; ω_j 为主值,其物理意义为垂直于三个损伤主方向的 n_j 平面内孔隙面积密度。

对于单向复合材料,纤维方向与垂直纤维方向需要采用不同的损伤变量来描述。对于单向纤维增强复合材料,假设材料的主损伤坐标轴与纤维局部坐标轴相一致,则三个主损伤值 ω_1、ω_2 和 ω_3 可由公式(7.3)描述,用三个主轴 1、2、3 方向有效面积的减少来表示损伤状态,其中 1 方向为沿纤维方向,2 和 3 方向为纤维的横向。

单层板是复合材料层合板的基本单元,通过铺设不同方向的单层板可设计出不同的复合材料层合板。单层板是二维的单向纤维材料,定义材料坐标系时可定义纤维在 1-2 平面内,1 方向对应纤维方向。对于单层板,由于厚度方向尺寸小,可定义为平面应力状态下的正交各向异性材料。可以考虑单层板不同的破坏模式:纤维拉伸断裂、纤维压缩屈曲和扭曲、基体横向拉伸剪切开裂以及基体横向压缩剪切压裂。对于单层板,纤维纵向损伤为 ω_1,纤维横向损伤为 ω_2。

7.3　材料的含损伤本构关系

Lemaitre 应变等价原理指出:"对于任何损伤的材料,不论是弹性、塑性,还是黏弹性、黏弹塑性,在单轴或多轴应力状态下的变形状态都可通过原始无损材料本构关系来描述,只是把本构关系中的柯西应力由有效应力替换即可。"

把各向同性损伤模型的有效应力的概念推广到各向异性的情况,则有效应力为

$$\bar{\sigma} = M(\omega) : \sigma \tag{7.4}$$

其中, σ 为材料的表观应力; $M(\omega)$ 为损伤因子张量(为四阶张量,当无损伤时其为单位

张量 I)。

假设损伤主轴与表观应力主轴坐标轴重合,则有

$$\bar{\sigma}_i = \frac{\sigma_i}{1 - \omega_i} = \phi_i \sigma_i \quad (i = 1,2,3) \tag{7.5}$$

则损伤因子为

$$\phi_i = \frac{1}{1 - \omega_i} \quad (i = 1,2,3) \tag{7.6}$$

其中,ω_i 为损伤主值。

由于有效应力仍然为对称张量,并且满足坐标转换规律,则损伤因子张量可写为

$$\bar{\sigma} = M(\omega) : \sigma = \phi^{1/2} : \sigma : \phi^{1/2} \tag{7.7}$$

其中,$M(\omega)$ 为四阶损伤张量。

以单向拉伸的线弹性材料为例,其损伤本构关系为

$$\varepsilon = \frac{\bar{\sigma}}{E} = \frac{\sigma}{E(1 - \omega)} \tag{7.8}$$

对 ε 做全微分,则

$$\mathrm{d}\varepsilon = \frac{\mathrm{d}\sigma}{E(1 - \omega)} + \frac{\sigma \mathrm{d}\omega}{E(1 - \omega)^2}$$

定义有效弹性模量 $\bar{E} = E(1 - \omega)$,又由于材料卸载时损伤增量为零,则受损材料的有效弹性模量为卸载弹性模量,则

$$\bar{E} = \frac{\mathrm{d}\sigma}{\mathrm{d}\varepsilon} \tag{7.9}$$

因此损伤变量可通过测试材料的卸载弹性模量来确定,如图 7.2 所示。

对于单向纤维增强复合材料,其材料主轴方向的损伤由公式(7.3)来描述。可采用 Cordebos-Sidoroff 能量假设把损伤变量引入到刚度或者柔度矩阵中,从而得到刚度或柔度随损伤的变化,即

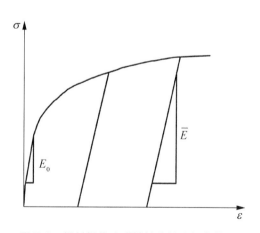

图 7.2　材料损伤由弹性性能的降低来描述

$$\bar{E}^{-1}(\omega) = M^T(\omega) : E^{-1} : M(\omega) \tag{7.10}$$

其中,E^{-1} 为未损伤材料的柔度;$\bar{E}^{-1}(\omega)$ 为损伤材料的柔度。$M(\omega)$ 写为矩阵的形式为

$$M(\omega) = \begin{bmatrix} \dfrac{1}{1-\omega_1} & 0 & 0 & 0 & 0 & 0 \\ 0 & \dfrac{1}{1-\omega_2} & 0 & 0 & 0 & 0 \\ 0 & 0 & \dfrac{1}{1-\omega_3} & 0 & 0 & 0 \\ 0 & 0 & 0 & \dfrac{(1-\omega_1)+(1-\omega_2)}{2(1-\omega_1)(1-\omega_2)} & 0 & 0 \\ 0 & 0 & 0 & 0 & \dfrac{(1-\omega_3)+(1-\omega_2)}{2(1-\omega_3)(1-\omega_2)} & 0 \\ 0 & 0 & 0 & 0 & 0 & \dfrac{(1-\omega_1)+(1-\omega_3)}{2(1-\omega_1)(1-\omega_3)} \end{bmatrix}$$

$$(7.11)$$

由式(7.12)求逆可得到单向纤维增强复合材料受损伤后的刚度矩阵为

$$C(\omega) = \begin{bmatrix} b_L^2 Q_{11} & b_L b_T Q_{12} & b_L b_Z Q_{13} & 0 & 0 & 0 \\ & b_T^2 Q_{22} & b_T b_Z Q_{23} & 0 & 0 & 0 \\ & & b_Z^2 Q_{33} & 0 & 0 & 0 \\ & \text{sym} & & b_{LT} Q_{44} & 0 & 0 \\ & & & & b_{ZL} Q_{55} & 0 \\ & & & & & b_{TZ} Q_{66} \end{bmatrix} \quad (7.12)$$

其中，$b_L = 1 - \omega_1$；$b_T = 1 - \omega_2$；$b_Z = 1 - \omega_3$；$b_{LT} = \left[\dfrac{2(1-\omega_1)(1-\omega_2)}{2-\omega_1-\omega_2}\right]^2$；$b_{TZ} = \left[\dfrac{2(1-\omega_2)(1-\omega_3)}{2-\omega_2-\omega_3}\right]^2$；$b_{ZL} = \left[\dfrac{2(1-\omega_3)(1-\omega_1)}{2-\omega_3-\omega_1}\right]^2$；$Q_{ij}$, $(i,j = L,T,Z)$ 是单向纤维复合材料未损伤时的刚度矩阵项。

对于单层板，材料只发生面内的纤维纵向、纤维横向和剪切损伤，其损伤后材料的应力应变关系可写为

$$\sigma = C(\omega) : \varepsilon \quad (7.13)$$

其中，$C(\omega) = \dfrac{1}{D}\begin{bmatrix} (1-\omega_1) E_1 & (1-\omega_1)(1-\omega_2)\nu_{21}E_1 & 0 \\ (1-\omega_1)(1-\omega_2)\nu_{12}E_2 & (1-\omega_2)E_2 & 0 \\ 0 & 0 & (1-\omega_{12})GD \end{bmatrix}$；

$D = 1 - (1-\omega_1)(1-\omega_2)\nu_{12}\nu_{21}$；$E_1$、$E_2$、$\nu_{12}$ 和 G 分别是纤维的纵向模量、横向模量、泊松比及剪切模量；ω_1 是纤维纵向损伤；ω_2 是纤维横向损伤；ω_{12} 是剪切损伤。

如果对纤维纵向损伤和纤维横向损伤区分拉压模式，则 ω_1、ω_2 和 ω_{12} 可写为

$$\omega_1 = \begin{cases} \omega_1^t & \bar{\sigma}_{11} \geqslant 0 \\ \omega_1^c & \bar{\sigma}_{11} < 0 \end{cases} \qquad (7.14)$$

$$\omega_2 = \begin{cases} \omega_2^t & \bar{\sigma}_{22} \geqslant 0 \\ \omega_2^c & \bar{\sigma}_{22} < 0 \end{cases} \qquad (7.15)$$

$$\omega_{12} = 1 - (1 - \omega_1^t)(1 - \omega_1^c)(1 - \omega_2^t)(1 - \omega_2^c) \qquad (7.16)$$

其中，ω_1^t 和 ω_1^c 是纤维纵向拉伸和压缩损伤；ω_2^t 和 ω_2^c 是纤维横向拉伸和压缩损伤。

另外，由于沿纤维方向一般表现为脆性断裂，当沿纤维方向出现损伤后纤维方向的刚度会迅速下降，因此为了计算方便也可采用刚度折减模型，具体的折减形式为

$$\begin{aligned}
&E_1 = 0.001E_1^0 \qquad \omega_1 > 0 \\
&E_2 = \max[0.001, \min(\omega_2, \omega_{12})]E_2^0 \\
&E_3 = \max[0.001, \min(\omega_2, \omega_{12})]E_3^0 \\
&G_{12} = \max[0.001, \min(\omega_2, \omega_{12})]G_{12}^0 \\
&G_{13} = \max[0.001, \min(\omega_2, \omega_{12})]G_{13}^0
\end{aligned} \qquad (7.17)$$

其中，上标 0 表示材料未发生损伤时的弹性性能。

Blackkette 假设纤维复合材料损伤后对泊松比没有影响，给出了对应复合材料不同破坏模式的折减方案(表 7.1)，经过数值计算分析发现该折减方案能有效分析纤维复合材料的破坏过程，并且数值计算的收敛性较好。

表 7.1　Blackkette 材料性能折减方案

破 坏 模 式	E_1	E_2	E_3	G_{12}	G_{13}	G_{23}
纤维拉伸、压缩破坏	0.01	0.01	0.01	0.2	0.2	0.2
基体拉伸、压缩破坏	是	0.01	是	0.2	是	0.2
分层破坏	是	是	0.01	是	0.2	0.2
纤维拔出	是	是	是	0.2	0.2	是

7.4　复合材料初始损伤判据

复合材料初始损伤准则与应力和实验强度值相关，如最大应力准则、最大应变准则、Tsai-Hu 准则、Tsai-Hill 准则、Hoffman 准则和 Hashin 准则等。但最大应力准则和最大应变准则不考虑应力相互作用的影响，预测的强度值偏大或偏小，另外 Tsai-Hill 准则、Tsai-Hu 准则和 Hoffman 准则虽然考虑了应力的相互作用但也不区分材料的破坏模式。复合材料在不同的应力作用下表现为不同的破坏模式，因此在复合材料渐近损伤分析过程中需要区分不同破坏模式的初始损伤判据来判定对应损伤变量的出现及演化。对于单向纤维增强复合材料，其破坏模式可以分为 4 类：L 纵向拉伸剪切、L 纵向压缩剪切、TZ 横向拉伸

剪切、TZ 横向压缩剪切破坏,LTZ 方向如表 7.2 所示。Hashin、Puck 和 Cuntze 对纤维增强复合材料建立了基于破坏模式的破坏准则。为了区分不同的破坏模式,有学者通过 Tsai-Wu 和 Hoffman 准则判断损伤的开始,利用应力强度比来区分纤维增强复合材料的不同破坏模式,具体如表 7.2 所示,其中,$\bar{\sigma}_1$ 是单向纤维复合材料纵向等效应力;$\bar{\sigma}_2$ 是单向纤维复合材料横向等效应力;$\bar{\sigma}_3$ 是单向纤维复合材料横向等效应力(单层板中假设横向等效应力为零);$\bar{\tau}_{12}$ 是单向纤维复合材料纵向等效剪切应力;$\bar{\tau}_{31}$ 和 $\bar{\tau}_{23}$ 是单向纤维复合材料横向等效剪切应力(单层板中假设该横向等效剪切应力为零);F_L^t 和 F_T^t 是单向纤维增强复合材料纵向和横向拉伸强度;F_L^c 和 F_T^c 是单向纤维增强复合材料纵向和横向压缩强度;F_{LT}^s 是单向纤维增强复合材料纵向剪切强度;F_{TZ}^s 和 F_{ZL}^s 横向剪切强度。

表 7.2 单向纤维增强复合材料的 LTZ 坐标方向及损伤模式

损伤模式	模式 L	模式 $T\&LT$	模式 $Z\&ZL$	模式 TZ
应力强度比	$\dfrac{\bar{\sigma}_{11}^2}{F_L^t F_L^c}$	$\dfrac{\bar{\sigma}_{22}^2}{F_T^t F_T^c}$ 或 $\left(\dfrac{\bar{\tau}_{12}}{F_{LT}^s}\right)^2$	$\dfrac{\bar{\sigma}_{33}^2}{F_Z^t F_Z^c}$ 或 $\left(\dfrac{\bar{\tau}_{31}}{F_{ZL}^s}\right)^2$	$\left(\dfrac{\bar{\tau}_{23}}{F_{TZ}^s}\right)^2$

对于单向纤维增强复合材料,根据其性质以及不同的损伤模式可以选择不同的初始损伤判据。对于单层板,存在如下判据准则:

7.4.1 Hashin 初始损伤准则

1973 年 Hashin 通过纤维增强复合材料拉伸实验观察,把纤维增强复合材料的破坏分为纤维破坏和基体破坏两种破坏模式,假设在破坏面上的力二次方相互叠加的形式,具体表示为

$$X_f^t = \left(\frac{\bar{\sigma}_{11}}{F_L^t}\right)^2 + \eta\left(\frac{\bar{\tau}_{12}}{F_{LT}^s}\right)^2 = 1 \qquad \bar{\sigma}_{11} \geqslant 0 \qquad (7.18)$$

$$X_f^c = \left(\frac{\bar{\sigma}_{11}}{F_L^c}\right)^2 = 1 \qquad \bar{\sigma}_{11} < 0 \qquad (7.19)$$

$$X_m^t = \left(\frac{\bar{\sigma}_{22}}{F_T^t}\right)^2 + \left(\frac{\bar{\tau}_{23}}{F_{LT}^s}\right)^2 = 1 \qquad \bar{\sigma}_{22} \geqslant 0 \qquad (7.20)$$

$$X_m^c = \left(\frac{\bar{\sigma}_{22}}{2F_{TZ}^s}\right)^2 + \left[\left(\frac{F_T^c}{2F_{TZ}^s}\right)^2 - 1\right]\frac{\bar{\sigma}_{22}}{F_T^c} + \left(\frac{\bar{\tau}_{12}}{F_{LT}^s}\right)^2 \qquad \bar{\sigma}_{22} < 0 \qquad (7.21)$$

其中,η 是剪切应力对纵向拉伸损伤的贡献因子。

1980 年,Hashin 进一步引入纤维和基体的拉伸和压缩破坏,并且针对不同的破坏模

式给出了不同的光滑破坏面,破坏平面的方向是施加应力状态的函数。因为很难确定材料压缩破坏的断裂平面,Hashin 使用应力不变量的二次方相互叠加的形式。Hashin 准则利用关于纤维方向的 4 个应力不变量和材料的强度值表示,这 4 个应力不变量为

$$I_1 = \sigma_L, I_2 = \sigma_T + \sigma_Z, I_3 = \tau_{TZ}^2 - \sigma_T \sigma_Z, I_4 = \tau_{LT}^2 + \tau_{LZ}^2 \qquad (7.22)$$

纤维增强复合材料纤维拉伸、纤维压缩、横向拉伸、横向压缩准则可以通过这 4 个应力不变量表示:

$$I_1 \geqslant 0: \qquad X_f^t = \left(\frac{I_1}{F_L^t}\right)^2 + \frac{I_4}{(F_{LT}^s)^2} = 1 \qquad (7.23)$$

$$I_1 \leqslant 0: \qquad X_f^c = \left(\frac{I_1}{F_L^c}\right)^2 = 1 \qquad (7.24)$$

$$I_2 \geqslant 0: \qquad X_m^t = \left(\frac{I_2}{F_T^t}\right)^2 + \frac{I_3}{(F_{TZ}^s)^2} + \frac{I_4}{(F_{LT}^s)^2} = 1 \qquad (7.25)$$

$$I_2 \leqslant 0: \qquad X_m^c = \left[\left(\frac{F_T^c}{2F_{TZ}^s}\right)^2 - 1\right]\frac{I_2}{F_T^c} + \left(\frac{I_2}{2F_{TZ}^s}\right)^2 + \frac{I_3}{(F_{TZ}^s)^2} + \frac{I_4}{(F_{LT}^s)^2} = 1 \qquad (7.26)$$

Hashin 准则能区分损伤模式,且考虑了材料主轴应力之间的交互作用影响,但无法解释横向压缩对剪切破坏的抑制效应,也无法确定真实材料损伤断裂面方向。在过去的几十年里,发现 Hashin 准则并不能很好地与纤维增强复合材料的实验结果相符。当纵向剪切强度增加,纤维增强复合材料横向压缩强度也有所增加,这种现象在 Hashin 准则中并没有体现,同时 Hashin 纤维压缩破坏准则也没有考虑纵向剪切强度的影响,该纵向剪切强度会降低纤维的压缩强度。

7.4.2 纤维横向压缩初始损伤准则

在实验中发现大多数单向纤维增强复合材料横向压缩断裂平面角为 $53° \pm 2°$,这种现象主要由于纤维增强复合材料在潜在的横向压缩断裂平面处存在摩擦力。该摩擦力在平面角 $0°$ 时为最大,在平面角 $90°$ 时为零。虽然在平面 $45°$ 的剪切力最大,但摩擦力的方向和断裂方向相反并且随平面角的增大而减小,因此断裂平面角的期望值大于 $45°$,并且由断裂平面的法向应力和剪切应力共同控制。由此通过实验观察更适合使用 Mohr-Coulomb(M-C)准则判断纤维增强复合材料横向压缩破坏,Puck 基于 M-C 准则提出了纤维横向破坏模型。M-C 准则的几何示意图见图 7.3,莫尔圆代表单向纤维增强复合材料处于压缩状态,其中 α_0 为断裂平面角。M-C 准则假设在双轴正应力作用,断裂发生在与莫尔圆相切的 M-C 断裂线处。

在一般载荷状态下,如图 7.3 所示,断裂平面法向与厚度方向之间的夹角为 α,这与纯压缩断裂角 α_0 不同,与断裂平面上的剪切(τ_T 和 τ_L)和法向力(σ_N)相关,如图 7.3 所示。对于平面应力状态,断裂平面的拉力通过面内的剪切应力 τ_{12}、压缩应力 σ_{22} 和断裂平面角 α 计算得到,可表示为

(a) 纯横向压缩破坏

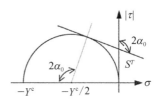

(b) 莫尔应力圆

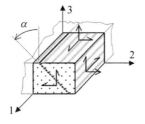

(c) Mohr-Coulomb准则的几何表示

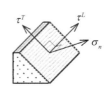

(d) 断裂平面应力

图 7.3　单向纤维增强复合材料横向压缩应力状态及破坏模式

$$
\begin{cases}
\sigma_N = \dfrac{\sigma_{22}}{2}(1 + \cos 2\alpha) \\[2mm]
\tau_T = -\dfrac{\sigma_{22}}{2}\sin 2\alpha \\[2mm]
\tau_L = \tau_{12}\cos \alpha
\end{cases}
\tag{7.27}
$$

对于三维应力状态,断裂平面力可以由整体坐标下应力状态和断裂平面角 α 表示:

$$
\begin{cases}
\sigma_N = \dfrac{\sigma_{22} + \sigma_{33}}{2} + \dfrac{\sigma_{22} - \sigma_{33}}{2}\cos 2\alpha + \tau_{23}\sin 2\alpha \\[2mm]
\tau_T = -\dfrac{\sigma_{22} - \sigma_{33}}{2}\sin 2\alpha + \tau_{23}\cos 2\alpha \\[2mm]
\tau_L = \tau_{12}\cos \alpha + \tau_{31}\sin \alpha
\end{cases}
\tag{7.28}
$$

其中,断裂平面角 α 的取值范围为 $[-\pi, \pi]$。

M-C 破坏准则由断裂平面力表示,可以表示成多种形式。如果 $\tau_L = 0$(例如二维应力状态 $\tau_{12} = 0$),M-C 准则可以表示为

$$
|\tau_T| + \eta^T \sigma_N = F_{TZ}^s
\tag{7.29}
$$

其中,η^T 是摩擦系数;F_{TZ}^s 为横向剪切强度。M-C 准则在(σ, $|\tau|$)空间的几何表示为负斜率- η^T 的直线,如图 7.3(b)所示。M-C 准则的直线斜率能和纯压缩的断裂平面角联系在一起,即

$$
\tan 2\alpha_0 = -\frac{1}{\eta^T}
\tag{7.30}
$$

对于纯压缩状态,通过公式(7.31)可以建立横向剪切强度 F_{TZ}^s、压缩强度 F_T^c 和断裂

平面角 α_0 之间的关系：

$$F_{TZ}^{s} = F_{T}^{c}\cos \alpha_0 \left[\sin \alpha_0 + \frac{\cos \alpha_0}{\tan 2\alpha_0} \right] \qquad (7.31)$$

断裂平面角 α_0 可以通过简单的单向压缩实验获得，参数 η^{T} 和 F_{TZ}^{s} 可以通过公式计算得到。

Puck 和 Schurmann 给出了纤维增强复合材料横向压缩破坏准则的一般形式 $(\tau_L \neq 0)$：

$$X_{\mathrm{m}} = \left(\frac{\tau_T}{F_{TZ}^{s} - \eta^{T}\sigma_N} \right)^2 + \left(\frac{\tau_L}{F_{LT}^{s} - \eta^{L}\sigma_N} \right)^2 \leqslant 1 \qquad (7.32)$$

其中，$\eta^{T}\sigma_N$ 和 $\eta^{L}\sigma_N$ 是由在断裂平面的摩擦引起的剪切力；纤维增强复合材料纵向剪切强度 F_{LT}^{s} 可以由横向剪切强度 F_{TZ}^{s}、横向摩擦系数 η^{T} 和纵向摩擦系数 η^{L} 表示：

$$\frac{\eta^{L}}{F_{LT}^{s}} = \frac{\eta^{T}}{F_{TZ}^{s}} \qquad (7.33)$$

其中，η^{T} 通过公式 (7.30) 计算得到；F_{TZ}^{s} 通过公式 (7.32) 计算得到。

单向纤维增强复合材料在复杂载荷作用下横向断裂直接与局部应力相关，而局部应力直接与断裂平面角相关。单向纤维增强复合材料横向破坏判据是一个平面角 α 的函数，当在某一个角度 α_0 下满足了横向压缩破坏判据，则该角度为断裂平面角。应力张量在不同的局部坐标系下其应力分量不同，所以已知一个坐标系下的应力分量通过坐标系转换矩阵实现不同局部坐标系下的应力分量的转换。同时假设摩擦系数和强度不随断裂平面角变化，而取在纯压缩状态下的数值，因此单向纤维增强复合材料横向压缩初始损伤判据为

$$X_{\mathrm{m}}(\alpha) = \left(\frac{\tau_T(\alpha)}{F_{TZ}^{s} - \eta^{T}\sigma_N(\alpha)} \right)^2 + \left(\frac{\tau_L(\alpha)}{F_{LT}^{s} - \eta^{L}\sigma_N(\alpha)} \right)^2 \qquad (7.34)$$

7.5　复合材料损伤演化模型

连续介质损伤力学用热力学内变量来表述材料内部微细结构的变化，而不去更细致地考虑这种变化的机制。材料对其运动历史、载荷和温度的变化历史及其热力学独立变量的依赖关系，可以由实验确定的内变量演化方程来确定。

利用有限元方法进行求解分析时，为了降低材料在软化过程中的有限元网格依赖性，可以在复合材料每种破坏模式的损伤演化率中引入单元特征长度的概念，因此材料的本构关系也可以表示成应力与位移的关系，如图 7.4 所示。应力-位移曲线在初始损

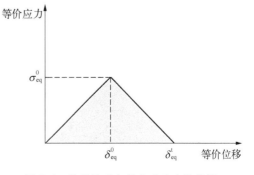

图 7.4　等价位移与等价应力变化曲线

伤之前对应线弹性材料行为表现为正斜率,当发生损伤后损伤变量演化导致应力的降低和位移的增大而表现为负斜率。

对于单层板,其等价位移及等价应力可以表示为

$$\delta_{\mathrm{eq}}^{\mathrm{ft}} = L^{\mathrm{c}} \sqrt{\langle \varepsilon_{11} \rangle^2 + \alpha \varepsilon_{12}^2} \quad \bar{\sigma}_{11} \geqslant 0 \tag{7.35}$$

$$\sigma_{\mathrm{eq}}^{\mathrm{ft}} = \frac{\langle \sigma_{11} \rangle \langle \varepsilon_{11} \rangle + \alpha \tau_{12} \varepsilon_{12}}{\delta_{\mathrm{eq}}^{\mathrm{ft}} / L^{\mathrm{c}}} \quad \bar{\sigma}_{11} \geqslant 0 \tag{7.36}$$

$$\delta_{\mathrm{eq}}^{\mathrm{fc}} = L^{\mathrm{c}} \langle -\varepsilon_{11} \rangle \quad \bar{\sigma}_{11} < 0 \tag{7.37}$$

$$\sigma_{\mathrm{eq}}^{\mathrm{fc}} = \frac{\langle -\sigma_{11} \rangle \langle -\varepsilon_{11} \rangle}{\delta_{\mathrm{eq}}^{\mathrm{fc}} / L^{\mathrm{c}}} \quad \bar{\sigma}_{11} < 0 \tag{7.38}$$

$$\delta_{\mathrm{eq}}^{\mathrm{mt}} = L^{\mathrm{c}} \sqrt{\langle \varepsilon_{22} \rangle^2 + \varepsilon_{12}^2} \quad \bar{\sigma}_{22} \geqslant 0 \tag{7.39}$$

$$\sigma_{\mathrm{eq}}^{\mathrm{mt}} = \frac{\langle \sigma_{22} \rangle \langle \varepsilon_{22} \rangle + \tau_{12} \varepsilon_{12}}{\delta_{\mathrm{eq}}^{\mathrm{mt}} / L^{\mathrm{c}}} \quad \bar{\sigma}_{22} \geqslant 0 \tag{7.40}$$

$$\delta_{\mathrm{eq}}^{\mathrm{mc}} = L^{\mathrm{c}} \sqrt{\langle -\varepsilon_{22} \rangle^2 + \varepsilon_{12}^2} \quad \bar{\sigma}_{22} < 0 \tag{7.41}$$

$$\sigma_{\mathrm{eq}}^{\mathrm{mc}} = \frac{\langle -\sigma_{22} \rangle \langle -\varepsilon_{22} \rangle + \tau_{12} \varepsilon_{12}}{\delta_{\mathrm{eq}}^{\mathrm{mc}} / L^{\mathrm{c}}} \quad \bar{\sigma}_{22} < 0 \tag{7.42}$$

其中,单元特征长度由单元的类型确定,对于一阶单元是穿过一个单元的直线长度;对于二阶单元是穿过一个单元长度的一半,即 $\langle \alpha \rangle = (\alpha + |\alpha|)/2$。

对于单向纤维复合材料,对应纵向和横向的等价位移和等价应力如表7.3所示。

表 7.3　单向纤维复合材料不同损伤模式对应的等价位移和等价应力

损伤模式		等价位移 δ_{eq}	等价应力 σ_{eq}
$L, \sigma_{11} \geqslant 0$		$l\sqrt{\varepsilon_{11}^2 + \gamma_{12}^2 + \gamma_{31}^2}$	$l(\sigma_{11}\varepsilon_{11} + \sigma_{12}\varepsilon_{12} + \sigma_{31}\varepsilon_{31})/\delta_{\mathrm{eq}}$
$L, \sigma_{11} < 0$		$l\langle -\varepsilon_{11} \rangle$	$l\langle -\varepsilon_{11} \rangle \langle -\varepsilon_{11} \rangle / \delta_{\mathrm{eq}}$
T^1		$l\sqrt{(\langle \varepsilon_N \rangle^2 + \gamma_L^2 + \gamma_T^2)}$	$l(\langle \sigma_N \rangle \langle \varepsilon_N \rangle + \tau_L \gamma_L + \tau_T \gamma_T)/\delta_{\mathrm{eq}}$
T^2	$T, \sigma_{22} \geqslant 0$	$l\sqrt{(\langle \varepsilon_{22} \rangle^2 + \alpha \varepsilon_{12}^2 + \alpha \varepsilon_{23}^2)}$	$l(\langle \sigma_{22} \rangle \langle \varepsilon_{22} \rangle + \alpha \sigma_{12}\varepsilon_{12} + \alpha \sigma_{23}\varepsilon_{23})/\delta_{\mathrm{eq}}$
	$T, \sigma_{22} < 0$	$l\langle -\varepsilon_{22} \rangle$	$l\langle -\sigma_{22} \rangle \langle -\varepsilon_{22} \rangle / \delta_{\mathrm{eq}}$
	$Z, \sigma_{33} \geqslant 0$	$l\sqrt{(\langle \varepsilon_{33} \rangle^2 + \alpha \varepsilon_{23}^2 + \alpha \varepsilon_{31}^2)}$	$l(\langle \sigma_{33} \rangle \langle \varepsilon_{33} \rangle + \alpha \sigma_{23}\varepsilon_{23} + \alpha \sigma_{31}\varepsilon_{31})/\delta_{\mathrm{eq}}$
		$l\langle -\varepsilon_{33} \rangle$	$l\langle -\sigma_{33} \rangle \langle -\varepsilon_{33} \rangle / \delta_{\mathrm{eq}}$

注:$\langle x \rangle = (x + |x|)/2$;$T^1$ 对应 Puck 初始损伤准则;T^2 对应 Hashin 初始损伤准则。

当纤维增强复合材料达到初始损伤准则后,材料刚度软化。有限元网格的大小直接影响能量释放的大小。当减小有限元网格时,能量释放也随之减小,因此数值模拟结果非

常依赖有限元网格大小。为了减少局部损伤而带来的网格依赖,建立有限元网格与组分材料断裂能的联系。Bazant 和 Oh 提出利用裂纹带模型处理平面问题。近年来,Lapczyk 和 Maimi 也利用了该模型处理平面问题,有效地减小了局部损伤带来的网格依赖性。一般在损伤变量中引入单元特征长度的概念,假设一种材料的破坏模式的断裂能量密度为常数,而破坏应变随着有限元网格的尺度变化。对于单向纤维复合材料,假设有限单元的特征长度是单元体积的三次立方根,破坏平面的面积是单元特征长的平方。当材料局部破坏时,单元的能量释放与单元的弹性应变能相等,即

$$\frac{1}{2}\varepsilon_{ij}^{f}\sigma_{ij}^{f}l^{3} = G_{I}l^{2} \tag{7.43}$$

其中,l 是有限单元的特征长度;G_{I}、ε_{ij}^{f} 和 σ_{ij}^{f} 分别为 I 型破坏模式的断裂能量密度、等价极值应变和应力。

定义不同破坏模式下材料破坏时对应的等价位移为

$$\delta_{eq}^{f} = \varepsilon_{ij}^{f}l \tag{7.44}$$

利用公式(7.44),则全损伤等价位移为

$$\delta_{eq}^{f} = 2G_{I}/\sigma_{eq} \tag{7.45}$$

初始损伤等价位移为

$$\delta_{eq}^{0} = \delta_{eq}/\sqrt{X_{I}} \tag{7.46}$$

其中,X_{I} 为对应不同损伤模式的初始准则。

同理,初始损伤对应的等价应力为

$$\sigma_{eq}^{0} = \sigma_{eq}/\sqrt{X_{I}} \tag{7.47}$$

初始损伤发生后,损伤变量是等价位移的函数(图7.5),损伤变量的演化过程可以写为

$$\omega_{i} = \frac{\delta_{eq}^{f,i}(\delta_{eq}^{i} - \delta_{eq}^{0,i})}{\delta_{eq}^{i}(\delta_{eq}^{f,i} - \delta_{eq}^{0,i})} \quad \delta_{eq}^{i} \geqslant \delta_{eq}^{0,i} \tag{7.48}$$

其中,i 是对应的损伤模式;$\delta_{eq}^{0,i}$ 是当达到初始损伤准则时对应的初始等价位移;$\delta_{eq}^{f,i}$ 是材料对应一种破坏模式完全损伤时对应的

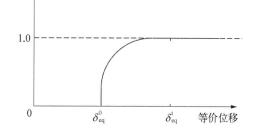

图 7.5　损伤变量随等价位移的变化曲线

等价位移。对应各种损伤模式的初始损伤等价位移 $\delta_{eq}^{0,i}$ 依赖于材料的刚度和强度参数。对于每种损伤模式,需要明确相应损伤模式的应变能释放率,对应材料完全损伤的等价位移 $\delta_{eq}^{f,i}$ 与应变能释放率相关。

另外,为了简化纤维复合材料损伤演化过程,当材料达到初始损伤点后,可以采用指

数形式的损伤演化模型,具体表达式为

$$\omega_i = 1 - \frac{1}{\exp(-c_1 X_i + c_2)} \quad (i = f, m) \tag{7.49}$$

其中,c_1 和 c_2 是经验常数。有研究表明,对于碳纤维增强树脂基复合材料在拉伸载荷作用下,c_2/c_1 的比值为 1.62 时,与实验结果吻合较好。因此,经验常数 c_1 和 c_2 可分别取 8 和 13。

7.6　界面损伤模型

界面在复合材料纤维和基体之间起到传递应力的作用,适当的界面性能才能得到力学性能优良的复合材料。界面脱黏是复合材料主要的损伤失效模式,通常与基体和纤维损伤耦合在一起。由于界面厚度很小,界面处的应力状态与纤维和基体不同,通常可用三个应力分量和三个位移分量来表述,并且应力与位移之间的关系为

$$t_n = K\delta_n, \quad t_{s1} = K\delta_{s1}, \quad t_{s2} = K\delta_{s2} \tag{7.50}$$

其中,K 为刚度系数;t_n 和 δ_n 为界面法向应力和位移;t_{s1} 和 δ_{s1}(t_{s2} 和 δ_{s2})为界面切向应力和位移。为了保持界面两侧细观组分材料的位移协调,在计算过程中选取较大的刚度系数。

当界面的应力达到损伤初始准则后,界面的应力和位移关系不再保持线性变化,则损伤初始准则可以选为二次应力准则:

$$\left\{\frac{\langle t_n \rangle}{N}\right\}^2 + \left\{\frac{t_{s1}}{S}\right\}^2 + \left\{\frac{t_{s2}}{S}\right\}^2 = 1 \tag{7.51}$$

其中,$\langle x \rangle = (x + |x|)/2$;$N$、$S$ 为界面的法向强度和切线强度。

当损伤发生后,界面的应力和位移关系为

$$\begin{aligned}
t_n &= K(1-D)\delta_n, \quad (t_n) \geqslant 0 \\
t_n &= K\delta_n, \quad (t_n) < 0 \\
t_{s1} &= K(1-D)\delta_{s1} \\
t_{s2} &= K(1-D)\delta_{s2}
\end{aligned} \tag{7.52}$$

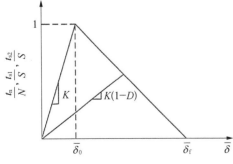

其中,D 为界面的损伤变量。当 $D=0$ 时界面的力学性能为线弹性;当 $D=1$ 时界面发生破坏并且不能起传递载荷的作用。

在图 7.6 中给出了随线性损伤变化的界面单元应力与位移的关系,其中 $\bar{\delta}$ 为界面单元的等价位移,可以表示为 $\bar{\delta} = \sqrt{\langle\delta_n\rangle^2 + \delta_{s1}^2 + \delta_{s2}^2}$,$\delta_0$ 为初始损伤等价位移,δ_f 为破坏时等价位移。

采用基于能量的损伤演化准则:

图 7.6　描述界面单元损伤的应力与位移之间关系

$$\left\{\frac{G_{\mathrm{n}}}{G_{\mathrm{n}}^{\mathrm{C}}}\right\}^{\alpha} + \left\{\frac{G_{\mathrm{s1}}}{G_{\mathrm{s1}}^{\mathrm{C}}}\right\}^{\alpha} + \left\{\frac{G_{\mathrm{s2}}}{G_{\mathrm{s2}}^{\mathrm{C}}}\right\}^{\alpha} = 1 \tag{7.53}$$

其中, G_{n}、G_{s1}、G_{s2} 分别对应界面应力在界面法向和两个切向所做的功; $G_{\mathrm{n}}^{\mathrm{C}}$、$G_{\mathrm{s1}}^{\mathrm{C}}$、$G_{\mathrm{s2}}^{\mathrm{C}}$ 分别为界面法向和两个切向的临界断裂能; α 为能量准则的幂指数。

7.7 复合材料渐近损伤的数值分析过程

在利用有限元分析纤维复合材料渐近损伤失效过程时,由于多种损伤模式叠加在一起,使损伤单元的刚度性能衰减较大,因此使用隐性求解器求解时很难使平衡迭代收敛,从而不能很好地分析材料的破坏过程。

为了提高隐式非线性分析过程中的收敛率,采用 Duvaut 和 Lions 的黏性规则化方法:

$$\dot{D}_{\mathrm{l}} = \frac{1}{\eta_{\mathrm{l}}}(\omega_{\mathrm{l}} - D_{\mathrm{l}}) \tag{7.54}$$

其中, η_{l} 为破坏模式 I 的黏性系数; D_{l} 为规则化后的损伤变量。

式(7.54)在有限元中可以利用差分方法求解,设损伤变量 D_{l} 当前增量步的值为 $D_{\mathrm{l}}^{t+\Delta t}$, 前一增量步的值为 D_{l}^{t}, 则式(7.54)可以写为

$$D_{\mathrm{l}}^{t+\Delta t} = \frac{(\Delta t \omega_{\mathrm{l}} + \eta_{\mathrm{l}} D_{\mathrm{l}}^{t})}{\eta_{\mathrm{l}} + \Delta t} \tag{7.55}$$

在利用有限元隐性求解器对复合材料损伤问题进行求解时,因为需要通过切线本构张量确定应变的增量,因此采用正确的切线本构张量才能保证渐近损伤计算的收敛性。对于复合材料损伤问题,材料的切线本构张量为

$$\dot{\sigma} = C_T \dot{\varepsilon}, \ C_T = C + \left(\sum_{\mathrm{l}} \frac{\partial C}{\partial D_{\mathrm{l}}} \frac{\partial D_{\mathrm{l}}}{\partial \omega_{\mathrm{l}}} \frac{\partial \omega_{\mathrm{l}}}{\partial \varepsilon}\right) : \varepsilon \tag{7.56}$$

由于复合材料都有周期性特点,因此在利用有限元求解复合材料渐近损伤问题时需要施加周期性边界条件,复合材料渐近损伤分析的主要过程如图 7.7 所示。首先施加周期边界条件,通过 Newton-Raphson 增量方法计算周期性材料代表体积单胞(representative volume cell, RVC)或代表体积单元(representative volume element, RVE)内部材料的应力,通过初始损伤判断准则逐一对组分材料单元积分点进行判断,满足初始损伤判断准则的单元积分点利用损伤模型和损伤演化模型得到损伤变量,然后更新单元切线本构张量,计算单元应力应变增量矩阵,平衡迭代达到收敛标准,然后增加增量步,如此循环完成对材料的渐近损伤分析。

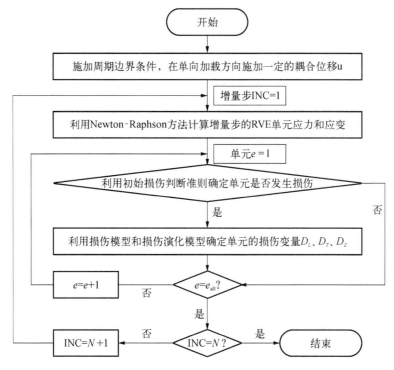

图 7.7　增量法有限元渐近损伤分析流程

7.8　周期性边界条件

对于复合材料微细观几何结构具有周期性特点,因此为了降低计算量通常采用代表体积单胞或代表体积单元进行分析。例如单向纤维复合材料可以假设是由规则排布的纤维构成(图 7.8),或者采用考虑纤维存在一定随机性的代表体积单元来描述单向纤维复

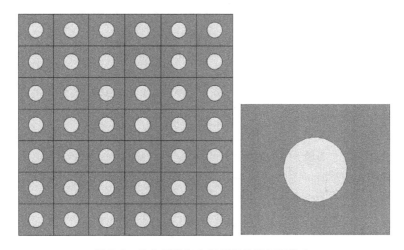

图 7.8　单向纤维复合材料纤维的规则排布

合材料,因此可以采用代表体积单胞施加周期性边界条件实现在空间三个方向进行无限堆叠而形成无限大的体。

在利用有限元分析复合材料渐近损伤破坏过程时,对代表体积单胞或代表体积单元施加周期性边界条件。以二维问题为例(图 7.9),要求周期边界对应边界的对应点施加多点约束,如在 x 方向边界上任意的一对点 m 和 n,在 y 方向边界上任意的一对点 p 和 q。代表体积单胞或单元在 x 和 y 方向的边长为 W_x 和 W_y,如果存在宏观应变 ε_x^0、ε_y^0 和 γ_{xy}^0,则在 x、y 以及 xy 剪切方向的位移为 $W_x\varepsilon_x^0$、$W_y\varepsilon_y^0$ 和 $W_y\gamma_{xy}^0$。

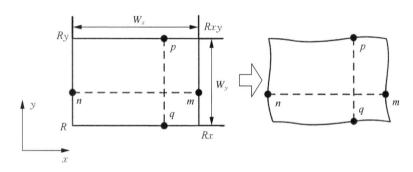

图 7.9 二维问题施加周期性边界条件

由于在边界角节点处存在施加 x 方向和 y 方向两个方向的耦合约束,因此在数值计算时容易出现过约束的情况,需要写成相互独立的约束方程。所以在有限元中施加周期性边界条件时需要在边界对应节点(不包括角节点)和角节点处分别建立相互独立的约束方程。则边界节点(不包括角节点)的约束方程为

$$\begin{cases} u\big|_{x=W_x} - u\big|_{x=0} = W_x\varepsilon_x^0 \\ v\big|_{x=W_x} - v\big|_{x=0} = 0 \end{cases} \tag{7.57}$$

$$\begin{cases} u\big|_{y=W_y} - u\big|_{y=0} = W_y\gamma_{xy}^0 \\ v\big|_{y=W_y} - v\big|_{y=0} = W_y\varepsilon_y^0 \end{cases} \tag{7.58}$$

其中,u 和 v 分别是 x 方向和 y 方向的节点位移。

角节点的约束方程为

$$\begin{cases} u_{Rx} - u_R = W_x\varepsilon_x^0 \\ v_{Rx} - v_R = 0 \end{cases} \tag{7.59}$$

$$\begin{cases} u_{Ry} - u_R = W_y\gamma_{xy}^0 \\ v_{Ry} - v_R = W_y\varepsilon_y^0 \end{cases} \tag{7.60}$$

$$\begin{cases} u_{Rxy} - u_R = W_x\varepsilon_x^0 + W_y\gamma_{xy}^0 \\ v_{Rxy} - v_R = W_y\varepsilon_y^0 \end{cases} \tag{7.61}$$

其中,下标 R、Rx、Ry 和 Rxy 分别对应四个角节点。

三维代表体积单胞施加周期性边界条件的过程与二维问题类似,此处不再赘述。

7.9 复合材料横向压缩渐近损伤分析

单向纤维束在横向载荷作用下会发生基体破坏,可以采用 Puck 准则判断材料的初始损伤过程。以一根纤维束内嵌入到基体中受横向压缩载荷作用为例,如图 7.10 所示。纤

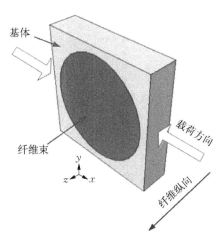

图 7.10 复合材料代表体积单胞的横向压缩

维束的截面形状为圆形,纤维体积分数为 60%,z 方向为纤维的纵向,x 和 y 方向为纤维的横向。纤维束表现为横观各向同性,其弹性性能:$E_z = 146.8$ GPa、$E_x = 11.4$ GPa、$v_{zx} = 0.3$、$v_{xy} = 0.4$ 和 $G_{zx} = 6.1$ GPa;强度相关性能:$F_T^c = 66.5$ MPa、$F_{TZ}^s = F_{LT}^s = 58.7$ MPa、$G_c^{T-} = 0.76$ N/mm 和 $G_c^{T+} = 0.23$ N/mm。单根纤维束被各向同性的基体包裹,基体的弹性性能为 $E = 3.45$ GPa 和 $v = 0.35$。在 x 方向施加压缩载荷,整体模型施加周期性边界条件。

基于本章损伤模型及 Puck 初始损伤判断准则,采用有限元方法对单向纤维复合材料的横向压缩渐近损伤过程进行分析。纤维束和基体之间采用一致性网格,不考虑纤维束与基体界面问题。当复合材料代表体积单胞内部单元发生损伤后,随着载荷的增加,损伤会逐渐扩展,在分析过程中损伤的扩展路径逐渐形成。通常,单元的损伤不仅依赖于单元的尺寸,也依赖于单元的方向。为了考察损伤扩展路径对单元方向的敏感性,中心的纤维束区域单元网格分布与 x 方向成 0°、15°、30° 和 45°,纤维束的局部坐标方向保持不变。通过渐近损伤发现,损伤扩展路径直接与单元的方向相关,如图 7.11 所示。通过 Puck 准则判断断裂平面角在 50° 左右,但损伤扩展路径趋于沿着单元网格线扩展,因此损伤扩展路径严重依赖于有限元网格的偏转状态。在计算过程中防止单元刚度突然下降导致收敛性问题,采用了黏性规则化方法延后了损伤的发展,从而会影响损伤的单元附近的应力分布状态。

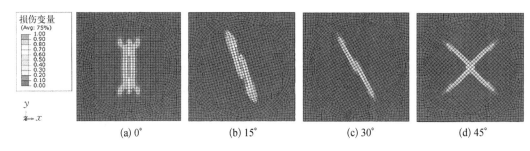

|(a) 0°|(b) 15°|(c) 30°|(d) 45°|

图 7.11 单向复合材料损伤扩展过程的网格方向依赖性

为了避免由于网格方向导致的损伤扩展路径偏离问题,针对纤维束压缩问题可以采用损伤路径跟踪技术。但一个单元发生损伤后,在该单元附近两层网格标定可损伤单元(图 7.12),限定只有损伤单元对应断裂角区域的单元才激活损伤的判定,定义为潜在损伤单元。在局部限定区域之外的单元还是采用正常的初始损伤判定,一旦出现损伤,则在其局部区域使用损伤路径跟踪判定。通过循环判定可以确定损伤扩展路径。

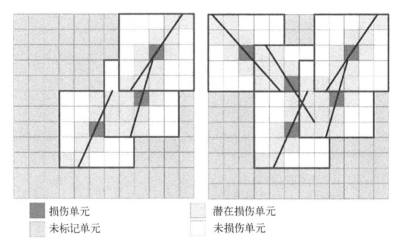

損伤单元　　　　　　　　潜在损伤单元
未标记单元　　　　　　　未损伤单元

图 7.12　损伤路径跟踪技术

图 7.13 是采用损伤路径跟踪技术后网格方向与 x 方向成 0°、15°、30° 和 45° 的模型得到的损伤扩展路径。从图 7.13 中可以看出,通过损伤路径跟踪后,虽然一些网格得到的损伤路径较宽,但从整体来看损伤对网格方向的依赖性有所改善。

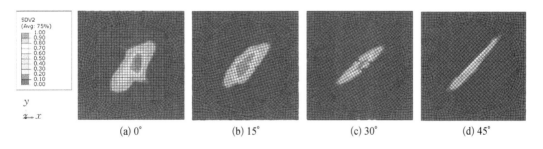

(a) 0°　　　　　(b) 15°　　　　　(c) 30°　　　　　(d) 45°

图 7.13　采用损伤路径跟踪技术确定的复合材料损伤扩展过程

7.10　本 章 小 结

复合材料在外载作用下表现出复杂的渐近损伤失效过程,多种损伤模式混合在一起,不同的加载路径材料表现不同的非线性响应,并且在数值计算过程中存在网格依赖性问题。首先需要针对不同的破坏模式确定合适的初始损伤准则,然后建立含损伤材料的本构模型,再确定材料的损伤演化率,采用数值分析方法对材料的渐近损伤过程进行分析。其中损伤变量的定义及其实验表征至关重要,材料的损伤演化率可直接通过实验数据确定,特别表征复合材料宏观损伤渐近损伤的分析过程。对于复合材料微细观渐近损伤分析过程,可以通过复合材料组分材料的损伤表征整体宏观材料的损伤破坏过程,但组分材料的性能及其损伤演化率很难通过实验确定,通常通过刚度折减法等来表征,进而揭示整体材料的损伤演化过程,因此定量表征复合材料组分材料的性能及其损伤演化率仍然是目前研究的主要方向。另外,为了表征复合材料结构渐近损伤的过程,需要发展宏细微观多尺度损伤分析方法,实现不同尺度之间应力、应变及损伤信息的传递,从微细观角度揭示复合材料结构的损伤失效机理。

课 后 习 题

1. 简述复合材料损伤类型,举例检测复合材料损伤的主要手段有哪些?
2. 利用数值方法考虑复合材料界面损伤的方法有哪些,举例界面初始损伤判据。
3. 推导三维问题的周期性边界条件。
4. 简述复合材料累积损伤分析过程。
5. 举例通过实验测试确定材料宏观损伤的方法。
6. 举例考虑复合材料破坏模式的初始损伤判据。
7. 在复合材料累积损伤计算过程中,如何确定复合材料内部纤维束材料的有效性能和强度性能。
8. 如何降低复合材料损伤计算的网格依赖性?

第 8 章
空天复合材料结构设计方法

本章主要介绍复合材料结构设计原则规范、通用结构设计方法、复合材料结构研制流程、设计许用值的确定、损伤容限设计方法以及常用的复合材料连接方式。

学习要点:

(1) 复合材料结构设计原则;

(2) 层合板以及夹层结构设计方法;

(3) 材料的许用值与结构设计许用值关系,以及典型结构设计许用值确定的一般原则;

(4) 损伤容限门槛值,剩余强度要求;

(5) 常用复合材料结构的连接方式,包括机械连接、胶接连接和混合连接。

8.1 引 言

复合材料的优异性能可以满足空天结构对高强度、高比刚度的要求,使用这种材料可以得到尺寸稳定的结构,但只有充分认识影响复合材料结构应用的各种因素,了解它与金属结构在设计上的差异才能发挥效益。

8.2 复合材料结构设计原则规范

复合材料的结构设计与金属的结构设计不同。复合材料的结构设计除了包含材料设计以外,还需要考虑设计原则。

在进行复合材料结构工艺性设计时,应首先明确在工艺设计过程中应注意的事项,了解常见选材及铺层的原则。通常在工艺设计过程中需考虑以下因素。

1. 明确设计条件,确定设计情况

根据服役环境选定设计载荷、设定温度,并根据可靠性要求选定安全系数。

2. 结构形式的选定

根据载荷大小、开口大小、经济性及可靠性要求,选定一种理想、可行的结构形式。

3. 材料设计

根据设计载荷、工作环境、经济性及成型工艺性选定较理想的增强材料及基体材料。

4. 铺层设计

铺层设计是复合材料结构设计特有的重要内容,其目的是充分利用复合材料的各向异性和结构的层压特性,通过优化设计,选取最佳的铺层角、铺层百分比及铺层顺序,以得到满足性能需要的最轻结构。

5. 考虑环境影响

考虑产品工作温度环境及介质环境,选用特殊的树脂基及纤维。

6. 考虑功能影响

对于一些有特殊功能需要的部件,如电磁屏蔽需求、防雷击、防静电等,需要考虑功能影响。

7. 利用固化工艺

尽可能利用共固化工艺,将复合材料结构设计成整体结构件。

8. 局部补强

对连接及开口部位必须进行局部补强。

复合材料结构设计除了应考虑通常结构设计中的一般原则外,在选材及铺层设计方面有别于其他结构设计。

8.3 复合材料结构研制流程

复合材料结构性能不仅取决于材料本身,还和产品设计、成型工艺密切相关,产品的制造过程同时也是材料性能的实现过程。不能存在经验表明是危险的或不可靠的设计特征或细节,每个有疑问的设计细节和零件的适用性必须通过试验验证。

复合材料结构设计是一个选用不同材料综合各种设计(包括层压板设计、结构单元设计、连接设计和细节设计等)迭代过程。在设计过程中应考虑的主要因素有:结构强度和刚度、重量、产品成本、制造工艺、质量控制和用户意见等。通常应满足下列要求:

(1)应选择合理的并经试验验证的结构形式;

(2)应充分利用铺层的可设计性,通过优化设计,选择最佳的铺层角度、铺层百分比和铺层顺序,以得到满足性能要求的最轻结构;

(3)尽可能利用共固化或胶接技术,将复合材料结构设计成整体件;

(4)应充分考虑工艺性和维修性;

(5)应合理进行连接设计;

(6)对于主要结构要进行损伤容限设计、分析和验证;

(7)应考虑环境对材料性能的影响,环境因素主要包括湿、热和在使用中可能遇到的最大不可见冲击损伤;

(8)应进行静电、闪电防护设计和试验验证;

(9)整个设计过程中始终贯彻低成本设计原则。

作为通用要求,由预浸料生产的复合材料结构件,应尽可能选择单向带,这样更利于实现自动化和减重。复合材料的耐疲劳性和可维修性是设计的两个主要驱动力。设计首选层压板结构,尤其是在没有其他要求(如成本,重量)时。

当一个复合结构设计选用不同的材料或不同温度环境下相同材料时,需要考虑以下因素:

(1)热匹配;

(2)温度的影响;

(3)温度梯度;

(4)材料和结构的温度分布对设计的影响。

特别要注意金属结构与复合材料结构的连接,为了预防在制造过程中产生热效应,设计过程中需要同强度和工艺联合工作。

8.4　设计许用值确定

材料的许用值是判断结构强度的重要指标和设计依据,它是由试验获得的材料基础数据,经统计分析确定。因此,许用值的确定原则和方法备受关注。尤其是复合材料的力学特性和破坏机理与金属材料完全不同,必须采用与金属材料不同的原则和方法来确定。许用值是材料性能许用值的简称,其定义为在一定的载荷和环境条件下,由试样、元件或细节件等试验数据,经统计分析确定,并具有一定置信度和可靠度的性能表征值。复合材料的许用值是建立在层合板这种具有结构特性的"材料"上,主要描述或表征复合材料层合板的性能。设计许用值是结构设计许用值的简称,其定义是为了保证整个结构的完整性具有高置信度,在许用值的基础上,由相关部门规定的设计(或使用)载荷下的限制值。设计许用值是结构设计思想、设计要求的具体体现以及设计经验与教训的结晶。

设计许用值和许用值两者有着密不可分的关系。由于设计许用值要保证结构满足完整性大纲的要求,新材料、新工艺和新的设计方法等的引入,都会对结构完整性提出新的要求,从而对许用值的测试提出新的内容。同时,只有当具有足够的许用值数据时,才有可能在此基础上确定设计许用值。空天复合材料结构的设计在不断发展,设计许用值的确定原则也在不断发展。

设计部门应根据结构使用中可能出现的损伤形式、受载方式和环境条件,分析其可能出现的失效模式。针对这些失效模式,分别采用足够数量的试样或元件(典型结构件)进行试验,在对试验数据进行统计处理的基础上,给出针对某一具体失效模式的许用值。相关部门应根据所设计具体结构的完整性要求(通常包括静强度、刚度、耐久性和损伤容限等),在已有的"材料"许用值及设计和使用经验的基础上,规定设计许用值,以保证按设计许用值进行设计的结构能满足这些要求。

复合材料结构的设计许用值与金属结构不同。金属材料设计许用值以应力表示,称许用应力,在各种工作条件下,为保证构件正常使用允许的最大应力。复合材料结构的设计许用值多采用应变值来表示。这是因为金属材料是各向同性材料,而且在屈服应力以下,应力与应变关系基本呈现线性关系,许用应力和许用应变是一致的。而纤维增强复合材料单层力学性能是各向异性的,纵向强度和模量比横向的高出近两个数量级,可两个方向的破坏应变相差较小;另外,层合板应变沿厚度方向分布是线性的,应力分布却不规则。厚度相同,铺层方向不同的层合板破坏应力可以相差很大,而破坏应变相差并不大。因此,复合材料结构的设计许用值选择应变,称设计许用应变。

1. 确定典型结构设计许用值的一般原则

(1) 拉伸设计许用值应主要考虑制造、使用和维护的影响,以典型铺层含开孔(或充填孔)试样得到的材料许用值为基础;

(2) 压缩设计许用值与结构厚度、受到外来物冲击概率等因素有关;

(3) 剪切设计许用值不必考虑缺陷/损伤的影响,以剪切许用值为基础;

(4) 机械连接挤压设计许用值应以典型铺层单钉连接试样的挤压许用值为基础,同时应考虑连接的重要程度、结构特点、载荷类型、重复载荷和使用环境等因素的影响;

(5) 薄蒙皮或薄面板蜂窝夹层结构设计许用值的确定,还需要根据设计需求考虑屈曲的影响;如果其设计许用值主要取决于屈曲的影响时,还需要增加考虑冲击损伤影响的附加系数(小于1,如0.8)。

确定设计许用值的基础是许用值,而许用值的确定除了材料性能试验外还需要结构元件,甚至典型结构的试验。对于复合材料,由于它的可设计性,即使是简单的光滑层合板试件,因为涉及铺层的方向和顺序,也很难把其明确地归为"材料"性能试件,因此在确定复合材料结构的设计许用值时,往往必须知道其铺层参数。在空天结构的初步设计阶段,结构参数是设计人员所要确定的变量,因此该阶段用的设计许用值只能根据典型的结构参数来给出。这一设计许用值可以用于结构的初步设计,确定结构形式、几何尺寸和具体铺层方式等结构参数。由于实际选择的结构形式、几何尺寸及铺层方式可能与前面所用的典型结构参数不同,因此在详细设计阶段,需要对结构的关键部位和与典型结构参数差别较大的部位重新确定设计许用值,并通过典型结构件和组合件的试验来验证。

2. 设计许用值的确定方法

复合材料力学性能的数值基准可分为A基准、B基准和典型值。采用何种基准应根据具体工程项目的结构设计基准而定。复合材料的强度数据一般采用B基准值,而弹性常数均采用典型值。

(1) 拉伸设计许用应变的确定。将足够数量(由数据的可靠性要求决定)结构用典型铺层的开孔(6.35 mm孔径)和紧固件的试样,在室温大气环境下进行单轴拉伸试验,并用一定数量(通常有效数据不少于5个)同种试样,在最严重的使用环境条件(通常为干冷环境)下,进行同样的试验,测定它们的极限强度和断裂应变。对所有有效数据进行数理统计处理,并考虑最严重的环境条件引起的性能退化。

(2) 压缩设计许用应变的确定。对设计时可以不记屈曲的结构,将足够数量(由数据可靠性要求决定)结构用典型铺层的开孔(6.35 mm孔径)和含冲击损伤(冲击损伤的尺寸按所考虑结构部位的损伤容限要求而定)的试样,在室温大气环境进行单轴压缩试验。对所有这些数据进行数理统计处理,在所有这些数据的基础上确定压缩设计许用值,可不必进一步考虑环境条件引起的压缩性能退化。这是因为结构损伤容限要求中的初始缺陷假设是目视勉强可见的低速冲击损伤,这种损伤除了在关键部位出现的概率很低以外,而且一旦出现,不会允许含这种损伤的结构继续使用。对于必须考虑屈曲的薄蒙皮结构,除按上述方法确定其许用值外,还必须采用具体结构元件的压缩(或压剪复合)试验,或由实验数据支持的分析方法,来确定结构的许用值。取其中较低值为该结构的压缩设计许用值。

(3) 剪切设计许用应变的确定。应用足够数量(由数据的可靠性要求决定) ±45° 铺层层合板试样,按两种方法进行试验并获取数据,取其中的较低值,并经数量统计处理后确定剪切设计许用值。一种试验方法是,在最严重的环境条件(通常为湿热)下进行多次"加载-卸载"的拉伸(或压缩)试验,并逐步加大峰值载荷,测定无残余变形的最大剪切应变值;另一种试验方法是,在最严重的环境条件(通常为湿热)下,多次施加小载荷后,将其单调拉伸加载至破坏,测定各级载荷下的应力和应变,由"应力-应变"曲线上线性段的最高值确定其剪切应变值。

根据所设计具体结构的完整性要求(通常为强度、刚度、耐久性和损伤容限,包括满足使用条件下损伤无扩展要求),在已有材料许用值、代表结构典型特征的试样、元件(包括典型结构件)试验结果及设计和使用经验的基础上,还应根据组合件的试验结果,规定和验证结构设计值。复合材料的设计值必须考虑并覆盖材料的变异性,并要覆盖材料和工艺两方面的允许公差范围。

材料的强度性能和设计值获取要符合 CCAR25.613 条款要求:

(a) 材料的强度性能必须以足够的材料试验为依据(材料应符合经批准的标准),在试验统计的基础上制定设计值;

(b) 必须使因材料偏差而引起结构破坏的概率降至最小。除本条(d)和(e)的规定外,必须通过选择确保材料强度具有下述概率的设计值来表明其符合性:

(1) 如果所加的载荷最终通过组件内的单个元件传递,因而该元件的破坏会导致部件失去结构完整性,则概率为 99%,置信度 95%;

(2) 对于单个元件破坏将使施加的载荷安全地分配到其他承载元件的静不定结构,概率为 90%,置信度 95%。

(c) 在飞机运行包线内受环境影响显著的至关重要的部件或结构,必须考虑环境条件,如温度和湿度,对所用材料的设计值的影响;

(d) 如果在使用前对每一单项取样进行试验,确认该特定项目的实际强度性能等于或大于设计使用值,则通过这样"精选"的材料可以采用较高的设计值;

(e) 如果经中国民用航空局适航部门批准,可以使用其他的材料设计值;

(f) 确定设计值应遵循以下原则:

(1) 所用试验件的制造工艺应和飞机生产的工艺标准或程序相同;

(2) 结构设计值应考虑所有可能的失效模式;① 考虑最严重的环境条件组合,最严酷的环境对所有的结构细节可能是不同的(如对某些失效模式,湿热状态最严酷;而对其他的,干冷状态可能最严重),应通过试验,来确定服役环境对该材料体系静强度、疲劳和刚度性能以及设计值的影响;② 应提供试验数据来验证,材料设计值或许用值是以高置信度,在使用中预计的适当严酷环境条件下获得的。设计值试验数量应能保证按要求进行统计处理,考虑分散性;③ 在表明能直接适用于该应用对象的材料体系、设计细节和环境循环条件特性处,可以使用已有的实验数据。

8.5 通用结构设计方法

8.5.1 层合板设计方法

层合板可制成多种结构形式,也可采用多种工艺方法成型,可设计性强,在航空航天飞行器结构中应用十分普遍。层合板是层合结构的基本元素。层合结构是指经过适当的制造工艺,主要由层合板组成的具有独立功能的较大的三维结构,如翼面结构的梁、肋、壁板、盒段和机身壁板等。层合板设计是复合材料结构设计中最关键的设计工作之一,也是复合材料结构设计特有的工作内容。层合板设计主要包括选择合适的铺设角、确定各铺层角铺层的百分比和铺层顺序三方面内容。

层合板设计的一般原则如下。

1. 均衡对称铺设原则

除了特殊需要外,结构一般均设计成均衡对称层合板形式,以避免拉-剪、拉-弯耦合而引起固化后的翘曲变形。如果设计需要采用非对称或非均衡铺层,应考虑工艺变形限制。将非对称和非均衡铺层靠近中面,可减小层合板工艺变形。

2. 铺层定向原则

在满足受力情况下,铺层方向数应尽量少,以简化设计和施工的工作量。一般多选择 $0°$、$90°$ 和 $±45°$ 等 4 种铺层方向。如果需要设计成准各向同性层合板,可采用 $[0°/45°/-45°]_s$ 或 $[60°/0°/-60°]_s$ 层合板。对于采用缠绕成型工艺制造的结构,铺层角(缠绕角)不受上述 $\pi/4$ 角度的限制,但一般采用 $±\alpha$ 缠绕角。

3. 铺层取向按承载选取原则

铺层的纤维轴向应与内力的拉压方向一致,以最大限度利用纤维轴向的高性能。具体地说,如果承受单轴向拉伸或压缩载荷,纤维铺设方向一致;如果承受双轴向拉伸或压缩载荷,纤维方向按受载方向 $0°$、$90°$ 正交铺设;如果承受剪切载荷,纤维方向按 $+45°$、$-45°$ 成对铺设;如果承受拉伸(或压缩)和剪切的复合载荷,则纤维方向按 $0°$、$90°$、$+45°$、$-45°$ 多向铺设。$90°$ 方向纤维用以改善横向强度,并调节层合板的泊松比。

4. 铺设顺序原则

层合板铺设主要考虑以下方面:应使各定向单层尽量沿层合板厚度均匀分布,避免将同一铺层角的铺层集中放置。如果不得不使用时,一般不超过 4 层,以减少两种定向层的开裂和边缘层。如果层合板中含有 $±45°$ 层、$0°$ 层和 $90°$ 层,应尽量在 $+45°$ 层和 $-45°$ 之间用 $0°$ 层或 $90°$ 层隔开,在 $0°$ 层和 $90°$ 层之间用 $+45°$ 层或 $-45°$ 层隔开,并应避免将 $90°$ 层成组铺放,以降低层间应力。对于暴露在外的层合板,在其表面铺设织物或者 $±45°$ 层,将具备较好的使用维护性,也可以改善层合板的压缩和抗冲击性能。另外,铺设顺序对层合板稳定性承载能力影响很大,这一因素也应考虑。

5. 铺层最小比例原则

为使复合材料的基体沿各个方向均不受载,对于由方向为 $0°$、$90°$、$±45°$ 铺层组成的层合板,其任一方向的最小铺层比例应 $\geq 6\%$。

6. 冲击载荷区设计原则

对于承受面内集中力冲击部位的层合板,要进行局部加强。应有足够多的纤维铺设在层合板的冲击载荷方向,以承受局部冲击载荷。还要配置一定数量与载荷方向成±45°的铺层以便将集中载荷扩散。另外,还需采取局部增强措施,以确保足够的强度。对于使用中容易受到面外冲击的结构,其表面几层纤维应均布于各个方向,相邻层的夹角尽可能小,以减少基体受载的层间分层。对于仍不能满足冲击要求的部位,应局部采用混杂复合材料,如芳纶或玻璃纤维与碳纤维混杂。

7. 连接区设计原则

应使与钉载方向成±45°的铺层比例≥40%,与钉载方向一致的铺层比例>25%,以保证连接区有足够的剪切强度和挤压强度,同时也有利于扩散载荷和减少孔的应力集中。

8. 变厚度设计原则

在结构变厚度区域,铺层数递增或递减应形成台阶逐渐变化,因为厚度的突变会引起应力集中。要求每个台阶宽度相近且≥60°,台阶高度不超过宽度的1/10。然后在表面铺设连续覆盖层,以防止台阶外发生剥离破坏。

9. 开口区铺层原则

在结构开口区应使相邻铺层夹角≤60°,以减少层间应力。开口形状应尽可能采用圆孔,因为圆孔边应力集中较小。若必须采用矩形孔,则拐角处要采用半径较大的圆角。另外在开口时,切断的纤维应尽量少。

8.5.2 夹层结构设计方法

夹层结构通常是由比较薄的面板与比较厚的芯子胶接而成。一般面板采用强度和刚度比较高的材料,芯子采用密度较低的材料,如蜂窝芯、泡沫芯和波纹板芯等。夹层结构具有重量轻、弯曲刚度和强度大、抗失稳能力强、耐疲劳、吸声和隔热等优点。因此在飞行器结构上得到了广泛应用。对结构高度大的翼面结构,蒙皮壁板(尤其是上翼面壁板)采用蜂窝夹层结构取代加筋板,能明显减轻重量;对于结构高度小的翼面结构,如操纵面,采用全高度夹层结构代替梁肋结构,能带来明显的减重效果。以复合材料层板为面板的夹层结构,由于材料的相容性,目前普遍采用 Nomex 蜂窝芯子。

夹层结构设计准则如下。

一般来说,夹层结构设计的目的是增加刚度、便于得到光滑的气动外形、减小重量和成本、降低噪声、增大或减少某方向的热变换、在强烈的声振中能增加其耐久性。

夹层结构设计,必须使其在设计载荷作用下满足强度和刚度要求,具体如下。

(1) 在设计载荷下,面板的面内应力应小于材料强度,或在设计载荷下,面板应变小于设计许用应变;对于复合材料面:设计外加载荷 = 设计载荷 × n × f_m。其中,n 是安全系数;f_m 是考虑附加湿热影响的载荷放大系数。

(2) 芯子应有足够的厚度(高度)及刚度,以保证在"设计外加载荷"下,夹层板不发生总体失稳、剪切破坏以及过大的挠度,并保证不发生胶接面剪切破坏。

(3) 芯子应有足够的弹性模量和平压强度,以及足够的芯子与面板平拉强度,以保证在"设计外加载荷"下,面板不发生起皱失稳。

（4）面板应足够厚，蜂窝芯格尺寸应合理，以防止在"设计外加载荷"下发生芯格壁失稳及面板发生格间塌陷（即格内面板失稳）。

（5）应尽量避免夹层结构承受垂直于面板的平拉或平压局部集中载荷，以防止局部芯子压塌或镶嵌件拉脱。当集中载荷不可避免时，应采取措施，将载荷分散到其他承力构件。

（6）粘接剂必须具有足够的胶接强度，同时还要考虑耐环境性能和老化性能。

（7）碳纤维层合面板与铝蜂窝芯子胶接面要注意防止电偶腐蚀问题。通常用一层玻璃纤维布将两者隔开再胶接到一起。

（8）对雷达罩等有特殊要求的夹层结构，面板、芯子和粘接剂选择必须考虑电性能、阻燃、毒性和烟雾等特殊设计要求。

8.6　损伤容限设计方法

在飞行器整个使用寿命期间，复合材料主结构可能遭遇的最危险的损伤是外来物意外冲击事件所产生的损伤。当复合材料主结构发生严重冲击损伤，直到损伤被发现前，其余结构应能承受合理的载荷而不发生破坏或过度的结构变形。

对带有损伤的复合材料飞机主结构，总的要求如下。

（1）带有定期检测或有指导的外场检测可能漏检的允许损伤和允许制造缺陷的结构，必须承受极限载荷，这类损伤包含目视勉强可见损伤（barely visible impact damage，BVID）和在制造或使用中引起的允许缺陷（小的分层、孔隙、小的划伤、沟槽和较小的环境损伤），含此类损伤结构不需要修理；

（2）带有在有指导的外场或定期维护检查时可靠检出损伤[含目视易见损伤（VID，visible impact damage）、深的划痕、可检分层及脱胶、严重的局部受热或环境退化]的结构，必须承受限制载荷能力，并根据正常的检测程序修理损伤使结构恢复承受极限载荷能力；

（3）损伤在事件发生后的几次飞行期间内，可以在使用中被发现，或被没有复合材料检查专业技术的外场维护人员可靠地检出，这类损伤[地面巡回检测期间或正常航线运行项目检测过程中检查到的目视明显可见损伤（large visible impact damage，LVID）或其他明显可见损伤]清晰目视明显可见，带有这类损伤的结构需具有承受限制载荷或接近限制载荷的能力，结构一旦发现此类损伤需立即修理；

（4）受到飞行中机组能明显可感知的离散源损伤的结构，必须能承受限制机动条件下的继续安全飞行和着陆载荷；

（5）任何修理过的损伤都必须能够承受极限载荷并满足疲劳损伤容限要求。

8.6.1　门槛值

1. 静强度两类门槛值

按照 CCAR25.305 和 AC20-107B 要求，需要明确定义图 8.1 中两类静强度截止门槛值：服役过程使用检查方法相应的可检门槛值和制造及服役过程中遇到的最大实际冲击能量，即极限载荷（ultimate load，UL）。假设的实际冲击能量发生概率为 10^{-5}/飞行小时（与限制载荷发生概率类似——寿命期内发生一次）。BVID 的确定与服役过程中使用的检查方法相关。这两类截止门槛值都需得到局方批准。

2. 损伤容限两类门槛值

按照 CCAR25.571 和 AC20 - 107B 要求,需要明确定义图 8.1 中两类损伤容限截止门槛值:极不可能冲击能量截止门槛值(小于 10^{-9}/飞行小时,与极限载荷发生类似)和目视明显可见损伤(LVID)。如图 8.1 所示,在 BVID 与 LVID 之间的损伤为目视易见损伤(VID);LL 是限制载荷(limit load);K 是一个系数。

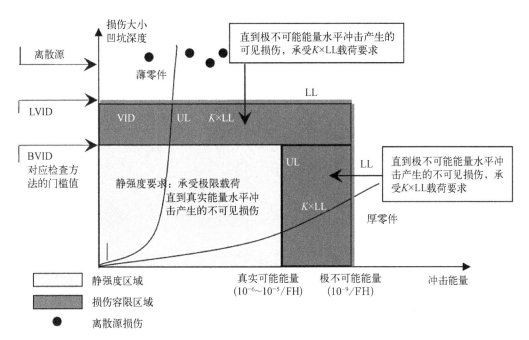

图 8.1　门槛值定义示意图

3. 检查方法及可检门槛值

检出概率(probability of detection, POD)曲线要通过统计研究来建立,研究时要对不同的单个事件来检查各种可能的损伤部位,必须考虑几个参数:冲击头直径、在基础材料上的喷漆、检测距离、光线等。在缺乏数据时,可能要基于工程判断来建立 POD 曲线。

对于每种检测[巡回检测(walk around, WA)、一般目视检测(general visual inspection, GVI)、详细目视检测(detailed inspection, DET)或专门的详细检测(special detailed inspection, SDI)]的效率要通过概率分布来描述,以便建立检测概率与损伤凹坑深度关系的模型。一般用对数正态分布来描述这些曲线,若是“边缘冲击损伤”,也能建立 POD 曲线,这时凹坑深度不应是表征可检性水平的唯一参数。一旦对每种检测类型和每种冲击类型建立了 POD,就能导出可检性门槛值。

对 SDI、DET 和 GVI 的可检性门槛值要取 B 基准值,与巡回检测(从地面进行)有关的可检性门槛值必须逐个情况具体分析来说明检查者和结构之间距离的影响,取决于所研究的复合材料零件在飞机上的位置,如表8.1所示。必须指出,可检性门槛值是冲击一侧(外部可检性)的门槛值,在有通道,从而可从冲击背面进行检测时,可以确定相应的可检性门槛值。

表 8.1 可检性准则和检查门槛值

| 检查方法 | 定　义 | 可检性门槛值（松弛后） | | 可检性判据 |
		横向冲击	边缘冲击	
专门的详细检测（SDI）	一种对特定结构、安装或装配进行彻底检查以检出损伤、失效或异常的检查方法。这种检查可能要大量使用专门的检测技术和/或设备。可能需要复杂的清洗、通畅的通道或拆卸程序。当需要进行这种检测时，在无损试验手册（non-destructive testing mannual，NTM）中详细地描述了无损检测（non-destructive testing，NDT）方法	分层面积	分层面积	可检性判据
		逐个情况分析 受 NDT 方法限制	逐个情况分析 受 NDT 方法限制	相关尺寸
详细目视检测（DET）	内部和/或外部结构相对局部的区域进行近距离集中的目视检测，类似于 GVI，需要适当的通道以便接近。现有的光线通常要用亮度适当的良好直射光源加以补充。检测辅助工具和技术可以更复杂些（如放大镜、在清洁元件上的掠光），也可能需要清洁表面	凹坑深度	凹坑深度 开裂区长度	可检性判据
		0.3 mm	0.3 mm 深 10 ~ 30 mm 长（TBD）	相关尺寸
一般目视检测（GVI）	内部和/或外部结构较大面积的仔细目视检查。除非另有规定，这种检测水平在可触及的距离内进行。需要有适当的通道以便接近（如拆除整流罩和检查口盖，使用梯子或工作平台），可能还需要检测辅助工具（如镜子）和清洁表面。这种检测水平在正常的已有光线条件下进行，如日光、机库光线、手电筒光线或吊灯	凹坑深度	凹坑深度 开裂区长度	可检性判据
		1.3 mm	1.3 mm 深 40 mm 长（TBD）	相关尺寸
巡回检测（WA）	从地面进行的长距离目视检测，来检出大范围的凹坑或纤维断裂，即目视明显可见损伤（LVID）	逐个情况分析 检测受距离影响 贯穿孔	逐个情况分析 检测受距离影响	可检性判据
		逐个情况分析 检测受距离影响 $\Phi50$ mm	逐个情况分析 检测受距离影响	相关尺寸

8.6.2　损伤扩展要求

带有 BVID 以下尺寸复合材料结构应采用损伤无扩展设计概念进行设计；带有 VID 尺寸复合材料结构，应保证在下次检测之前不出现明显有害扩展。

8.6.3　剩余强度要求

结构的剩余强度应满足下列要求。

1. 不可见损伤

由制造和使用中能实际预期（但不大于按所选检查方法确定的可检门槛值）的冲击损伤，不会使结构强度低于极限承载能力。可以通过对试验数据支持的分析，或者对试样、元件或结构件的试验来表明。

因此无论是由于意外冲击造成的(对应 BVID),或者是制造过程中产生的不可见损伤,都必须在最严重的环境条件下(湿度和温度),通过极限载荷以及飞机寿命最后阶段的静强度评定。

2. 目视易见损伤

目视易见对应于 VID,含 VID 的结构需在有指导的外场或定期维护检查时可靠检出,而且必须承受限制载荷。

3. 目视明显可见损伤

任何不能承受限制载荷的损伤在地面巡回检查一般目视检查(50 个飞行)中必须是容易检测的或者是明显的。在 50 个飞行间隔中,带有易见损伤结构必须能够承受 0.85 倍的限制载荷。

在飞行中出现的(如发动机破裂),乘务人员觉察到的明显损伤结构必须能够承受 0.7 倍的限制载荷。此时需规定机组在觉察离散源损伤后采取必要的限制机动措施来保证满足其剩余强度要求。

8.7　复合材料连接

8.7.1　复合材料连接方式

复合材料结构连接主要有三种类型:胶接连接、机械连接(包括螺接和铆接)和混合连接。胶接连接和机械连接是最常用的两种连接方法。胶接连接是借助粘接剂在固体表面产生的黏合力,将同种或不同种材料牢固地连接在一起;机械连接是用螺钉、螺栓和铆钉等紧固件将两种分离型材或零件连接成一个复杂零件或部件。工程中应用较多的是螺栓连接和铆钉连接。

一般来说,对于受力不大的薄壁结构,尤其是复合材料结构,应尽量采用胶接连接;连接构件较厚、受力大的结构,多采用螺栓连接或铆接等机械连接。在某些情况下,为了提高结构的安全性,往往采用胶-螺或胶-铆混合连接的方式。

采用机械连接方式,为提高连接强度,需要增加连接区域厚度,附加铺层和叠层,这就削弱了复合材料结构所带来的潜在的重量降低。同时螺栓连接需要在材料内部钻孔,不仅因切断纤维而导致孔邻近区域不利的应力集中,并且钻孔需要十分小心,以防破坏层合板而使得制造加工成本上升。

8.7.2　复合材料胶接连接

胶接是复合材料结构主要联系方式之一,使用粘接剂将复合材料零件连接成不可分割的整体。一般来说,对于受力不大的薄壁结构,尤其是纤维增强塑料结构件,采用胶接连接是方便的。

胶接连接的形式主要有单面搭接、双面搭接、斜面搭接以及阶梯形搭接。图 8.2 所示为胶接连接的基本形式。单面搭接接头是一种最简单的连接形式,一般承受拉伸载荷,这种接头形式中会产生最高的应力集中(在搭接区端部),同时由于载荷偏心,在胶接面上会产生正应力;双面搭接接头比单搭接复杂,但对弯矩和剥离应力有所消除,适用于薄的和中等厚度的层板,对制备缺陷有更大的兼容性;盖板接头比双面搭接接头更完善地解决了单面搭接接头存在的问题;斜面搭接、阶梯形搭接的制造工艺相对复杂。

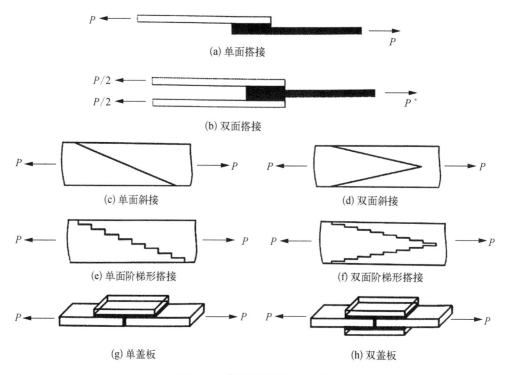

(a) 单面搭接

(b) 双面搭接

(c) 单面斜接

(d) 双面斜接

(e) 单面阶梯形搭接

(f) 双面阶梯形搭接

(g) 单盖板

(h) 双盖板

图 8.2　胶接连接的基本形式

为确保复合材料结构胶接强度的可靠性,对胶接强度设计要注意以下因素:

(1) 胶接的主要破坏形式是胶接件拉伸(或拉弯)破坏、胶层剪切破坏、剥离破坏或以上破坏形式的组合;

(2) 胶层应在最大强度方向受剪,勿使胶层受拉,避免剥离受载;

(3) 应避免胶接结构中出现胶层破坏;

(4) 胶接结构强度应保证胶层的峰值应力不得超过许用的最大应力;

(5) 湿热和腐蚀介质等环境对胶接强度有明显影响,特别是有高温使用要求时,更应注意;

(6) 对复合材料主要结构件(principal structural element,PSE),不允许仅使用胶接连接,需设计相应的螺栓连接保证胶接失效安全要求。

8.7.3　复合材料机械连接

机械连接是复合材料结构中一种最主要的连接形式。机械连接质量易于控制、强度分散性小、载荷传递效率大、便于装卸、安全可靠。但由于开孔将引起应力集中、连接效率降低,同时紧固件也会额外增加结构的重量和装配工作量。

为确保复合材料结构机械连接强度的可靠性,对机械连接的强度设计要注意以下因素:

（1）机械连接的破坏模式有单一型和组合型两类。单一型有层压板的挤压、拉伸、剪切、劈裂、拉脱和紧固件的剪切与拉伸七种破坏模式；组合型为上述单一型破坏模式的组合，如拉-剪、拉-挤、挤-剪等；

（2）与金属相比，复合材料相对较脆，连接的钉载及强度应以试验数据为基础或经试验修正的分析方法；

（3）机械连接的钉载分析应考虑连接件柔度的影响；

（4）复合材料机械连接挤压许用值要考虑材料（纤维、树脂类型、含量、形式及铺层顺序等）、几何形状（孔径、排距、端距、边距、板厚及连接形式和孔排列方式等）、紧固件参数的影响；

（5）分析复合材料连接板强度时应考虑挤压和旁路载荷的联合作用。

8.8　本章小结

本章主要介绍了复合材料结构设计原则、层合板以及夹层结构设计方法、复合材料结构设计许用值的确定原则，以及常用的复合材料连接方式。

课后习题

1. 阐述复合材料结构设计的主要原则。
2. 阐述复合材料结构设计与金属结构设计的异同。
3. 阐述复合材料层合板设计的一般原则。
4. 阐述许用值和设计许用值的定义和内涵。
5. 阐述复合材料连接方式及其适用范围。

第 9 章
柔性复合材料结构

本章主要介绍柔性复合材料结构设计与分析。首先介绍柔性复合材料结构的特点及力学基础;然后介绍柔性结构非线性有限元分析方法;之后介绍柔性结构褶皱以及柔性充气结构的膨胀与弯皱特性;最后介绍柔性充气结构的展开动力学分析方法及特性。

学习要点:

(1) 柔性结构非线性有限元分析方法;

(2) 柔性结构的褶皱判定准则、充气结构的鼓胀与弯皱分析;

(3) 充气结构的分段式充气控制体积法。

9.1 引 言

与刚性复合材料相比,柔性复合材料的厚度很薄、面密度很低且柔软易折。另外,柔性复合材料还具有典型的正交各向异性、不均匀性、物理非线性、黏弹性和明显的温度效应等特点。由柔性复合材料构建的结构具有典型的几何非线性、应力刚化效应、密频与重频振动等特征,部分特殊结构(如橡胶复合材料结构等)需要利用不可压缩性质平衡法向载荷。

柔性复合材料结构本身的抗拉性能远高于其抗压和抗弯性能,因此,需要借助加强或支撑构件通过充气等方式使其内部产生一定的预张力,来形成某种空间结构形状,以此承受一定的外载荷作用。依据张力产生来源的不同,可以将柔性复合材料结构分为充气式和张拉式两大类。充气式柔性复合材料结构主要是利用腔内外空气的压力差为柔性复合材料施加预应力,使得柔性复合材料能够覆盖所形成的立体空间并承载。作用在充气式柔性复合材料结构外的载荷常常呈现非均匀分布状态,此时,结构形状会发生较大改变以缩小腔内容积并提高腔内外压力差来平衡外载荷。由于柔性复合材料的抗弯与抗压刚度很小,不能将载荷传递至较大的范围,结构局部变形和应变都会很大,从而出现褶皱、应力集中等现象,且一定程度会导致材料的撕裂。为此,大尺度的充气式柔性复合材料结构需要考虑使用索系张拉或构件支撑,以便将载荷传递到更大的范围。张拉式柔性复合材料结构通过给柔性复合材料直接施加预张力,使之具有刚度并承担外载荷的结构形式。当结构尺度较大时,由于既轻且薄的柔性复合材料本身抵抗局部载荷的能力较差,难以单独受力,需要与索系或气肋结合,形成肋-索-膜组合结构,整体协同承受载荷作用。

本章以充气式柔性复合材料结构为主要对象,介绍柔性充气结构的典型应用、柔性结构力学基础、柔性结构的褶皱判定准则、充气结构的鼓胀与弯皱、充气结构的展开动力学特性等。

9.2 柔性充气结构的典型应用

按照应用领域所处空间划分,柔性充气结构主要应用于地面建筑类充气结构、临近空间飞行器充气结构和宇航飞行器充气结构。

1. 地面建筑类充气结构

地面建筑类充气结构(图9.1)主要分为气承式结构和气肋式结构。气承式结构是通过压力控制系统向建筑物室内充气,使结构内外保持一定的压力差,囊体受到上浮力并产生一定的预张力,以保证体系的刚度。室内设置空压自动调节系统,来不断地调整室内气压,以适应外部荷载的变化。气肋式结构是向单个腔体构件内充气,使其保持足够的压力,多个充气构件进行组合形成一定形状的一个整体受力体系,这种结构对柔性材料自身的气密性要求很高,或需不断地向结构腔内充气。另外,还可以将多个单体充气承力结构进行必要的组合形成充气承力框架,进而撑拉柔性结构成形。地面建筑类充气结构主要需要考虑承力特性、防火特性、透光性、耐火特性以及自洁特性等要求,除此外在对结构进行成型和裁剪时,需要特殊考虑初始形态确定、裁剪计算和载荷分析,需要满足建筑复合材料结构的外形及功能设计要求。

(a) 中国水立方   (b) 日本充气膜"富士馆"

图 9.1 地面建筑类充气结构

2. 临近空间飞行器充气结构

临近空间飞行器充气结构包括浮空气球和充气飞艇(图9.2)。充气飞艇与浮空气球的最大区别在于飞艇具有推进和控制飞行状态的装置,可在空中长时悬停和机动飞行。浮空气球因没有承力构架因此不能形成有效的气动外形,此外由于没有动力、控制和能源系统,因此也不能定点悬停,这些缺点都不利于其应用。而飞艇所面临的主要问题就是如何最大限度地减轻结构重量和提高生存周期。鉴于以上问题,空中展开飞艇的概念应运而生。所谓空中展开飞艇就是发射之前飞艇折叠进入发射装置之中,当发射装置到达一定高度后释放飞艇,充气展开形成初步气动外形,由充气支撑骨架维持结构形状。该结构的囊体内部布置环向高压充气承力结构,联合纵向支撑杆系构成充气承力骨架,辅以较小的内压支撑蒙皮构成飞艇结构。这种结构引入的高压充气骨架能够有效地降低飞艇对囊体材料强度的要求,进而可以极大地降低囊体重量实现结构轻量化,是飞艇结构形式的发展方向。

(a) 浮空气球   (b) 充气骨架展开式飞艇

图 9.2 临近空间飞行器充气结构

3. 宇航飞行器充气结构

随着空间高度的不断提升,进入大气层的宇航器对结构轻量化的要求更为苛刻。从结构的角度看:结构本身体积不能太大否则将无法装入运载器中;结构的重量不能太大,否则将超过运载器的运载能力。而目前随着全世界空间探索活动的不断深入,对大型甚至是超大型宇航器的需求日益迫切,如需要几十米甚至是上百米的大口径天线以获取高分辨率的信号,需要上百平方米甚至是上千平方米的大面积太阳帆以实现多功能深空探测等。由此,轻质、柔性和可折叠的柔性充气结构成为大型宇航器方案设计的首选结构形式。

充气膜承力结构在这些宇航器膜结构中发挥着至关重要的作用,如对于空间充气展开天线而言,充膜承力结构以充气薄膜管和充气薄膜环的单体及其组合形式工作于其中,如图 9.3 所示。充气展开天线主要是以首发电信号为主要目标,其结构的形面精度(工作

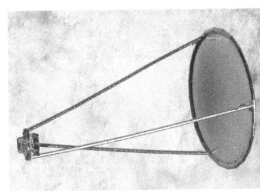 

(a) 充气展开天线   (b) 充气伸展臂支撑太阳帆

图 9.3 宇航飞行器充气结构

状态时的实际面与设计面之间偏差的差方和的均方根,因此也称为均方根偏差)高低直接影响天线的电性能。例如,一个应用于电子侦察的口径 25 m 的天线,它的反射面结构形面精度要求为小于 5 mm。如此高的精度要求对支撑反射面的充气膜承力结构的指向精度和承力特性具有更为苛刻的要求。仍以上面的天线为例,支撑反射面的充气薄膜管的指向精度需要达到小于 0.1 mm/1 m。但充气薄膜管是典型的薄壁结构,局部皱曲后产生的褶皱会极大地降低结构的承载能力和指向精度,因此,充气膜承力结构的屈曲和局部皱曲行为的研究是大型宇航器膜结构尤其是高精度宇航器膜结构的关键问题,对其结构中产生的褶皱进行控制也是十分必要的。

9.3 柔性结构力学基础

柔性结构主要以抗拉承载为主,依靠表面的正负曲率变化或引入初始预应力,使其产生应力刚化效应,从而产生刚度来抵抗外载的作用。载荷作用下结构具有典型的大变形特点,平衡方程和几何关系都应该考虑其几何非线性特征,平衡条件应建立在变形后的位形上,应变表达式中应包括位移的多次项。柔性材料的材料非线性和各向异性也是比较显著的,但是由于很难精确表达柔性复合材料的非线性本构关系,故在一般实际计算中,多采用简化的线性本构关系。

9.3.1 变形的定义和描述

结构的变形是通过结构上某些或所有物质点的位置及其变化的描述来实现的。所谓描述,就是要选定一个参考系,把所有物质点对该参考系的位置及其变化用一定的函数关系来表示。常用的参考系有变形开始时刻 $(t=0$ 的时刻)的构形 Ω_0(初始构形)。称为初始构形参考系,记为 $O-XYZ$;t 时刻的构形 Ω_t(现时构形),称为现时构形参考系,记为 $o-xyz$,如图 9.4 所示。若记任一物质点 M 在初始构形 Ω_0 中的位置向量为 $X=[X\ Y\ Z]^T$,则该物质点在现时构形 Ω_t 中所处的空间位置向量 $x=[x\ y\ z]^T$ 可表示为

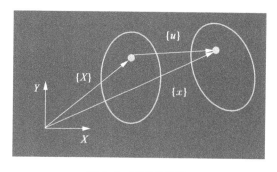

图 9.4 变形的描述

$$x=x(X,t),y=y(X,t),z=z(X,t) \tag{9.1}$$

反之,若已知时刻结构中任一物质点在现时构形 Ω_t 中所处的空间位置向量 $x=\{x\ y\ z\}^T$,则它在初始构形 Ω_0 中的位置向量 $X=[X\ Y\ Z]^T$ 可用式(9.1)的逆函数唯一表示为

$$X=X(x,t),Y=Y(x,t),Z=Z(x,t) \tag{9.2}$$

位置向量 X 是识别初始构形 Ω_0 中物质点的"标志",用该向量表示的物质点的坐标称为"拉格朗日(Lagrange)坐标";位置向量 x 是识别现时构形 Ω_t 中物质点空间位置的"标志",用该

向量表示的物质点的坐标称为"欧拉(Euler)坐标"。由此,初始坐标系又称为拉格朗日坐标系,现时坐标系成为欧拉坐标系。初始构形为拉格朗日构形,现时构形为欧拉构形。

由此可以得到,物质点的变形为

$$\{u\} = \{x\} - \{X\} \tag{9.3}$$

9.3.2 应变的定义和分类

应变和位移的关系为几何关系,由变形确定位移后,可以根据几何关系确定应变。膜结构的几何关系是非线性的,所谓的非线性就是指应变与位移间的非线性关系,而问题的几何非线性,也仅仅体现在这种非线性关系上。因此,研究几何非线性问题,即是要在考虑大变形的情况下研究应变的定义及其与位移间的关系。这里,应变不仅要考虑一阶无穷小的线性应变,还要考虑高阶无穷小的非线性应变量。

相对于两种变形的度量,有两种对应的应变,即相对于初始物形度量的应变,称为Green应变,相对于现时物形度量的应变,称为Almansi应变。

Green应变的张量为

$$E_{ij} = \frac{1}{2}\left(\frac{\partial u_i}{\partial X_j} + \frac{\partial u_j}{\partial X_i} + \frac{\partial u_k}{\partial X_i}\frac{\partial u_k}{\partial X_j}\right) \tag{9.4}$$

Almansi应变的张量为

$$e_{ij} = \frac{1}{2}\left(\frac{\partial u_i}{\partial x_j} + \frac{\partial u_j}{\partial x_i} + \frac{\partial u_k}{\partial x_i}\frac{\partial u_k}{\partial x_j}\right) \tag{9.5}$$

在研究结构的几何非线性问题中,使用Green应变,所用到的非线性几何方程式为式(9.4),而Almansi应变及其非线性几何方程式(9.5)主要用于流体力学及其他有关分支学科。

Green应变与Almansi应变之间的关系如下:

$$E = F^{\mathrm{T}}eF \tag{9.6}$$

其中,$F = \dfrac{\partial\{x\}}{\partial\{X\}} = \begin{bmatrix} \dfrac{\partial x}{\partial X} & \dfrac{\partial x}{\partial Y} & \dfrac{\partial x}{\partial Z} \\ \dfrac{\partial y}{\partial X} & \dfrac{\partial y}{\partial Y} & \dfrac{\partial y}{\partial Z} \\ \dfrac{\partial z}{\partial X} & \dfrac{\partial z}{\partial Y} & \dfrac{\partial z}{\partial Z} \end{bmatrix}$ 为变形梯度,是物体变形程度的度量,反映连续介质力

学变形的基本量。变形梯度反映体积改变、转动和由于应变而引起的形状改变。

9.3.3 应力的定义和分类

如果应变张量被定义于物质坐标系中,则相应的应力张量也应定义于物质坐标系中;反之,如果应变张量定义于空间位置坐标系中,则应力张量亦应如此。

当结构体系出现有限变形时,选用变形前或者变形后的坐标来描述平衡方程有着本质的差别,因此在建立单元平衡方程时,不能采用按照小变形假设所得出的应力张量。在

有限变形分析中,只有在变形后的位形上定义的应力张量才有实际的意义,这样定义的应力张量称为 Cauchy 应力张量,与之相对应的是基于 Cauchy 应力的线性应变。在未变形的位形上定义的应力张量称为 Kirochhoff 应力,与之相对应的应变称为 Green 应变。下面列出不同应力的表达及相互关系。

Cauchy 应力:

$$\sigma_{ij} = \frac{\mathrm{d}t}{\mathrm{d}a} = \begin{bmatrix} \sigma_x & \sigma_{xy} & \sigma_{xz} \\ & \sigma_y & \sigma_{yz} \\ \text{对称} & & \sigma_z \end{bmatrix} \tag{9.7}$$

其中,t 为当前力;a 为当前微元面积。

Kirochhoff 应力:

$$S_{ij} = \frac{\mathrm{d}T}{\mathrm{d}A} = \begin{bmatrix} S_x & S_{xy} & S_{xz} \\ & S_y & S_{yz} \\ \text{对称} & & S_z \end{bmatrix} \tag{9.8}$$

需要指出的是,对于薄膜结构而言,多采用平面假定,如平面应力假定。此时,厚度方向应力为零,故 Cauchy 应力变为

$$\sigma_{ij} = \begin{bmatrix} \sigma_x & \sigma_{xy} & 0 \\ \sigma_{xy} & \sigma_y & 0 \\ 0 & 0 & 0 \end{bmatrix} \tag{9.9}$$

Kirochhoff 应力亦具有类似的形式。

Cauchy 应力与 Kirochhoff 应力之间的关系为

$$\sigma = J^{-1} F S F^{\mathrm{T}} \tag{9.10}$$

其中,$J = |F|$。

9.3.4　本构矩阵

为了得到平衡方程还需要考虑物理方程,即应力-应变关系。物理方程一般是通过应力向量和应变向量给出,即在初始构形上 Kirchhoff 应力向量和 Green 应变向量之间的关系,或在现时构形上 Cauchy 应力向量与 Almansi 应变向量之间的关系。

Kirchhoff 应力向量和 Green 应变向量之间的关系为

$$S_{ij} = D^0_{ijkl} E_{kl} \quad (i, j, k, l = X, Y, Z) \tag{9.11}$$

Cauchy 应力向量与 Almansi 应变向量之间的关系为

$$\sigma_{mn} = D_{mnpq} e_{pq} \quad (m, n, p, q = x, y, z) \tag{9.12}$$

其中,D 为本构矩阵(刚度矩阵或弹性系数矩阵)。

根据 Kirchhoff 应力和 Cauchy 应力之间的关系式(9.10)和 Green 应变与 Almansi 应变之间的关系式(9.6),不难得到两种构形上本构矩阵之间的关系。

将式(9.10)写成如下的形式:

$$\sigma_{mn} = J^{-1} \frac{\partial x_m}{\partial X_i} \frac{\partial x_n}{\partial X_j} S_{ij} \qquad (9.13)$$

同样,式(9.6)可以写成:

$$E_{kl} = e_{pq} \frac{\partial x_p}{\partial X_k} \frac{\partial x_q}{\partial X_l} \qquad (9.14)$$

式(9.14)也可写成:

$$e_{pq} = E_{kl} \frac{\partial X_k}{\partial x_p} \frac{\partial X_l}{\partial x_q} \qquad (9.15)$$

再将式(9.13)和式(9.15)代入到式(9.12)中,得到:

$$J^{-1} \frac{\partial x_m}{\partial X_i} \frac{\partial x_n}{\partial X_j} S_{ij} = D_{mnpq} E_{kl} \frac{\partial X_k}{\partial x_p} \frac{\partial X_l}{\partial x_q} \qquad (9.16)$$

整理得到:

$$S_{ij} = J \frac{\partial X_i}{\partial x_m} \frac{\partial X_j}{\partial x_n} D_{mnpq} \frac{\partial X_k}{\partial x_p} \frac{\partial X_l}{\partial x_q} E_{kl} \qquad (9.17)$$

联合式(9.17)和式(9.11),可以得到两种构形下的本构矩阵关系为

$$D_{ijkl}^{0} = J \frac{\partial X_i}{\partial x_m} \frac{\partial X_j}{\partial x_n} D_{mnpq} \frac{\partial X_k}{\partial x_p} \frac{\partial X_l}{\partial x_q} \qquad (9.18)$$

9.4 柔性结构非线性有限元分析方法

在对柔性结构进行设计与分析中,多将超轻柔软的柔性材料简化处理为弹性薄膜,几何条件考虑结构的大变形小应变特征,平衡条件建立在变形后的位形上。另外还应注意非线性方程组迭代收敛的条件和判断准则及膜面褶皱的判断和处理。在几何非线性分析时,为跟踪加载过程的应力、应变过程,以及保证求解的精度和稳定性常采用增量法求解。在增量法分析中,所选择的参考位形不同,有两种基本表达格式:一种是选择初始位形作为参考位形,整个分析过程中参考位形保持不变,称为全格式;另一种是选择每一时间步长开始时的位形作为参考位形,整个分析过程中参考位形是不断更新的,称为更新格式。柔性结构一般多采用更新格式进行分析。

9.4.1 膜结构有限元基本方程

首先,将结构离散化为若干三结点常应变平面应力三角形薄膜单元,选取恰当的位移插值函数。得到膜单元内任一点位移与节点位移之间的关系:

$$u_t = \sum_{t=1}^{n} N_k \cdot u_t^k \qquad (9.19)$$

写成矩阵形式为

$$\{u\} = [N]\{u^k\} \qquad (9.20)$$

式中, $[N]$ 是局部坐标系下的插值函数; $\{u^k\}$ 是局部坐标系下 t 时刻单元结点位移增量; n 是单元结点总数。

其次,进行与线性分析相似的单元分析,代入更新的拉格朗日增量单元刚度方程,并把这些单元刚度方程组集成结构的整体方程。在 $t + \Delta t$ 时刻局部坐标系下膜单元的增量刚度方程,即膜结构的有限元基本方程可写成:

$$\{{}_t^t[K_L] + {}_t^t[K_N]\}\Delta\{u\}^i = {}^{t+\Delta t}\{T\} - {}_{t+\Delta t}^{t+\Delta t}\{F\}^{i-1} \qquad (9.21)$$

式中, ${}_t^t[K_L]$ 是为线性应变增量刚度矩阵; ${}_t^t[K_N]$ 是非线性应变增量刚度矩阵; ${}_{t+\Delta t}^{t+\Delta t}\{F\} = \int_{{}^{t+\Delta t}V}{}_{t+\Delta t}[B_L]^{T\,t+\Delta t}\{\sigma\}^{t+\Delta t}dV$ 是 $t + \Delta t$ 时刻单元应力结点等效力矢量; ${}^{t+\Delta t}\{T\}$ 是充气压力作用载荷;其中刚度矩阵和等效力矢量的具体形式则依单元形函数的选择而异。考虑在 $t + \Delta t$ 时刻结构单元微面积 ${}^{t+\Delta t}dA$ 上的气压荷载为

$$dT_k^{(j)} = -{}^{t+\Delta t}p\,{}^{t+\Delta t}n_k^{(j)\,t+\Delta t}dA \qquad (9.22)$$

由式(9.22)可得在迭代过程中单元表面荷载等效节点力列阵为

$${}^t\{T^{(j)}\}^e = \int_A [N]^{T\,t}p^{(j)}n_k^{(j)t}dA \qquad (9.23)$$

对于平面三角形单元作用充气压力荷载,式(9.23)可简化为

$${}^t\{T^{(j)}\}^e = \frac{1}{3}A[p_x,p_y,p_z,p_x,p_y,p_z,p_x,p_y,p_z]^T \qquad (9.24)$$

$$\begin{cases} p_x = {}^t n_x \cdot p^{(j)} \\ p_y = {}^t n_y \cdot p^{(j)} \\ p_z = {}^t n_z \cdot p^{(j)} \end{cases} \qquad (9.25)$$

式中, $p^{(j)}$ 是薄膜单元单位面积所受的内压; ${}^t n_x$、${}^t n_y$、${}^t n_z$ 是单元平面内外法线矢量沿着整体坐标系 X、Y、Z 轴的分量。

9.4.2　方程组解法

几何非线性问题经过有限元离散后,其数值解通过一系列线性方程组的解逐步逼近。在其求解中,通常采用增量逐步求解方法。假定离散时刻 t 的解已知,求离散时刻 $t + \Delta t$ 的解。这里 Δt 是适当选择的时间增量,因此,在 $t + \Delta t$ 时刻非线性问题的基本方程可写成:

$$\phi(u) = {}^{t+\Delta t}P(u) - {}^{t+\Delta t}R = 0 \qquad (9.26)$$

式中, ${}^{t+\Delta t}R$ 是作用在结点上的外载荷; ${}^{t+\Delta t}P(u)$ 是等效于单元应力的结点力。

由于结点力 ${}^{t+\Delta t}P(u)$ 非线性地依赖于结点位移 u，因此需要对有限元非线性方程组进行牛顿-拉夫森(NR)数值方法迭代求解。NR 法仅取得了线性项，其解仍是一个近似解，需不断进行迭代，直至合理的收敛准则得到满足。通常，用 NR 法解非线性方程组时，在迭代的每一步都须重新计算和分解切线刚度矩阵。

9.4.3 收敛准则

用迭代法求解非线性方程组的过程中，必须在每次迭代结束后，进行发散或收敛检查，以判定所得到解的可信性。一般来说，发散的判定准则有以下两种：

（1）迭代次数超过某一预定的最大限值；

（2）位移矢量的增量的某种范数越来越大，即

$$\| u_{i+1} - u_i \| > \| u_i - u_{i-1} \| \tag{9.27}$$

收敛的判定准则有以下三种。

（1）位移准则：当每一步迭代求得的位移增量范数的比值达到控制精度时，可以认为已经收敛，即

$$\frac{\| \Delta u^{(i)} \|}{{}^{t+\Delta t}u^{(i+1)}} \leqslant \varepsilon_D \tag{9.28}$$

（2）不平衡力准则：在位移法有限元中，由于位移的收敛较不平衡力的收敛要快，因此，必须对不平衡力的收敛加以控制，此准则要求：

$$\| {}^{t+\Delta t}R - {}^{t+\Delta t}P^{(i)} \| \leqslant \varepsilon_P \| {}^{t+\Delta t}R - {}^{t}P^{(i)} \| \tag{9.29}$$

（3）能量准则：要求在迭代中能量(不平衡载荷在位移增量上所做的功)与初始内能增量之比在预定控制精度内，即

$$(\Delta u^{(i)})^{\mathrm{T}} \| {}^{t+\Delta t}R - {}^{t+\Delta t}P^{(i)} \| \leqslant \varepsilon_E (\Delta u^{(i)})^{\mathrm{T}} \| {}^{t+\Delta t}R - {}^{t}P^{(i)} \| \tag{9.30}$$

9.5 柔性结构的褶皱

褶皱是柔性结构中一种常见的非线性形变状态，它主要受外部载荷和结构边界条件的影响，以及来自膜材在加工和包装过程中人为造成的不可恢复的面外变形(图 9.5)。

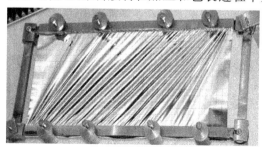

褶皱的扩展会使结构局部皱曲，影响结构承载力，进而影响整个结构的受力状态，改变结构载荷路径。由于褶皱会使材料在一定区域汇聚集中，因此，会改变结构局部刚度和质量，因此对结构振动特性有明显影响。此外，褶皱会使结构局部有效面积增加，进而导致此处的热场分布明显有别于其他区域，因此，褶皱对结构的热力学特也

图 9.5 剪切作用下矩形柔性结构中的褶皱

存在显著的影响。褶皱预报与控制是柔性结构设计的主要任务之一。

9.5.1　柔性结构的褶皱状态

外力作用下柔性结构中经常会出现三种不同形变状态,除了褶皱状态外,还有张紧状态和松弛状态,如图 9.6 所示。其中张紧状态是维持柔性结构正常工作的状态,属于双轴均匀拉伸状态。若材料在两个方向上都呈现无张力状态(或双向受压),结构就表现出松弛,而松弛的表面上不能承受任何外荷载作用。褶皱状态介于两者之间,属于单轴拉应力状态。

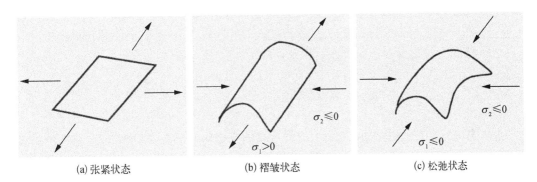

(a) 张紧状态　　　　　(b) 褶皱状态　　　　　(c) 松弛状态

图 9.6　柔性结构的三种形变状态

褶皱的存在主要是因为柔性结构抗弯刚度小而无法承受压缩应力的作用,因此,结构会在压缩应力作用下产生面外变形,进而形成褶皱。褶皱从形成、扩展到结构失效直至破坏,共包含 4 个主要阶段,如图 9.7 所示,第一个阶段为初始未变形阶段,该阶段结构处于自由状态,该状态不能用于承载和受力分析,必须对其进行预张力作用,使其成为结构,进而进入第二阶段,该阶段薄膜处于等压力均匀受力状态。该状态为柔性结构受力分析的初始状态,期间的应力作为初始预应力引入分析计算中。此后,结构在外载非均匀拉力作用下会产生褶皱(进入第三阶段),该阶段薄膜处于褶皱状态,此时褶皱仅在受力点或结构端角区域存在,褶皱波长和幅度均较小,对整个结构的性能几乎没有影响。随着载荷作用力的不断增加,褶皱不断扩展,由端角向中心直至整个结构扩散和传播,并致使整个结构最终都产生褶皱,其中横贯整个结构的褶皱,幅度相当大,其对整个结构受力性能的

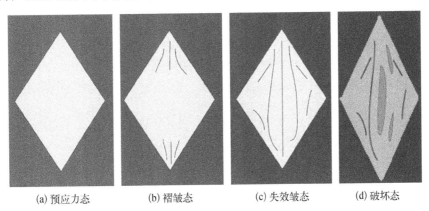

(a) 预应力态　　　(b) 褶皱态　　　(c) 失效皱态　　　(d) 破坏态

图 9.7　膜褶皱的形成及扩展

影响十分显著,此时整个结构已经失效,此为第四阶段。该过程若继续下去,将使得整个结构发生塑性变形并最终导致整个结构沿着大褶皱的方向撕裂破坏。

9.5.2 褶皱的判定准则

1. 主应力准则

根据褶皱的实际形变状态知其为单轴拉应力状态,其单个褶皱构形的表面上一点的张力就是其实际的主应力 σ_1^* 和 σ_2^*。表面上一点的受力状态即可据此进行判别,这就是判别褶皱受力状态的主应力准则。但在实际的计算中,首先得到的是单元内一点位移 $\{x,y,z\}$,然后由几何方程得到其应变 $\{\varepsilon_x,\varepsilon_y,\gamma_{xy}\}$,进而由应变得到任一点的应力 $\{\sigma_x,\sigma_y,\tau_{xy}\}$,再由该点的应力分量计算出其主应力为

$$\sigma_{1,2} = \frac{\sigma_x + \sigma_y}{2} \pm \sqrt{\left(\frac{\sigma_x - \sigma_y}{2}\right) + \tau_{xy}^2} \tag{9.31}$$

对于主应力准则而言,当结构中最小主应力为零就判定褶皱出现,据此得到主应力准则表述如下:

(1) 当 $\sigma_2 > 0$ 时,纯拉状态(张紧状态);

(2) 当 $\sigma_1 \leqslant 0$ 时,松弛状态;

(3) 当 $\sigma_1 > 0$ 且 $\sigma_2 \leqslant 0$ 时,单向拉伸褶皱状态。

但是需要说明的是,若在某一步的计算中结构已进入了褶皱状态,即真实的主应力 σ_2^* 已小于零,但在计算出主应力之前并不知晓,故由应变计算应力时,仍会使用正常的本构矩阵,而未采用褶皱状态的本构矩阵。那么,计算得到的主应力值 σ_1 和 σ_2 可能并不是其真实值 σ_1^* 和 σ_2^*,这就可能导致对结构受力状态的误判。

2. 主应变准则

直接采用主应力准则易出现误判,其主要原因是从应变求应力的过程中可能采用错误的本构矩阵,于是人们提出了首先由该点的应变 $\{\varepsilon_x,\varepsilon_y,\gamma_{xy}\}$ 计算主应变,即

$$\varepsilon_{1,2} = \frac{\varepsilon_x + \varepsilon_y}{2} \pm \frac{1}{2}\sqrt{(\varepsilon_x - \varepsilon_y)^2 + \gamma_{xy}^2} \tag{9.32}$$

主应变准则即以两主应变 ε_1 和 ε_2($\varepsilon_1 \geqslant \varepsilon_2$)作为指标的判别准则,但不能够向主应力准则那样直接确定,因为结构的受力状态是由主应力确定的,而不是主应变确定的。因此主应变准则的建立应根据主应力状态确定主应变准则的判别式。

对于各向同性柔性材料(如聚酰亚胺类薄膜)主应力与主应变间的关系为

$$\begin{Bmatrix} \sigma_1 \\ \sigma_2 \\ 0 \end{Bmatrix} = \begin{bmatrix} D_{11} & D_{12} & 0 \\ D_{21} & D_{22} & 0 \\ 0 & 0 & D_{33} \end{bmatrix} \begin{Bmatrix} \varepsilon_1 \\ \varepsilon_2 \\ 0 \end{Bmatrix} \tag{9.33}$$

式中,$D_{11} = D_{22} = \dfrac{E}{1-\nu^2}$;$D_{12} = D_{21} = \dfrac{\nu E}{1-\nu^2}$;$D_{33} = G_{12}$。其中,$E$ 为弹性模量;G_{12} 为剪切

模量;ν 为泊松比。

将式(9.33)展开为

$$\sigma_1 = \frac{E}{1 - \nu^2}(\varepsilon_1 + \nu\varepsilon_2) \tag{9.34}$$

$$\sigma_2 = \frac{E}{1 - \nu^2}(\varepsilon_2 + \nu\varepsilon_1) \tag{9.35}$$

若结构开始进入单向褶皱状态,即 $\sigma_2 = 0$,由式(9.35)可得

$$\varepsilon_2 = -\nu\varepsilon_1 \tag{9.36}$$

当 $\sigma_1 = \sigma_2 = 0$ 时,结构开始进入松弛状态,由式(9.34)和式(9.35)可知:

$$\varepsilon_1 = \varepsilon_2 = 0 \tag{9.37}$$

故判别褶皱的主应变准则可表述如下:

(1) 当 $\varepsilon_1 > 0$ 且 $\varepsilon_2 > -\nu\varepsilon_1$ 时,纯拉状态(张紧状态);

(2) 当 $\varepsilon_1 \leqslant 0$ 时,松弛状态;

(3) 当 $\varepsilon_1 > 0$ 且 $\varepsilon_2 \leqslant -\nu\varepsilon_1$ 时,单向拉伸褶皱状态。

由于式(9.33)中应变为真实应变,故采用此判别准则不会出现误判。

主应变准则只适合于各向同性材料,而柔性材料多为正交各向异性,尤其是织物复合材料。对于正交各向异性材料,主应变准则不适合。

对于正交各向异性材料,应力与应变间存在拉剪耦合作用,即当正应力方向与弹性主轴方向不一致时,正应力可产生剪应变,而剪应力可产生正应变,主应力方向上的应变不一定是主应变。故式(9.33)对于正交异性材料并不一定成立。此时主应力与主应力方向上应变间的本构矩阵需根据主应力方向与弹性主轴方向的相对位置和弹性主轴上的本构矩阵确定。

设正交异性材料在其弹性主轴上的本构关系为

$$\sigma_m \begin{Bmatrix} \sigma_W \\ \sigma_F \\ \sigma_{WF} \end{Bmatrix} = \begin{bmatrix} D_{11} & D_{12} & 0 \\ D_{21} & D_{22} & 0 \\ 0 & 0 & D_{33} \end{bmatrix} \begin{Bmatrix} \varepsilon_W \\ \varepsilon_F \\ \gamma_{WF} \end{Bmatrix} = D\varepsilon_m \tag{9.38}$$

其中,$D_{11} = \dfrac{E_1}{1 - \nu_1\nu_2}$;$D_{22} = \dfrac{E_2}{1 - \nu_1\nu_2}$;$D_{33} = G_{12}$;$D_{12} = D_{21} = \dfrac{\nu_2 E_1}{1 - \nu_1\nu_2} = \dfrac{\nu_1 E_2}{1 - \nu_1\nu_2}$(即 $\nu_2 E_1 = \nu_1 E_2$)。其中,E_1、σ_W、ε_W 分别为经向弹性模量、应力和应变;E_2、σ_F、ε_F 分别为纬向弹性模量、应力和应变;σ_{WF} 和 γ_{WF} 分别剪应力和剪应变;ν_1 和 ν_2 分别为经向引起的纬向、纬向引起的经向泊松比。设 x、y 坐标轴与弹性主轴间的夹角为 α,那么 x、y 坐标轴方向上的应力分量 $\sigma = \{\sigma_x, \sigma_y, \tau_{xy}\}$ 与其应变分量 $\varepsilon = \{\varepsilon_x, \varepsilon_y, \gamma_{xy}\}$ 间的关系为

$$\sigma = T_\alpha D T_\alpha^T \varepsilon = \overline{D} \varepsilon \tag{9.39}$$

其中，$T_\alpha = \begin{bmatrix} \cos^2\alpha & \sin^2\alpha & -2\sin\alpha\cos\alpha \\ \sin^2\alpha & \cos^2\alpha & 2\sin\alpha\cos\alpha \\ \sin\alpha\cos\alpha & -\sin\alpha\cos\alpha & \cos^2\alpha - \sin^2\alpha \end{bmatrix}$，$\overline{D} = \begin{bmatrix} \overline{D}_{11} & \overline{D}_{12} & \overline{D}_{13} \\ \overline{D}_{21} & \overline{D}_{22} & \overline{D}_{23} \\ \overline{D}_{31} & \overline{D}_{32} & \overline{D}_{33} \end{bmatrix}$。

由式(9.31)得到的主应力与 x 坐标轴间的夹角 φ 为

$$\tan\varphi = -\frac{\tau_{xy}}{\sigma_x - \sigma_2} = -\frac{\tau_{xy}}{\sigma_1 - \sigma_y} \tag{9.40}$$

那么主应力方向与弹性主轴方向间的夹角为 $\theta = \alpha + \varphi$。

主应力方向上的应力 $\{\sigma_1, \sigma_2, 0\}^T$ 与该方向上的应变 $\{\varepsilon_1', \varepsilon_2', \gamma_{12}'\}^T$ 的关系为

$$\begin{Bmatrix} \sigma_1 \\ \sigma_2 \\ 0 \end{Bmatrix} = T_\theta D T_\theta^T \begin{Bmatrix} \varepsilon_1' \\ \varepsilon_2' \\ \gamma_{12}' \end{Bmatrix} = \tilde{D} \begin{Bmatrix} \varepsilon_1' \\ \varepsilon_2' \\ \gamma_{12}' \end{Bmatrix} \tag{9.41}$$

其中，$T_\theta = \begin{bmatrix} \cos^2\alpha & \sin^2\alpha & -2\sin\alpha\cos\alpha \\ \sin^2\alpha & \cos^2\alpha & 2\sin\alpha\cos\alpha \\ \sin\alpha\cos\alpha & -\sin\alpha\cos\alpha & \cos^2\alpha - \sin^2\alpha \end{bmatrix}$；$\tilde{D} = \begin{bmatrix} \tilde{D}_{11} & \tilde{D}_{12} & \tilde{D}_{13} \\ \tilde{D}_{21} & \tilde{D}_{22} & \tilde{D}_{23} \\ \tilde{D}_{31} & \tilde{D}_{32} & \tilde{D}_{33} \end{bmatrix}$。

根据褶皱形变状态的主应力关系，将 $\sigma_2 = 0$ 代入式(9.41)中发现，并不能唯一确定各应变分量之间的关系，因此无法得到相应的主应变准则，即主应变准则不适用于正交各向异性膜材，而只能适用于各向同性膜材。

3. 主应力-主应变联合准则

对于正交各向异性柔性复合材料，由一点的应力向量 $\{\sigma_x, \sigma_y, \tau_{xy}\}^T$，可通过式 (9.31)求得该点的主应力 $\{\sigma_1, \sigma_2, 0\}^T$。

同理，由一点的应变向量 $\{\varepsilon_x, \varepsilon_y, \gamma_{xy}\}^T$，可通过式(9.32)求得该点的主应变 $\{\varepsilon_1, \varepsilon_2, 0\}$，因此可用主应力 σ_2 作为判别正交异性材料纯拉状态和单向褶皱状态的指标，即当计算出的 $\sigma_2 > 0$ 时，结构处于纯拉状态。而主应变 ε_1 仍可以作为判别单向褶皱状态和松弛状态的指标，即当计算出的 $\varepsilon_1 \leqslant 0$ 时，结构处于松弛状态。那么其余情况($\sigma_2 \leqslant 0$ 且 $\varepsilon_1 > 0$ 时)结构处于单向褶皱状态。这样将主应力 σ_2 和主应变 ε_1 两个指标结合起来使用，就是判别正交异性柔性材料受力状态的主应力-主应变联合准则：

(1) 当 $\sigma_2 > 0$ 时，纯拉状态(张紧状态)；

(2) 当 $\varepsilon_1 \leqslant 0$ 时，松弛状态；

(3) 当 $\sigma_2 \leqslant 0$ 且 $\varepsilon_1 > 0$ 时，单向拉伸褶皱状态。

主应力-主应变联合准则在受力状态未知的情况下只采用了由正常本构矩阵求出的主应力 σ_2，再结合由应变分量求出的主应变 ε_1，这样既避免了计算可能与实际不符的 σ_1，又省去了求不能唯一确定的主应力方向上应变之间的关系，特别适用于正交异性柔性材料受力状态的判别。

9.6　柔性充气结构的膨胀与弯皱

充气结构多由柔性复合材料构成,因此在内部充气压力及外载作用下,其变形主要体现出几何非线性特性,多涉及大位移、大转动和小应变情况。此外,对于充气结构的受力特性分析必须考虑充气压力的作用。由于大变形需要借助不同的构型描述初始及变形状态,所以对于充气结构在进行受力分析前,有必要引入不同的参考构型对充气前后充气结构的不同形变状态进行区分定义。

不同于一般的结构,充气结构的受载过程可以被定义为两个连续的阶段。以充气梁为例,第一个阶段是充气梁的充气膨胀变形阶段;第二个阶段是充气梁受外载作用的变形阶段。这样,对应充气梁的两个变形阶段,引入三个参考构型进行区分定义:第一个是初始构型,对应初始的零应力状态,此时充气梁无内压和外载作用,属于无应力的自然状态;第二个是预应力构型,对应充气梁的充压膨胀变形状态,此时充气梁仅有内压作用而无外载作用;第三个是当前构型,是充气梁的实际工作状态,此时充气梁同时经受充气压力和外载的联合作用。为便于区分,采用"ϕ"作为下标来表示初始零应力的自然状态;采用"0"作为下标来表示充气压力作用的预应力状态。

9.6.1　充气悬臂梁的充压膨胀变形

以悬臂梁形式为例,其参考构型如图 9.8 所示。预应力构型下充气梁的结构参数均为充气压力的函数:充气梁的初始长度 l_{ϕ} 在充气压力的作用下会伸长至 l_0;充气梁初始截面半径 r_{ϕ} 会在充气压力作用下变大为 r_0;充气梁的初始壁厚 t_{ϕ} 会在充气压力作用下变薄为 t_0。

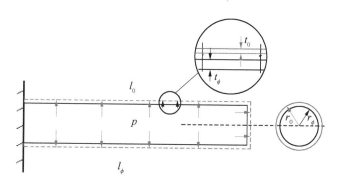

图 9.8　充压前后的初始构型与预应力构型

弹性充气梁在内压 p 作用下的轴向(z)应力和环向(θ)应力分别为

$$\sigma_z = \frac{pr_{\phi}}{2t_{\phi}}, \ \sigma_{\theta} = \frac{pr_{\phi}}{t_{\phi}} \tag{9.42}$$

如果壁厚很薄,可以认为径向应力为零,即 $\sigma_r = 0$。由广义胡克定律得轴向应变为

$$\varepsilon_z = \frac{1}{E}[\sigma_z - \nu(\sigma_{\theta} + \sigma_r)] = \frac{1}{E}\left[\frac{pr_{\phi}}{2t_{\phi}} - \nu\frac{pr_{\phi}}{t_{\phi}}\right] = \frac{1 - 2\nu}{2}\frac{pr_{\phi}}{Et_{\phi}} \tag{9.43}$$

由轴向应变的物理含义得到轴向变形为

$$\Delta l = \varepsilon_z l_\phi = \frac{1 - 2\nu}{2} \frac{pr_\phi}{Et_\phi} l_\phi \tag{9.44}$$

由此可得充气压力作用下充气梁的长度变为

$$l_0 = l_\phi + \Delta l = l_\phi \left(1 + \frac{1 - 2\nu}{2} \frac{pr_\phi}{Et_\phi} \right) \tag{9.45}$$

同理可有环向应变为

$$\varepsilon_\theta = \frac{1}{E} [\sigma_\theta - \nu(\sigma_z + \sigma_r)] = \frac{1}{E} \left[\frac{pr_\phi}{t_\phi} - \nu \frac{pr_\phi}{2t_\phi} \right] = \frac{2 - \nu}{2} \frac{pr_\phi}{Et_\phi} \tag{9.46}$$

由此环向周长在充气压力作用下变为

$$2\pi r_0 = 2\pi r_\phi (1 + \varepsilon_\theta) = 2\pi r_\phi \left(1 + \frac{2 - \nu}{2} \frac{pr_\phi}{Et_\phi} \right) \tag{9.47}$$

即有

$$r_0 = r_\phi \left(1 + \frac{2 - \nu}{2} \frac{pr_\phi}{Et_\phi} \right) \tag{9.48}$$

以上过程可获得径向应变为

$$\varepsilon_r = \frac{1}{E} [\sigma_r - \nu(\sigma_\theta + \sigma_z)] = \frac{1}{E} \left[-\nu \left(\frac{pr_\phi}{t_\phi} + \frac{pr_\phi}{2t_\phi} \right) \right] = -\frac{3\nu}{2} \frac{pr_\phi}{Et_\phi} \tag{9.49}$$

进而可得充气压力作用后的厚度为

$$t_0 = t_\phi (1 + \varepsilon_r) = t_\phi \left(1 - \frac{3\nu}{2} \frac{pr_\phi}{Et_\phi} \right) = t_\phi - \frac{3\nu}{2} \frac{pr_\phi}{E} \tag{9.50}$$

若充气梁材料为织物复合材料,此时需要同时考虑材料的各向异性和径向应力项。其中,径向应力为

$$\sigma_r = -p \tag{9.51}$$

将其代入广义胡克定律可得到此时的充气压力作用下织物充气梁长度 l_0、半径 r_0 和厚度 t_0 分别为

$$l_0 = l_\phi \left[1 + \frac{pr_\phi}{2t_\phi} \left(\frac{1}{E_1} - \frac{2\nu_{21}}{E_2} \right) + \frac{\nu_{31}}{E_3} p \right]$$

$$r_0 = r_\phi \left[1 + \frac{pr_\phi}{2t_\phi} \left(\frac{2}{E_2} - \frac{\nu_{12}}{E_1} \right) + \frac{\nu_{32}}{E_3} p \right] \tag{9.52}$$

$$t_0 = t_\phi \left[1 - \frac{p}{E_3} - \frac{pr_\phi}{2t_\phi} \left(\frac{\nu_{13}}{E_1} + \frac{2\nu_{23}}{E_2} \right) \right]$$

9.6.2　充气悬臂梁在弯曲载荷作用下的褶皱分析

考虑一个如图 9.9 所示的充气梁，半径为 r，厚度为 t，受到均匀内压 p、弯矩 M（端载 F）的作用。其中，z 为轴向，x 为径向，θ 为环向角。

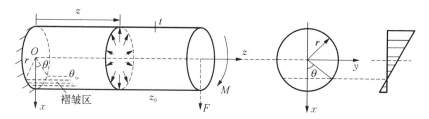

图 9.9　充气梁弯皱分析模型

力和力矩分别可表示为

$$\begin{cases} p\pi r^2 = rt\displaystyle\int_0^{2\pi}\sigma_z\mathrm{d}\theta \\ M = -r^2 t\displaystyle\int_0^{2\pi}\sigma_z\cos\theta\mathrm{d}\theta \end{cases} \tag{9.53}$$

其中，σ_z 为轴向应力；θ_w 为褶皱角度；褶皱区域为 $-\theta_w \leqslant \theta \leqslant \theta_w$。弯皱分析过程中忽略内压 p 的变化。

充气梁在受弯曲载荷作用时，结构中只存在张紧区和褶皱区。结构在两个区域中表现出不同的形变特征。

1. 张紧区的形变

在气压和剪切载荷共同作用下，充气梁的应力分布为

$$\sigma_z = \frac{pr}{2t} - \frac{M}{\pi r^2 t}\cos\theta, \ \sigma_\theta = \frac{pr}{t}, \ \tau_{\theta z} = -\frac{M}{\pi r t(z_0 - z)}\sin\theta \tag{9.54}$$

其中，下标 z 和 θ 分别为轴向和环向坐标；M 为端载 F 作用下 z 处的弯矩。

充气梁的平衡方程为

$$\begin{aligned} &\frac{\partial\sigma_z}{\partial z} + \frac{1}{r}\frac{\partial\tau_{\theta z}}{\partial\theta} = 0, \ \frac{1}{r}\frac{\partial\sigma_\theta}{\partial\theta} + \frac{\partial\tau_{\theta z}}{\partial z} = 0 \\ &\frac{\sigma_\theta}{r} - \left(\sigma_z\frac{\partial^2 w}{\partial z^2} + \frac{2\tau_{\theta z}}{r}\frac{\partial^2 w}{\partial z\partial\theta} + \frac{\sigma_\theta}{r^2}\frac{\partial^2 w}{\partial\theta^2}\right) = \frac{p}{t} \end{aligned} \tag{9.55}$$

其中，第 3 个平衡方程是一个考虑内压 p 和法向位移 w 的非线性方程，w 向外指向为正。

相对应的线性应变-位移关系为

$$\varepsilon_z = \frac{\partial u}{\partial z}, \ \varepsilon_\theta = \frac{1}{r}\frac{\partial v}{\partial\theta} + \frac{w}{r}, \ \gamma_{\theta z} = \frac{1}{r}\frac{\partial u}{\partial\theta} + \frac{\partial v}{\partial z} \tag{9.56}$$

其中，u 为 z 方向的位移函数；v 为 θ 方向的位移函数；w 为 r 方向的位移函数。其中，

$w/r = \left[(r + w)/r \right] - 1$ 为径向的应变,且应变仅是坐标 θ 的函数。

$$\frac{\mathrm{d}^2 \varepsilon_z}{\mathrm{d}\theta^2} = r \frac{\partial^2 w}{\partial z^2} \tag{9.57}$$

根据式(9.57)可以推导得到 w 是 z 的二次函数。同时根据方程(9.56)可以得到 v 也是 z 的二次函数,而 u 是 z 的线性函数。此外,w 和 v 均关于 $z = 0$ 对称,而 u 关于 $z = 0$ 反对称。根据如上的关系,可以联合获得位移表述:

$$u = z \cdot u(\theta), v = v(\theta) + z^2 \cdot v_b(\theta), w = w(\theta) + z^2 \cdot w_b(\theta) \tag{9.58}$$

其中,下标 b 表示与弯曲相关的项。$z^2 \cdot w_b(\theta)$ 项对应弯曲项,设定为

$$w_b(\theta) = \frac{k}{2} \cos \theta \tag{9.59}$$

其中,k 为弯矩 M 作用下的充气梁的曲率,由于没有施加剪应力,平衡方程(9.55)中的 $\tau_{\theta z} = 0$,因此有 $\gamma_{\theta z} = 0$。根据方程(9.56)、方程(9.57)和方程(9.59)有

$$u(\theta) = - kr \cos \theta + C_1, v_b(\theta) = - \frac{k}{2} \sin \theta \tag{9.60}$$

由此,应变式(9.55)可以被重新表示为

$$\varepsilon_z = - kr \cos \theta + C_1, \varepsilon_\theta = \frac{1}{r} \left[v'(\theta) + w(\theta) \right], \gamma_{\theta z} = 0 \tag{9.61}$$

根据已经确定的应变关系式(9.61)可以得到张紧区各向同性材料的应力状态:

$$\sigma_z = \frac{E}{1 - \nu^2} \left[- kr \cos \theta + C_1 - \frac{\nu}{r} v'(\theta) - \frac{\nu}{r} w(\theta) \right]$$
$$\sigma_\theta = \frac{E}{1 - \nu^2} \left[\frac{v'(\theta)}{r} + \frac{w(\theta)}{r} + \nu kr \cos \theta - \nu C_1 \right] \tag{9.62}$$

为了满足平衡方程(9.55)的第二式条件,σ_θ 必须为常数,令 $\sigma_\theta = \bar{N}_\theta / t$,其中 $\bar{N}_\theta$ 为 θ 方向的均匀拉力,联合式(9.54)和(9.62)可以得到:

$$\bar{N}_\theta = pr = \frac{Et}{1 - \nu^2} \left[\frac{v'(\theta)}{r} + \frac{w(\theta)}{r} + \nu kr \cos \theta - \nu C_1 \right] \tag{9.63}$$

根据式(9.54)的第一式可以得到 σ_z 为

$$\sigma_z = E(- kr \cos \theta + C_1) + \nu \frac{pr}{t} \tag{9.64}$$

引入已确定的应力和变形后,得到:

$$\frac{pt}{r} - \left\{ \left[Et(- kr \cos \theta + C_1) + \nu pr \right] k \cos \theta + prw''(\theta) - p \frac{kz^2}{2r} \cos \theta \right\} = p \tag{9.65}$$

由于 $kz^2/2 \ll r$，因此，式（9.65）等号左边大括号中最后一项与等式第一项比可以忽略。根据式（9.65）可以直接求解得到 $w(\theta)$：

$$w(\theta) = \frac{k^2 Etr^2(\pi - \theta)^2}{4p} - \frac{k^2 Etr^2}{8p}\cos\theta + \left(\frac{Et}{pr}C_1 + \nu\right)kr^2\cos\theta + C_2 \qquad (9.66)$$

联合方程（9.63）和方程（9.66），可以确定 $v(\theta)$：

$$v(\theta) = -\frac{krEt}{p}C_1\sin\theta + \frac{k^2 Etr^2}{16p}\sin 2\theta + \frac{k^2 Etr^2(\pi - \theta)^3}{12p}$$
$$- \left(\frac{1-\nu^2}{Et}pr^2 - \nu rC_1 - C_2\right)(\pi - \theta) \qquad (9.67)$$

根据 w 关于 $\theta = \pi$ 对称，以及 v 关于 $\theta = \pi$ 反对称的条件可联合确定积分常数 C_1 和 C_2，进而可以得到张紧区的形变。

2. 褶皱区的形变

假定充气梁壁面为薄膜，基于褶皱的应力准则，褶皱区域内的应力 $\sigma_z = 0$，σ_θ 为常数。联合褶皱区内的平衡方程可以得到褶皱区的面外位移：

$$w(\theta) = C_3 \qquad (9.68)$$

其中，由于 w 关于 $\theta = 0$ 对称，且根据边界处变形连续条件，即 $\theta = \pm\theta_w$ 处 w 连续，联合式（9.68）和式（9.66）得到：

$$C_3 = C_2 + \frac{kEtr^2}{2p}\left(1 + \frac{3}{4}\cos 2\theta_w\right) + \frac{k^2 Etr(\pi - \theta_w)^2}{8p} \qquad (9.69)$$

褶皱区中 $\varepsilon_2 = pr/Et$，再联合应变式（9.61）和式（9.68），可以得到褶皱区环向位移：

$$v(\theta) = \theta\left(\frac{pr^2}{Et} - C_3\right) \qquad (9.70)$$

根据关系 v 关于 $\theta = 0$ 反对称，且满足变形连续条件，即在 $\theta = \pm\theta_w$ 处 v 连续，联合式（9.70）和式（9.67）得到：

$$C_3 = \frac{pr^2}{Et} + \frac{7k^2 Etr^2}{16p\theta_w}\sin 2\theta_w - \nu\frac{kr^2}{\theta_w}\sin\theta_w + \frac{(\pi - \theta_w)}{\theta_w}\left(\frac{pr^2}{Et} - C_2 - \nu kr^2\cos\theta_w\right) \quad (9.71)$$

联合式（9.71）和式（9.69）可以最终确定积分常数 C_2 和 C_3，进而可以得到褶皱区的形变。

3. 起皱弯矩与失效弯矩

充气梁的弯曲行为分析中需要明确两个重要的概念，即起皱弯矩和失效弯矩。起皱弯矩定义为充气梁受弯时第一个褶皱产生时的弯矩。当充气梁不能够承受任何弯曲载荷作用时对应的弯矩定义为失效弯矩。

假定充气梁由各向同性柔性材料构成，其轴向应力表征形式为

$$\sigma_z = E(-kr\cos\theta + C_1) + \nu\frac{pr}{t} \qquad (9.72)$$

当结构中压应力达到临界值时褶皱产生，即此时褶皱的产生条件为 $\sigma_z = -\sigma_{cr}$，σ_{cr} 充气梁所能承受的压缩应力临界值。由此可以确定 ν 为

$$\nu = \frac{Et}{pr}\left(kr\cos\theta - C_1 - \frac{\sigma_{cr}}{E}\right) \tag{9.73}$$

褶皱时 $\theta = \theta_w$，依据褶皱条件可以确定 C_1 为

$$C_1 = kr\cos\theta_w - \nu\frac{pr}{Et} - \frac{\sigma_{cr}}{E} \tag{9.74}$$

再将其代入到方程(9.73)中，得到充气梁的应力状态表述：

$$\sigma_z = \begin{cases} Ekr(\cos\theta_w - \cos\theta) - \sigma_{cr}; & \theta_w \leqslant \theta \leqslant 2\pi - \theta_w \\ -\sigma_{cr}; & -\theta_w \leqslant \theta \leqslant \theta_w \end{cases} \tag{9.75}$$

当 $\theta_w = 0$ 时对应初始起皱条件。将式(9.75)代入到平衡方程(9.53)中并整理成如下形式：

$$\frac{M}{p\pi r^2 + 2\pi tr\sigma_{cr}} = \frac{r\left(\pi - \theta_w + \frac{1}{2}\sin 2\theta_w\right)}{2[\sin\theta_w + (\pi - \theta_w)\cos\theta_w]} \tag{9.76}$$

当褶皱角趋于零时可以确定起皱弯矩 M_w：

$$M_w = \theta_w\frac{pr^3}{2} + \pi r^2 t\sigma_{cr} \tag{9.77}$$

随着载荷的增加，当褶皱几乎遍及整个环向截面时，充气梁中的褶皱快速汇聚于最大弯矩处并形成弯折，进而失去承载能力，即此时结构失效，对应的弯矩为失效弯矩 M_f：

$$M_f = \theta_w pr^3 + 2\pi r^2 t\sigma_{cr} \tag{9.78}$$

对于圆筒型柔性复合材料充气梁，其壁面压缩屈曲载荷可取如下形式：

$$\sigma_{cr} = \frac{\sqrt{2}}{9}\frac{Et}{r}\sqrt{\frac{1}{1-\nu^2} + 4\frac{p}{E}\left(\frac{r}{t}\right)^2} \tag{9.79}$$

进而得到充气梁的失效弯矩为

$$M_f = \theta_w pr^3 + \frac{2\sqrt{2}}{9}\pi t^2 rE\sqrt{\frac{1}{1-\nu^2} + 4\frac{p}{E}\left(\frac{r}{t}\right)^2} \tag{9.80}$$

另外，考虑壁面各向异性以及充气压力作用下充气梁的膨胀变形特征，可以得到充气梁的失效弯矩为

$$M_f = \theta_w pr_0^3 + \frac{2\sqrt{2}}{9}\pi E_1 r_0 t_0^2\sqrt{\frac{E_2}{E_1}}\sqrt{\frac{1}{1-\nu_{12}\nu_{21}} + 4\frac{p}{E_2}\left(\frac{r_0}{t_0}\right)^2} \tag{9.81}$$

9.7　柔性充气薄膜管的展开动力学

柔性层合薄膜复合材料一般是指是由两种或两种以上的薄膜材料层合而成的复合材料。在航天飞行器中应用较多的有聚酰亚胺/铝箔以及或聚酰亚胺/铝箔/高分子聚合物薄膜等,厚度一般为 $5 \sim 200\ \mu m$。目前,大型空间可展开结构中有一种基本构架是充气可展开薄膜梁。它就是主要有多层的柔性层合薄膜复合材料制成圆管状,同时管壁很薄可以实现"Z"字形或卷曲折叠等,在轨后通过充气驱动的方式实现结构的有序展开。为了简化模型,可以把柔性层合薄膜复合材料简化为各向同性材料。仿真细长的折叠薄膜管的充气展开过程,分析展开结构动力学特性。这里主要的方法有分段充气控制体积法、多刚体铰链平面运动方法、流固耦合方法等。

9.7.1　分段式充气控制体积法

以"Z"字形折叠薄膜管为例,仿真对充气装置给薄膜管充气展开的这一物理过程,图9.10 为"Z"字形折叠薄膜管从固支端充气展开的过程示意图。依据控制体积法,采用细长薄膜管简化为多段控制体积模型,即把封闭连通的薄膜管用隔膜离散为一系列相连的、较小的、封闭的腔 C_0、C_1、$\cdots$、C_n 等。其中这些腔依据功能分为主腔与从腔。提供气压的腔为主腔,用 C_0 表示。从主腔得到压力的腔为从腔,从腔又按离主腔远近分为一级从腔,用 C_1 表示,二级从腔 C_2 等,这些腔之间通过隔膜提供连续的气体压力。离散结果如图9.10 所示。

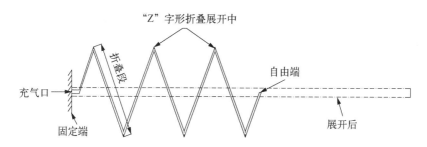

图 9.10　"Z"字形折叠管充气展开过程示意图

分段式充气体积控制模型假定:① 在每个时刻各腔内是等压的;② 气体的流动为准静态过程,即忽略气体惯性;③ 充气过程为绝热过程;④ 气体在折叠线处自由流通;⑤ 隔膜面积的控制相邻两腔之间的气体质量流量,即控制两腔之间的气压变化(图9.11)。

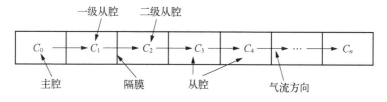

图 9.11　分段式充气体积控制模型

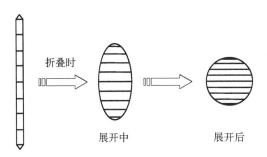

图 9.12　隔膜的单元在展开过程中的变化

数学模型可描述为:在每个时步长 Δt 内,由于隔膜离散后的各腔表面的单元位置、单元面积以及法线方向等基本参数是确定的(图 9.12),通过 Gauss 定理,用各腔的边界表面积计算出各腔的体积。即

$$\iiint_V div\varphi \,dV = \iint_S \varphi\cos(n,x_i)\,dS \quad (9.82)$$

式(9.82)左边的积分表示任意函数 φ 在第 n 个腔封闭体积上的积分,右边的积分是在该腔边界曲面上的积分。则第 n 个腔 C_n 的体积在 $t-\Delta t$ 时刻为

$$V_{t-\Delta t} = \iiint_V dV = \iint_S x\cos(n,x_i)\,dS \quad (9.83)$$

式(9.83)的边界曲面积分是在隔膜 O_{n-1} 和 O_n 的曲面 S_{n-1} 和 S_n 上的积分,以及隔膜之间的管壁曲面 S_{cn} 上的积分之和。且进一步通过隔膜离散后的该腔管壁的单元面积以及隔膜面积之和近似表示,即

$$\iint_S x\cos(n,x_i)\,dS = \iint_{S_{n-1}} x\cos(n,x_i)\,dS + \iint_{S_n} x\cos(n,x_i)\,dS + \iint_{S_{cn}} x\cos(n,x_i)\,dS$$

$$\approx A_{n-1} + A_n + \sum_{j=1}^{M} \bar{x}_j n_{jx_i} B_j \quad (9.84)$$

式中,A_{n-1} 和 A_n 分别是隔膜 O_{n-1} 和 O_n 在展开过程中的面积;对于管壁上的每一个单元 j,$\bar{x}_j$ 是在 x_i 坐标上的平均值,n_{jx_i} 是单元的法线方向与 x_i 方向之间的方向余弦,B_j 是单元面积。

对于每一个离散后的腔,它的体积增加依据该腔的净流入的质量流量,气体的状态,以及薄膜结构边界等动态变化。因此对于腔 C_n,气体通过隔膜 O_{n-1} 和 O_n(图 9.13)流入和流出的质量流量变化率分别为 $\dot{m}_{in}$ 和 $\dot{m}_{out}$,即

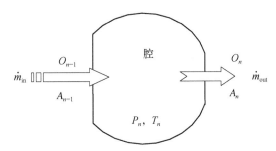

图 9.13　通过第 n 个腔的质量流量率的变化

$$\dot{m}_{in} = O_{n-1}A_{n-1}\frac{P_n}{R\sqrt{T_n}}Q^{1/k}\sqrt{2g_c\left(\frac{kR}{k-1}\right)(1-Q^{k-1/k})} \quad (9.85)$$

$$\dot{m}_{out} = O_nA_n\frac{P_n}{R\sqrt{T_n}}Q^{1/k}\sqrt{2g_c\left(\frac{kR}{k-1}\right)(1-Q^{k-1/k})} \quad (9.86)$$

$$Q = \frac{p_e}{p_n} \quad (9.87)$$

式中,P_n 和 T_n 分别为第 n 个腔内的气体的压力和温度;k 是气体的绝热指数;R 是气体常数;P_e 是腔外部压力;g_c 是重力转化常数。于是,在 t 时刻更新的总气体质量为

$$m_t = m_{t-\Delta t} + \Delta t(\dot{m}_{in} - \dot{m}_{out}) \tag{9.88}$$

通过气体质量流量的变化率,在 t 时刻的腔 C_n 的内能 E_t 可表示为

$$E_t = E_{t-\Delta t} + c_p \Delta t \dot{m}_t T_n \tag{9.89}$$

这里 c_p 是比定压热容;$\dot{m}_t$ 是 t 时刻充入气体质量流量变化率。在 t 时刻腔 C_n 内的气体密度为

$$\rho_t = [m_{t-\Delta t} + \dot{m}_t \Delta t]/V_{t-\Delta t} \tag{9.90}$$

根据理想气体状态方程,可得到在 t 时刻腔内压强 P_t 为

$$P_t = (k-1)\rho_t \frac{E_t}{m_t} \tag{9.91}$$

最后,根据达朗贝尔动力学原理,在 t 时刻充气薄膜管的运动方程表示为

$$M\ddot{U} + KU = P \tag{9.92}$$

式中,M、K 是根据当前构形计算的整体质量和刚度矩阵;P 是压强的外载荷矢量;$\ddot{U}$、U 是在 t 时刻构形的加速度和位移。同样也采用显式的有限元方法进行求解。

例题 1:通过分段式控制体积模型基于显式有限元方法,在给定一端自由一端固定的边界条件下,模拟环境为零重力、环境温度为 27℃,充入速率为 1.5 g/s。薄膜材料的弹性模量 372 MPa,泊松比为 0.25,密度为 9.134×10^2 kg/m³。对初始构形的"V"形折叠薄膜管进行充气展开过程数值模拟,考察在充气展开过程充气管内的压力和体积变化,图 9.14 和图 9.15 分别表示在折叠线处把薄膜管分为两个气腔 C_1 和 C_2 内的压力和体积随时间的变化关系,从图中可以看出,两腔的压力在 0.3 s 时就几乎一致了,而此时两腔的体积还存在明显的差别。

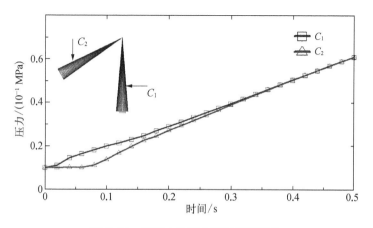

图 9.14　两腔内的压力随时间的变化

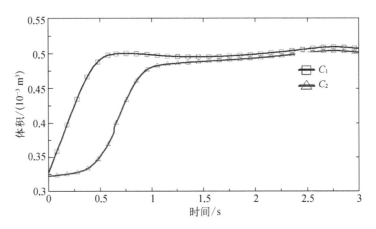

图 9.15　两腔的体积随时间的变化

9.7.2　平面运动仿真方法

以初始构形为薄膜圆管绕卷轴折叠为例(图 9.16),折叠管从固定端开始充入气体,流入管内的气体逐渐膨胀,卷曲折叠的管壁在内压的作用下,驱动薄膜管子逐步展开,直至充气管展直。从折叠状态到最终完全展开的过程中存在大位移、大转动、管外壁之间的相互接触等特性。

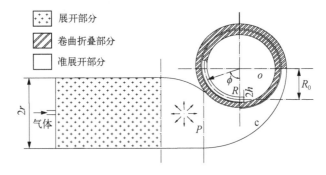

图 9.16　卷曲折叠管充气展开过程示意图

在展开过程中的管子分为三部分:展开部分、准展开部分和卷曲折叠部分。假定卷曲折叠管的充气部位为固支端,沿卷轴卷曲折叠的管子以阿基米德螺旋线展开。o 点为卷曲折叠部分的质量中心;粘扣沿管子的长度方向粘贴,由于其密度较小,忽略粘扣材料的质量;初始卷轴的位移和速度均为零。充入管内的气压是 p,且为常量;充气展开部分的管子半径是 r;管子的壁厚为 h;管卷曲折叠部分的折叠半径为 R,即从卷轴中心到卷曲折叠的管子中性面的距离;R_0 是卷轴的半径。

依据阿基米德螺旋线方程,管的折叠半径 R 可表示为

$$R = R_0 + (1 + \theta/\pi)h = \frac{h}{\pi}\varphi \tag{9.93}$$

其中,$\varphi = \theta + \theta_0$,于是可得

$$\theta_0 = \pi\left(\frac{R_0}{h} + 1\right) \approx \pi\frac{R_0}{h} \tag{9.94}$$

这里,θ 为卷曲折叠部分的中性面绕卷轴转过的角,在充气管的自由端与卷轴接合处,$\theta = 0$;θ_0 是有效卷曲折叠角度,表示以阿基米德螺旋线折叠的管子绕卷轴覆盖的部分;l 是卷曲折叠管的折叠部分的弧长,其微分形式为

$$\mathrm{d}l = \frac{h}{\pi}\sqrt{(1 + \varphi^2)}\,\mathrm{d}\varphi \tag{9.95}$$

式(9.95)积分后得卷曲折叠部分的弧长与卷曲角度之间的关系为

$$l(\varphi) = \frac{h}{\pi}\left[Q(\varphi) - Q(\varphi_0)\right] \tag{9.96}$$

其中,

$$Q(\varphi) = \frac{1}{2}\left[\operatorname{arcsin}h(\varphi) + \varphi\sqrt{1 + \varphi^2}\right] \tag{9.97}$$

当 $\theta = 0$ 时,$\varphi_\theta = \theta_0$。 卷曲折叠部分管子的质量为

$$m(l) = 2\pi rhpl(\varphi) \tag{9.98}$$

其中,p 为充气管的密度,则卷曲折叠部分的管子相对于卷轴中心(卷曲折叠部分的质心)的转动惯量 J_o 为

$$J_o(l) = \int_{\varphi_0}^{\varphi} 2\pi rh\rho R^2(\varphi)\mathrm{d}l \tag{9.99}$$

式(9.99)积分后可得

$$J_o(l) = 2R\rho\frac{h^4}{\pi^2}\left[G(\varphi) - G(\varphi_0)\right] \tag{9.100}$$

其中,函数 G 的表达式为

$$G(\varphi) = \frac{1}{8}\left[\sqrt{1 + \varphi^2}(\varphi + 2\varphi^3) - \operatorname{arcsin}h(\varphi)\right] \tag{9.101}$$

根据刚体的平面运动微分方程,可得到卷轴的速度 v_o 关系式:

$$\frac{\mathrm{d}}{\mathrm{d}t}\left\{J_o\left[l(\varphi)\right]\frac{\mathrm{d}\varphi}{\mathrm{d}t}\right\} = \sum M_o \tag{9.102}$$

$$\sum M_o = P\pi r^2 R(\varphi) - FR(\varphi) \tag{9.103}$$

$$v_o = R(\varphi)\frac{\mathrm{d}\varphi}{\mathrm{d}t} \tag{9.104}$$

其中,F 为控制展开时剥离阻力粘扣时产生的阻力,使卷曲折叠管能在一定的气体压力下驱动展开管子,保证充气管有序稳定地展开。采用数值方法对式(9.21)积分,基于MATLAB 程序,可得到有无阻力约束时卷轴的展开位移和速度随时间的关系。

　　例题 2:对一管长 75 cm、直径 5 cm、壁厚 0.5 mm 的柔性薄膜进行卷曲折叠。充气展开压力保持为 1.0 kPa,计算对比卷曲折叠管的没有粘扣和由粘扣提供阻力的两种展开过程,其中假设提供的阻力为 1.94 N。计算卷曲管展开的速度和相应的位移。

　　图 9.17 和图 9.18 分别为卷轴的展开位移和速度在有无阻力控制展开时随时间的变化关系。自由展开以及阻尼控制展开时,卷轴的展开位移随时间在逐渐增加。不同点是,在同样的充气压力下,自由展开所需的时间为 1.2 s,而阻尼控制展开所需的时间为 11 s;自由展开速度从零增加到最终的 1.8 m/s,而采用控制展开时,曲线趋势平缓,完全展开的

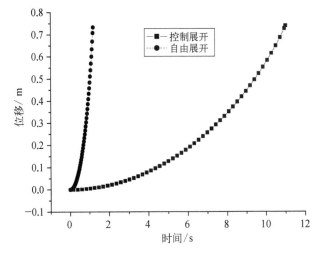

图 9.17　卷轴的展开位移随时间的变化

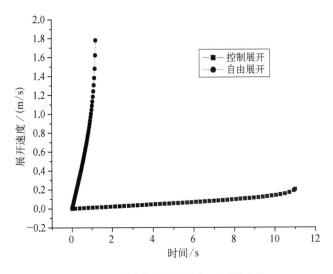

图 9.18　卷轴的展开速度随时间的变化

速度仅为 0.2 m/s,与自由展开相比减小 90%。从式(9.21)可以得出,在恒定充气压力下,当粘扣剥离力的大小变化时,以及在粘扣剥离力恒定时,调节充气压力可改变卷曲折叠管的充气展开过程。

9.8 本 章 小 结

本章主要介绍了柔性复合材料的特点以及柔性结构力学基础,给出了柔性结构非线性有限元分析方法,重点介绍了柔性结构的褶皱以及柔性充气结构的膨胀与弯皱变形,介绍了柔性充气薄膜管的展开动力学分析方法。

课 后 习 题

1. 阐述柔性复合材料及结构的力学特点。
2. 列举航空航天领域几项典型的柔性复合材料结构应用,分析其设计应用过程中需要重点考虑的问题。
3. 阐述柔性结构褶皱判定准则的适用性。
4. 一个薄膜充气管,长 0.5 m,直径 0.05 m,内压 10 kPa,25 μm 厚,薄膜材料弹性模量和泊松比分别为 3 GPa 和 0.3,试计算其膨胀变形。
5. 阐述分段式充气控制体积法的优缺点。

第 10 章
热防护复合材料结构

高超声速技术已经成为 21 世纪的科学技术前沿。高速飞行带来显著的气动热、力载荷,同时对结构效率的严苛需求使得热防护结构面临挑战。正因复合材料抗极端、轻质化和可设计性,使得热防护结构成为复合材料的用武之地之一。

学习要点:

(1) 理解高超声速飞行气动热环境形成的原因、特征及热防护结构设计须满足的需求;

(2) 掌握常见热防护结构方案,以及所采用的热管理机制;

(3) 了解复合材料热结构分析的基本流程、方法和注意要点;

(4) 了解热防护结构考核与试验验证的基本手段及面临的问题。

10.1　高超声速技术与热防护

一般地,将飞行马赫数大于 5 的飞行器称为高超声速飞行器。有别于传统的火箭技术,高超声速技术的主要研究对象为较长时间在大气层内飞行的、采用火箭发动机或吸气式发动机推进的高超声速再入飞行器、高超声速巡航飞行器等。如今,高超声速技术已经形成了涉及轨道控制与制导、高超声速推进、热防护材料与结构技术、飞行器结构静力与动力分析、飞行器气动外形设计、地面环境模拟与验证等诸多前沿技术集合的技术群。

当飞行器在大气层内高速飞行时,外壁与大气层发生剧烈的摩擦和冲刷作用,使得飞行器大部分动能转化为热能,因此飞行器周围的气体具有很高的温度。其中大部分能力随着激波层流走,剩余的能量通过高温气体与飞行器外壁之间通过对流传热的形式将热量传递到飞行器表面,导致飞行器表面温度迅速升高,这种能量传递方式称为气动加热。气动加热的主要方式包括高温气体与结构表面的对流换热、高温气体对结构表面的辐射加热两种方式。

飞行器马赫数越高,驻点压力越高,气动加热作用越明显,如图 10.1 所示。气动加热量的大小用单位面积、单位时间高温气体传递给物面的热量(即热流密度)来表示。研究表明：① 飞行器表面对流换热热流密度与飞行速度的三次方成正比,辐射加热密度与飞行速度的八次方成正比,因此飞行速度是决定气动热的关键参数,气动阻力与飞行速度的平方成正比。在马赫数 20 以下,以对流换热为主;但超过该临界值时,如高速再入地球大气层或进入火星等行星大气,辐射热会迅速增加。② 一般把飞行器表面气体速度为零的点称为驻点,对单一的钝头体而言,飞行器的驻点热流密度最大,并与头部直径的 0.5 次方成反比。即头部半径越大,热流密度越小。因此早期的导弹、航天飞机等再入飞行器都采用较大的头部半径,以减小表面热流。③ 热流密度与环境气体密度的 0.5~0.8 次方成正比,可见飞行高度越低,大气的密度越大,气动加热作用越强。近年来发展的临近空间高超声速飞行器(飞行高度 20~100 km),飞行高度低、大气密度相对较高,一般采用尖锐的气动外形,需要利用飞行域内大气产生气动升力,因此气动加热效应十分明显。

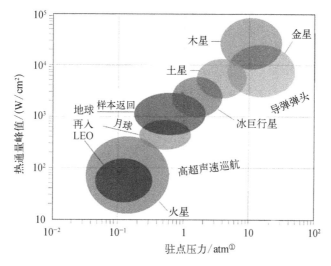

图 10.1　飞行器再入热流与驻点压力

气动加热会显著降低飞行器材料的强度和刚度,对飞行器内部电子器件和设备产生很大的威胁,甚至会对飞行器造成灾难性破坏。此外,在气动压缩和剪切等机械作用以及氧化烧蚀等高温化学作用下,若无有效防护,飞行器的气动外形会发生严重破坏,导致飞行任务的失败。气动加热对飞行器结构的影响主要有以下几个方面：

(1) 气动热累积产生的高温使得材料的抗拉强度和弹性模量降低,结构的整体承载能力降低;

(2) 强烈的气动加热导致结构温升速率极快,在结构中形成较大的温度梯度,产生附加热应力,与气动力载荷所产生的应力叠加,降低结构的承载能力;

(3) 在高温、热应力和氧化的耦合作用下,飞行器表面产生明显的烧蚀破坏,气动外形遭到破坏;

(4) 运动机构在高温下产生不协调变形,造成机构卡塞,导致飞行事故;

---

① 　1 atm = 101 325 Pa。

（5）在气动加热的作用下外壁温度急剧升高，使飞行器内部温度过高，内部的器件及设备难以抵抗高温，造成内部器件性能损失甚至失效。

所谓热防护系统，一般指位于机身外部、能够保护机身及内部结构温度不超过所能承受的温度极限，并能形成保护性外层承受一定载荷的一种结构系统，是高超声速飞行所必需的关键子系统。根据热防护部位可以分为大面积热防护面板、翼前缘与鼻锥结构、控制面结构等。热防护结构的发展与飞行器的发展休戚相关、相辅相成且相互促进，所谓"一代飞行器，一代材料"。复合材料热防护结构是先进、高效热防护结构的代表，是未来高速飞行器热防护系统的主要发展方向。

10.2　服役环境特征与载荷

热防护结构与其他航天器结构一样，在整个寿命周期内需要经历地面环境、发射或起飞环境、近空间环境等，这些环境会在结构系统中形成惯性过载、低频瞬态载荷、冲击载荷、随机振动与噪声载荷等。高速飞行和发动机推动引起的振动和气动噪声载荷，会对高温下薄壁结构引起显著的激励振动，形成显著的热/过载/振动/噪声联合载荷。但对热防护结构而言，最为显著的载荷仍然是由高速飞行带来的严重气动加热及气动热与材料/结构的耦合效应所引起的，称为"热障"，本节主要围绕这一点展开。需要指出的是，该领域存在许多认知与技术问题尚未得到有效解决。

10.2.1　服役热环境特征

高超声速飞行的关键环境特征是出现高温气体效应，是高超声速区分于超声速流动的物理本质。大气层内高速飞行器表面上，高速来流通过激波压缩或黏性阻滞减速，导致大量动能转变成热能，气体混合物温度升高并发生能量激发、离解、电离、电子激发等复杂的物理化学反应，即出现"高温气体效应"（图10.2）。

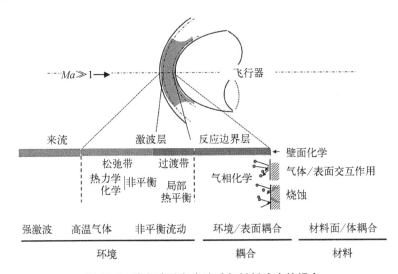

图 10.2　高超声速复杂流动与材料响应的耦合

如表 10.1 所示,高温气体效应使得高超声速飞行器面临极其严峻的气动热环境,并会强烈地影响飞行器表面的流体力(压力和表面摩擦力)、能量通量(对流和辐射加热)和质量通量(烧蚀)。更为重要的是,在反应边界层内,含有大量氧、氮的分子和原子组分的化学非平衡流会与飞行器表面热防护材料发生强烈的非线性耦合作用,例如,在高温或超高温条件下,环境中的氧很容易与表面材料发生氧化,导致材料的烧蚀并引起显著的热增量,导致结构出现热变形与失效等复杂问题,称为热防护材料与结构的"热障"。

表 10.1　高温气体效应

温　度/℃	化　学　变　化
800	分子振动激发
2 000	氧分子离解
4 000	氮分子离解,氧气完全离解 一氧化氮生成
9 000	氮分子完全离解,氧原子和氮原子电离

首先,气动热与飞行器壁面产生换热,热量被传递到飞行器结构内部并使飞行器表面温度升高。壁面温度改变将影响到外围流场的流动特征和气动加热,该变化又将导致新的壁面响应。同时,在以上过程中还会同时伴随着热应力产生的热变形问题。气动热、结构传热、热变形三种物理问题耦合在一起同时发生,即所谓的流-热-固耦合问题。

其次,气动热环境在对防热材料施加复杂的气动热载荷的同时,防热材料及其结构内部热力场的变化必将引起材料自身性能的变化,如热物理性能(辐射率、热导率等)、力学性能(材料力学非线性)、表面性能(表面催化效应、表面粗糙度)等,这些本征特性的变化同时反过来影响结构外形以及内部热场的变化,而这种变化同时会作用于气动环境,引起气动环境的变化。同时,研究表明材料表面催化、氧化、辐射以及蒸发产物均存在相互影响,其耦合效应共同影响材料响应,这使得本已十分复杂的耦合作用变得更为复杂。直到目前,这些复杂的耦合特征还没有得到很好的认识。

如图 10.3 所示,常用"速度-高度"图来表示高超声速飞行器的飞行走廊,图中给出了大气层内、高超声速流动在不同气动热力学区域的基本物理化学特征。随着速度的增加,氮气、氧气被离解为氮原子和氧原子,然后被离解为离子和电子等氧化活性更高的组分。典型再入飞行器飞行走廊如图中阴影所示,会依次穿越化学和热非平衡区域、化学非平衡和热平衡区域以及平衡流动区域。在前两个区域中,高度迅速下降,而速度基本不变,气动加热明显并在化学非平衡区域末端达到热流峰值。

10.2.2　材料/环境耦合效应

对气动热环境与材料响应耦合问题的认知,会直接影响高超声速飞行器综合性能,甚至飞行成败。在气动设计中,首先在假设的等温壁面条件下进行流场计算得到壁面热流,再将热流加载在界面上计算结构温度场。对于某些工程应用而言这是可以接受的。弹道导弹和返回舱等传统飞行器热防护系统设计冗余较大,能够以重量和牺牲性能换安全。

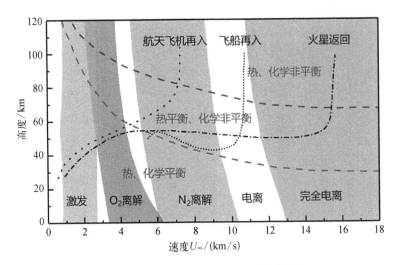

图 10.3　高超声速流动基本物理化学特征

要提高气动热力环境和材料响应预测的精度,需要充分认识复杂物理效应以及气动热力环境和材料响应耦合特性。

　　高超声速环境首先会引起热防护结构温度的升高。当固体结构处于高超声速气体流动中时其壁面会受到对流加热,此时在流体和固体传热之间会发生相互作用,在传热研究中称之为"共轭传热"问题(图 10.4)。高超声速气动热及固体热传导对结构尤其是低刚度结构的影响不可忽略。气动热力作用导致产生变形会显著影响扰流的流动和传热过程。热应力评估的准确性、热防护材料和热防护系统厚度的选择很大程度上取决于结构温度响应预测的准确性。如果要准确地预测气动热载荷环境和结构响应,就必须考虑高超声速流动与结构传热耦合效应。防热材料内部热力场的变化必将引起材料自身性能的变化,如材料热导率和比热容等热物理性能随温度发生非线性的变化。在与高超声速环境的相互作用中,材料自身的辐射、催化、氧化烧蚀效应在高超声速飞行器的大气再入过程中非常重要,关系到该材料能否可靠、高效地应用于高超声速飞行器结构。

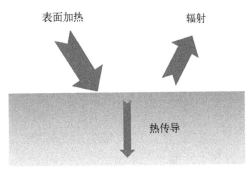

图 10.4　典型被动热防护系统能量传输

　　1. 材料表面催化效应

　　高超声速飞行导致在激波层内的气体达到极高的温度,导致气体分子发生离解甚至电离现象。当温度达到 9 000 K 时,激波层内的所有分子几乎完全离解而原子开始产生电离,此时空气中包含了 O、N、O^+、N^+ 和 e^- 等的等离子体。当流动特征时间与完成化学反应的时间或者能量交换机制的时间量级相当时,激波后流动处于非平衡状态。此时,少量原子组分在流动中复合,其余大部分随流动到达飞行器热防护材料表面。这部分原子组分在表面材料的作用下发生复合反应 $O + O \longrightarrow O_2$、$O + N \longrightarrow NO$ 和 $N + N \longrightarrow N_2$,并释放化学能,从而加剧热防护结构表面气动热环境。尤其当流动处于非平衡状态时,放热材料表面的催化属性会强烈影响表面加热。已有研究表明,驻点区域的完全催化热流可以达到非催化热流的 2~3 倍。而在其他区域,催化热流也比非催化热流高出 12% ~ 50%。图 10.5 给出了典型再入飞行器表面的物理化学过程。

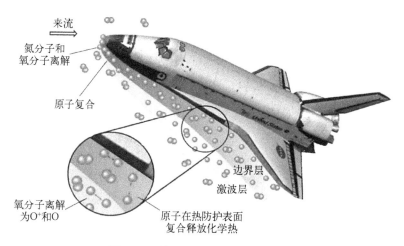

来流
氮分子和
氧分子离解
原子复合
边界层
激波层
氧分子离解
为 O⁺和 O
原子在热防护表面
复合释放化学热

图 10.5　航天飞机表面催化反应过程

当飞行器附近流动处于化学平衡状态时,如果壁面温度很低,则壁面催化特性的影响可以忽略。而当流动处于化学非平衡状态时,防热材料表面的催化特性在很大程度上直接影响飞行器热防护系统所承受的气动热载荷。材料表面的催化特性越强,则对原子组分发生复合反应的促进能力越强,意味着释放到表面的化学能越多,从而恶化飞行器局部热环境;材料表面的催化特性越弱,则对原子组分的复合反应速率作用越小,从而减少材料表面热增量。对于热防护材料的催化特性一般采用非催化或者完全催化壁面两个假定。完全催化壁面假定认为催化作用使复合反应以无限大的速率发生,即表面处的化学组分质量分数等于在当地压力和温度条件下的当地平衡值;非催化壁假定则认为壁面抑制原子复合反应。可以看出,前者忽略了催化作用而低估了气动热载荷,后者过于保守因而会增加热防护系统冗余。因此,必须对热防护材料的催化性能做出精确的评价。

值得注意的是,催化效应与氧化、辐射等重要效应的耦合关系尚未得到足够重视。首先,材料的催化属性与温度直接相关。在实际飞行过程中,热防护材料的壁面温度会随着气动热环境和表面材料属性的变化而不断改变。催化属性随温度变化直接影响流场组分和扩散热流的变化,热环境的变化反过来又作用于壁面响应。热流间接与飞行器表面温度相关,也就是间接与热防护系统材料的热辐射系数相关。其次,长时间的高温服役环境会导致材料表面发生氧化,产生氧化物从而改变表面材料属性,必然会导致其催化属性发生变化。新生成的表面材料具有新的热物性从而影响温度场分布,又间接影响表面催化属性。因此,防热材料表面催化作用与材料表面性能高温演化和高温气体状态密切相关。

2. 材料表面氧化效应

以临近空间飞行器或高速再入精确打击武器等为代表的新一代高超声速飞行器,采用非烧蚀或者低烧蚀防热材料的尖锐前缘热防护系统。此类热防护系统特点是具有小曲率半径的前缘,使飞行器具有良好的气动性能,并且不会发生明显烧蚀钝化而引起气动性能下降。对于非烧蚀或者低烧蚀防热结构和材料,通常要满足在高温氧化环境下长时间服役的要求,这对热防护材料的抗氧化性能提出了苛刻的要求。在高焓非平衡流动中,材料表面氧化过程与激波层环境因素(氧组元状态、氧分压、温度、压力、时间等)以及材料特性(组分分布、微结构、表面特性及物性等)密切相关。高温环境下氧化效应对材料的耦合传热的影响,关系到该材料能否可靠、高效地应用于高超声速飞行器结构。而氧化导致的材料热物性和温度场发生变化等一系列作用的加入也使得耦合作用变得更为复杂。

超高温陶瓷材料在高温下物理化学稳定,强度高并具有良好的抗氧化、抗烧蚀性能等优点,是可以应用于此类高超声速飞行器最具前途的候选材料之一。在目前的超高温陶瓷材料中,ZrB_2 材料理论上密度最低,这对于航空航天应用具有很大吸引力。在长时间的强气动热作用下,高超声速再入飞行器的鼻锥、翼前缘等位置的热防护材料通常要面临严峻的高温环境($1\,500℃$ 或更高)。在如此高的温度下,即使 ZrB_2 和 ZrB_2-SiC 具有优良的抗氧化性能,依然不能阻止其暴露于高温空气的表面发生氧化反应。

ZrB_2 氧化生成固体 ZrO_2 和液态 B_2O_3,而 ZrB_2-SiC 在低温下生成固体 ZrO_2 和液态 B_2O_3,在高温下则生成 ZrO_2 和 SiO_2,并形成 SiC 耗尽层,如图 10.6 所示。由于氧化层的热物性和微观结构与原材料存在较大不同,因此会对超高温陶瓷材料的传热造成影响。因此,超高温陶瓷材料的氧化问题一直是研究者们关注的热点。

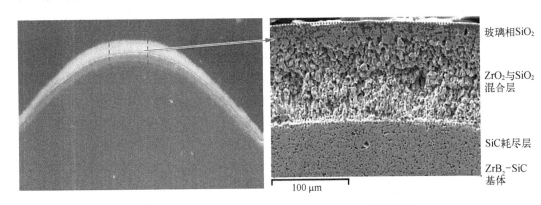

图 10.6 球锥横截面及尖端区域氧化层 SEM 扫描图片

在真实飞行环境中,超高温陶瓷部件内部热响应与外界高超声速流动之间存在复杂的耦合作用。在高焓非平衡流动中,材料表面氧化过程不仅与氧组元状态、氧分压、温度、压力等气动环境因素密切相关,还与材料组分、微结构、表面特性及物性等材料特性密切相关。结构吸收热量在内部进行传导,其内部热响应的变化必将引起材料自身性能的变化,这些本征特性的变化同时反过来影响内部温度场的变化,而这种变化同时会作用于气动热环境,变化的气动热环境又反过来作用导致热流载荷发生变化。而氧化导致的材料热物性和温度场发生变化等一系列作用的加入,使得耦合作用变得更为复杂。表征氧化对热防护材料的影响是高超声速飞行器热防护系统设计中必须解决的基础问题之一。

3. 材料表面烧蚀

在高热流密度和高温环境下,烧蚀型热防护材料通常会发生热解、烧蚀和力学失效等一系列响应。热解是材料内部发生化学分解而释放出气体,该过程不消耗大气组分。烧蚀是蒸发、升华和化学反应(如氧化和氮化)的结合,使液体或固体表面组分转化为气态组分。其中液体组分是由于材料熔化产生的。力学失效是表面材料的损失,该过程不产生气体组分,例如表面氧化物的熔融流动、固体胶开裂以及液体粒子引起的侵蚀等。

图 10.7 描述了烧蚀壁面和边界层之间的物理化学相互作用。边界层通过高温气体的对流和辐射加热使壁面升温。此外,由于壁面处化学反应的出现,在边界层内会产生组分浓度梯度,浓度梯度会产生组分扩散净热流。加载在表面的热流一部分在材料中传导,另一部分从高温表面辐射回大气。热防护材料表面与边界层内组分发生化学反应产生的气态产物会注入边界层中。这些化学反应通常是吸热的。此外烧蚀产物的注入会对边界层进行冷却,从而缓解壁面对流热流。在烧蚀产物注入很强烈的时候,使得对流热流的降低成为减少向基底结构传递能量的主要因素(即所谓的"热堵塞效应")。壁面的摩擦力也会对表面造成机械剥蚀。

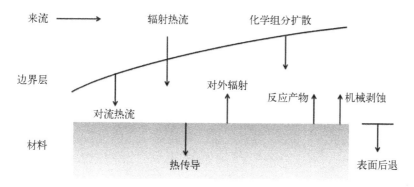

图 10.7　烧蚀表面能量通量

高温化学流动环境下烧蚀材料的热化学响应一直是大量理论和实验研究的主要课题。烧蚀主要受来流条件、再入体几何和表面材料的影响,不仅热解气体混合物组分之间的化学反应很重要,同时它们与边界层流动中的各种组分的反应也必须考虑在内,因此是一个典型的耦合问题。可以通过考虑表面能量和质量平衡、与烧蚀模型耦合以及提供完全的热化学边界条件,求解完全耦合的流体动力学/固体力学问题来实现。

4. 材料表面辐射

高超声速飞行器在大气层中飞行时,严重的气动加热使飞行器表面温度急剧升高。具有高辐射率的热防护系统表面材料可以起到辐射散热作用,从而降低飞行器表面温度,增加滞空时间。而且,高辐射率能够降低材料的温度梯度和结构热应力,使飞行器能够在更高的热流条件下操作。因此,材料的辐射率决定了飞行器外蒙皮的散热效率,它是高超声速飞行器防热设计的关键性能参数之一。当达到较高温度时(1 600℃以上),多采用 ZrB_2-SiC 和 C/SiC 等陶瓷复合材料,在耐高温的同时,通过材料表面的辐射向外散热。

材料表面辐射率与材料表面组分、粗糙度和化学状态相关,还与温度和波长相关。另外,已有的辐射率试验结果表明,环境对材料的辐射率有很大影响。在真空状态下测量的超高温陶瓷(ultra-high temperature ceramics,UHTC)总半球发射率值要低于高压力条件下(200 Pa)的测量值,两者的差异与高压力下形成的表面氧化层的属性有关。在缺少实验数据的情况下,通常在热防护系统设计中采用非常保守的理论值,以至飞行器冗余过大。对于 ZrB_2-SiC 等陶瓷材料,通过抗氧化处理可以提高其表面辐射率,提高飞行器蒙皮的散热效率,而增大表面辐射率会引起热流的增量。并且,辐射与催化、氧化和烧蚀等效应之间存在高度耦合关系。材料的催化属性与温度相关,热流间接与飞行器表面温度相关,也就是间接与热防护系统材料的热辐射系数相关;氧化会导致表面材料、热物性和温度场发生变化,必然会导致其辐射系数、催化属性发生变化;催化和氧化对氮、氧原子存在表面氧化和复合反应的消耗竞争关系。因此,合理的表征辐射与催化、氧化等效应的耦合关系是高超声速飞行器热防护系统设计中不可或缺的一环。

10.2.3 热防护设计要求

热防护结构最核心功能是高温下承载与保持结构完整性(图 10.8),从功能、性能及约束三方面分析,其设计要求通常应包括以下几点。

1. 功能要求

在服役环境下,热防护结构应能够耐受飞行环境(防热),并使得结构内部的温度低于有效载荷及其他结构系统的服役温度(隔热)。

对于可重复使用热防护结构,需要维持稳定的气动外形(维形);对于烧蚀型热防护,需要维持稳定的烧蚀性能保持飞行器的气动特性不变。对于防热/承载一体化结构,需要在高温下实现结构承载、维持稳定气动外形(承载)。

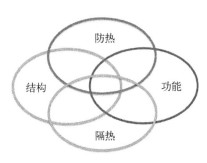

图 10.8 热防护系统的功能特点

功能结构如红外窗口还要求窗口的温度与应变均匀,动密封结构需要保证控制面反复移动中的密封结构良好的回弹与密封特性。

热防护结构既要耐受气动热环境(防热),又要维持结构内部温度不高于有效载荷的耐温极限(隔热);既是一种功能系统,更是一种结构系统,热防护系统集防热、隔热、结构承载与维形、载荷传递等多功能一体化。

2. 性能要求

在热防护系统的设计中,需要保证热防护结构能够承受飞行器的各种工况,如地面操作,运输,飞行,返回着陆等过程中的热、力、噪声与振动载荷,保证热防护系统自身具有足够的刚度、强度与稳定性。其中,足够的强度表示:结构不因过大的应力产生结构破坏;足够的刚度表示:结构不产生有害变形,结构的基频应高于激励的主要频率;足够的稳定性表示:结构在压缩载荷下不发生屈曲失稳。

3. 设计约束

热防护结构设计最重要的约束包括结构质量、体积与结构可靠性。对于承载式热防护结构,其材料应能够在服役温度下保持良好的力学性能、抗氧化性。热防护结构还需满足环境相容性,即在飞行时面临的潮湿、雨蚀、盐雾等环境,保证结构功能的完整性。与此同时,在结构设计中还要考虑热防护系统的可维护性、可生产性等因素。

热结构设计应满足一般机械结构强度、刚度设计的基本原则,但相比于一般的机械结构,热防护结构通常需要经历极端的热、惯性载荷、噪声、振动耦合载荷或环境,其结构设计与分析面临一些特殊问题。

1)热应力问题突出

极端热环境会引起结构显著的温升与热梯度,冷热结构之间、不同结构之间的变形失配会在结构中引起显著的热应力。一般而言,结构的热应力与飞行条件所确定的准静态载荷成为热防护结构强度设计的主要载荷,且结构热环境引起的应力通常要大于惯性载荷引起的应力。在设计中,至少 3 个工况值得关注:① 表面温度与背面温度正热梯度达到最大的工况,此时结构应力明显;② 表面温度达到最高的工况,此时结构温度高,相应的材料强度一般较低;③ 背面温度达到最高的工况,此时一方面要考虑内部结构的耐温性是否满足,另一方面要考虑结构反向温度梯度引起的热应力。

2)多场耦合载荷作用效应明显

高速飞行环境存在明显的气动噪声。热防护结构为了减重所采用的薄壁结构,对气动载荷和结构振动尤为敏感,在大量的应力循环下结构可能出现疲劳微裂纹。热载荷下结构的温升会引起材料刚度性能的变化,同时引起的热应力等内应力,会引起结构模态特性的变化;与此同时噪声载荷存在宽频特征。这些因素都使得热/振动/噪声联合载荷下结构的响应分析与设计存在明显的困难。

3)结构设计与环境载荷存在耦合

热防护结构位于飞行器表面,直接与环境接触。热防护结构的表面变形、催化、氧化等热物理、化学特性会影响流场的流动特性,进而引起环境热载荷的变化。热防护结构材料的损伤演化与载荷路径密切相关,尤其是在瞬态载荷条件下,热防护结构响应的准确分析尤为困难。

4)隔热与承载性能通常存在矛盾

提高结构隔热性能,通常需要运用低密度材料、减少冷热结构之间的连接以降低结构的等效热导率;而提升结构的承载能力,往往需要运用密度相对较高、高温下承载性能较好的材料。结构设计中,需要平衡结构的隔热性能与承载性能。

5)轻量化与高可靠性要求苛刻

减少结构重量意味着增加飞行器的有效载荷,热防护结构占据了飞行器的整个外表面,对重量十分敏感。与此同时,热防护设计往往在飞行器气动外形确定后开展,即从外表面向内开展结构设计,所能利用的容积空间有限,体积效率也是热防护结构设计关注的重要目标。与此同时,高速飞行环境的非确定性因素多,对热防护结构的可靠性要求也较高。

总体而言,热防护结构的设计是在可靠性、轻量化及拓展服役能力之间的平衡,不同热防护结构方案之间的设计一个简易原则是:在完成目标情况下选择最轻、构型最简单的设计。

10.3 防热机制与结构类型

10.3.1 热防护与热管理机制

气动热来源的本质仍是高速飞行的动能。当高速来流在飞行器表面滞止或摩擦时，动能转化为气体内能。其中，大部分能量会留在边界层内而流走，如何防护剩余部分的气动热成为关键问题。飞行器表面的能量平衡如图 10.9 所示，4 种气动加热方式满足局部热平衡方程，即"对流加热+化学加热+辐射加热＝辐射散热+传导热量"。

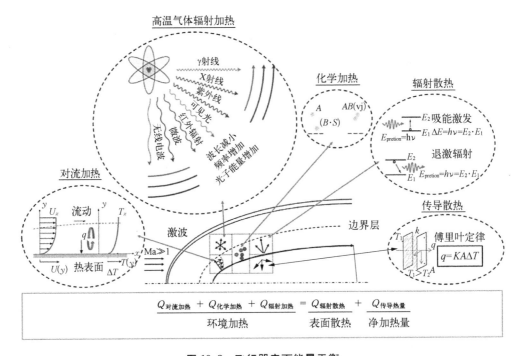

图 10.9 飞行器表面能量平衡

认识热防护及其设计的第一步，是要明确气动热的防护机理，从这一角度将热防护机理分为 3 类。

第 1 类，是依据热防护材料自身的性能，通过"阻热""抗热"等形式进行防护，称为被动式热防护。其中典型的热防护机制如下。

（1）辐射散热：即材料表面受气动加热后温度升高，表面吸能激发后产生热辐射。表面辐射与材料表面状态、发射率等性质相关，在辐射平衡条件下，表面所辐射的热量可占到气动加热总量的 90%以上，且随着表面温度的升高更加明显。因此热防护中一般采用高发射率涂层来提高表面辐射特性。

（2）隔热：即针对进入结构内部的传导热量，通过采用低热导率材料，例如低密度陶瓷纤维毡、隔热瓦、气凝胶等，阻挡热量向内部的传递。这是目前被动式热防护最普遍采用的形式。

（3）热容效应：即材料温度升高时,会吸收热量(又称为显热),几乎所有材料都具备这个性质,但比热容大小有所不同。对于低密度的隔热材料而言,由于其密度低,热容效应很小。对于类似 X - 15 等短时高热流环境而言,采用块体难熔金属的高热容效应可以满足防热需求,但目前这种机制很少单独使用。对于被动式热防护内部而言,利用金属蒙皮的热容效应能够达到较好的吸热和热平衡效果。

第 2 类,是指主动改变气动热环境,从而实现防护的主动热防护,典型的机制如下。

（1）热疏导：即通过冷却工质对流,将进入结构内部的热量带走,利用了冷却工质的热容效应甚至是相变潜热,主要控制的是内部的热传导,常见于发动机内热防护,采用低温燃料作为冷工作。

（2）表面气膜阻塞：即通过在结构表面形成一层低温气膜,阻挡边界层内高温气体与结构表面换热,实现热防护的目的。

（3）湍流抑制：湍流情况下表面气动加热会显著增强,通过表面微结构设计、吸波涂层设计等能够降低流场扰动、延迟边界层转捩。

其他一些主动热防护机制包括表面催化抑制、反向射流等控制对流热,通过表面高反射改性抑制辐射热吸收等,属于这一领域的前沿工作方向。

第 3 类,利用被动热防护机制,但需要环境的激励才能激发其防热效应的热防护机制,称为半主动热防护。典型的机制如下。

（1）相变：利用材料的吸热型相变,可以带走大量的热量(又称为潜热),但材料温度不变。在热防护中常用的相变材料包括水、碳材料、低熔点金属、石蜡等。其中水和碳的升华热极高,能迅速带走大量热,但如何引入热防护结构系统且降低重量是设计难题。

（2）烧蚀：利用烧蚀过程中有机物热解吸热,烧蚀产物进入流场形成质量引射和热阻塞效应,进而实现热防护。

（3）热电子发射：利用高温下材料表面会向外发射电子的特性带走热量。生活中钨丝灯在高温时就会发射热电子,通过一定的引导可以实现热电子的持续发射,但需要功函数较低的材料。

10.3.2 热防护典型结构方案

图 10.10 归纳了 3 类热防护机制所对应的典型热防护结构。

1. 被动式热防护

① 绝热式结构：即利用涂层提高表面发射率,利用表面硬化层维持气动外形,利用低热导率材料阻挡进入结构内部的热流,通常用于中低热流环境,轻量化优势明显,在长航时弹道情况下所需材料厚度较大,体积效率受限。② 热沉式结构：通常采用镍、钨等难熔金属及其合金块体的高热容效应,吸收进入结构内部的热量,并维持较低的温度,通常用于短时受热条件。③ 热结构：耐热材料位于表面,既承担防热功能又承担结构载荷,结构内部一般填充隔热材料以隔热;体积效率高,适用于不同热流环境、空间狭小且承载需求较为突出的结构部位,是维持气动外形同时提升结构效率的最有效方案。

2. 主动式热防护

① 对流冷却：即在受热表面与冷结构之间的空间中,增加冷却工质的流道,通过冷却

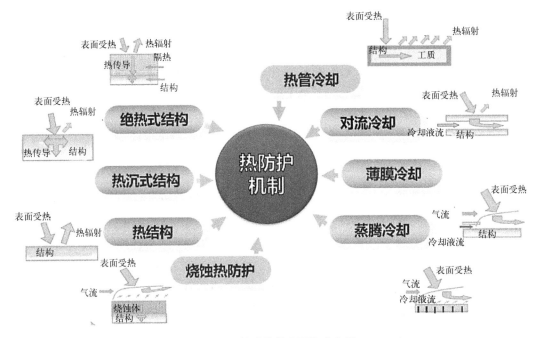

图 10.10　热防护的主要技术分类

工质吸收热量以降低进入结构内部的热量,多用于高热流、空间受限的部位,如超燃冲压发动机壁板等,低温燃料自身可以作为冷却工质。② 薄膜冷却:即在来流上方喷射冷却气流,以隔绝高温热气流对结构表面的对流加热。③ 蒸腾冷却:在高温下,冷却工质从多孔材料表面蒸发形成冷却气膜。主动式热防护多用于高热流长航时或者超高热流飞行环境,在这种条件下,单纯依靠材料自身的防热、隔热能力,会使得结构趋于过重或过厚,或者表面温度超过材料服役温度极限,主动热防护是必须技术手段。其缺点主要在于需要冷却工质、结构效率受限等。

3. 半被动、半主动式热防护

① 烧蚀型热防护:目前用于高热流、超高热流环境的成熟技术,主要利用高热流环境下材料自身的热解、升华及热气流带走进入材料内部的热量,同时形成的热气流阻碍高温流场对材料表面的对流加热(即热阻塞效应),通过消耗自身来维持内部结构的安全,其主要缺点在于不能够维形,同时随着热流的增加材料密度大、不利于减重。② 热管结构:将冷却工质封装在热管内,热管一端位于高热流位置,另一端位于低热流位置,冷却工质在高热流位置汽化带走热量,在较冷端凝结释放热量,形成工质循环,主要用于热流梯度较大的前缘位置,能够降低结构温度梯度,但结构较为复杂。

从结构属性来看,热防护结构可分为 2 类:① 不承担或不主要承担结构载荷的热防护结构,如航天飞机大面积热防护采用的隔热瓦、隔热毡,返回飞船大底采用的烧蚀型热防护等,多将该类结构归为功能性结构,其特点包括材料密度低、质量小、一般只传递表面气动载荷。② 承担飞行器主结构载荷的热结构概念(相比于常温承载的冷结构),这类结构需要同时完成防隔热和结构承载功能,其特点是多采用耐热结构材料如高温合金、陶瓷基或碳基复合材料等,材料密度一般相对较高、高温下力学承载能力较好。

　　面对"热障",热防护结构的技术能力对飞行器的性能、弹道以及气动外形都有着决定性的影响,因此气动热载荷也是热防护设计的首要载荷。辐射平衡温度和暴露时间是不同热防护机制选择的两个关键因素,其中辐射平衡温度决定了材料必须满足的耐温极限,总暴露时间确定了热防护所受的总热载荷(加热量),两者基本上可以确定飞行器所应采用的热防护类型。图 10.11 给出了不同温度、不同热载条件下的几种典型热防护方案。

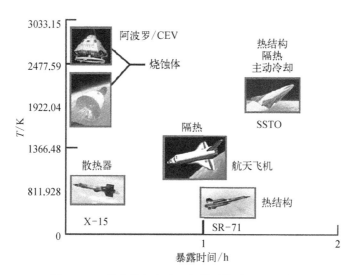

图 10.11　热载荷与高速飞行器结构特征之间关系

10.3.3　航天飞机热防护

　　航天飞机是 20 世纪最伟大的航天科技杰作之一,是人类在探索和利用太空的漫漫征途中的一个重要标志和里程碑,也是人类第一次实现可重复使用(部分)的载人天地往返飞行器。

　　航天飞机第一次对热防护技术特别是可重复使用热防护技术提出了明确的需求,而从实验室到原型产品花费了 14 年时间(1969~1973 年),飞行器的研制进程受到热防护技术的严重制约。第一架航天飞机的建造开始于 1974 年 6 月,但是由于主发动机和热防护系统的技术难题,直到 1981 年 4 月 12 日哥伦比亚号的发射升空,第一架航天飞机才正式进入太空。在之后的 30 年时间里,美国共制造了 6 架航天飞机,正式服役 30 年,NASA 的哥伦比亚号、挑战者号、发现号、亚特兰蒂斯号和奋进号航天飞机先后共执行了 135 次任务,搭载 355 名宇航员,飞行 8 亿多公里,运送 1 750 吨货物,帮助建造国际空间站,发射、回收和维修卫星,开展科学研究,激励了几代人。2011 年 7 月 21 日,最后一次航天飞机任务——亚特兰蒂斯号在佛罗里达州 NASA 肯尼迪航天中心的主港着陆,宣告着航天飞机时代的结束。

　　航天飞机的体型尺寸以及对轻质、低成本、可重复使用热防护系统的需求,给飞行器设计提出了艰巨的挑战。再入过程中,飞行器表面最高温度达 1 922 K,而飞行器机身最高温度不能超过 450 K。飞行器表面热防护材料的选取、分布主要由飞行器表面温度确定,以哥伦比亚号航天飞机为例,其表面主要热防护材料的分布如图 10.12 所示。

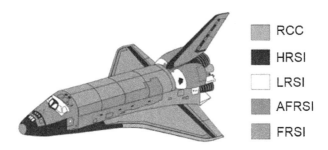

RCC
HRSI
LRSI
AFRSI
FRSI

图 10.12 航天飞机热防护材料分布

头锥和翼前缘区域最高温度超过 1 533 K,热防护结构使用了增强 C/C(reinforced carbon carbon,RCC)复合材料,如图 10.13 所示。为了防止材料过快氧化,RCC 外表面覆盖了 SiC 层,且通过正硅酸乙酯 TEOS 浸渍、固化,在材料表面生成了 SiO_2 层,减小了 C/C 与空气的接触,并在最后涂覆了硅酸钠密封胶以填充表面可能存在的孔隙和微裂纹。

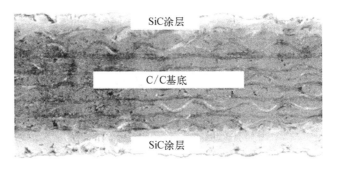

SiC涂层

C/C基底

SiC涂层

图 10.13 RCC 横截面

头锥和翼前缘 RCC 结构如图 10.14 所示。每个机翼前缘通过 Inconel 718 和 6Al4V 钛合金支架安装了 22 块 U 形 RCC 面板。这些相互独立的面板不仅便于结构制作,而且有利于调节再入过程高温环境下面板的膨胀变形。在背风面舱门以及机身中后部最高温度不超过 644 K 区域,航天飞机使用了涂覆高发射率涂层的柔性可重复使用隔热毡(flexible reusable surface insulation,FRSI),其余位置使用了耐温性更好的先进柔性可重复使用隔热毡(advanced flexible reusable surface insulation,AFRSI),并在局部使用了低温可重复使用隔热瓦(low-temperature reusable surface insulation,LRSI),在迎风面主要使用了高温可重复使用隔热瓦(high-temperature reusable surface insulation,HRSI)。以哥伦比亚号为例,其热防护系统中使用的隔热瓦多达 31 000 块。HRSI 和 LRSI 为 LI(Lockheed Insulation)隔热瓦型号下的两种材料,主要成分均为二氧化硅,但材料厚度和表面涂层不同,前者涂层采用硅化物和硼硅酸盐混合物,呈黑色,表面发射率更高;后者涂层则采用二氧化硅和氧化铝颗粒混合物,呈白色,表面发射率约 0.8,吸收率约 0.32。

隔热瓦与机身结构之间通过应变隔离垫(strain isolator pad,SIP)和室温硫化型硅橡

(a) 头锥　　　　　　　　　　　　　(b) 翼前缘

图 10.14　航天飞机头锥和翼前缘 RCC 热防护结构

胶(room-temperature vulcanizing adhesive,RTV)粘接,如图 10.15 所示,隔热瓦之间的缝隙由密封材料填充。应变隔离垫的应用缓和了隔热瓦与机身材料热膨胀系数不同的问题。在粘接隔热瓦之前,隔热瓦底面的致密化处理使得隔热瓦与应变隔离垫界面区域应力分布更加均匀。

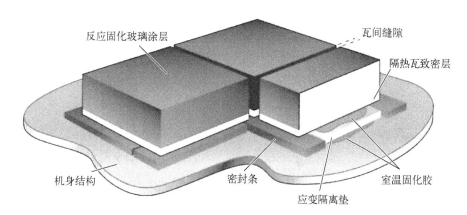

图 10.15　航天飞机热防护系统隔热瓦结构设计

　　与低温可重复使用隔热瓦 LRSI 相比,AFRSI 更容易生产,且具有更好的耐久性,可以减少制造成本,节省安装时间,热防护系统重量也更低,最初用于替换发现号和亚特兰蒂斯号热防护系统中使用的 LRSI,在第 7 次飞行之后,哥伦比亚号也将大部分 LRSI 替换为了 AFRSI,而在奋进号的建造过程中,则直接使用了 AFRSI。

　　2011 年 7 月 21 日,随着亚特兰蒂斯号在肯尼迪航天中心安全着陆,航天飞机时代正式谢幕。不可否认,航天飞机的退役与热防护系统的能力和可靠性不足密切相关。理解、掌握服役环境下热防护结构失效模式对热防护系统乃至航天器的安全至关重要。当热防护结构由两种及以上材料组成时,例如涂覆涂层的隔热瓦,不同材料之间热膨胀系数的不同可能会导致材料开裂乃至失效。隔热瓦脆性大,抗损伤能力差,当隔热瓦相互之间发生挤压,材料极易产生裂纹,因此需要在隔热瓦之间增加缝隙设计。航天飞机隔热瓦之间的缝隙可能会导致局部热流增大,影响热防护结构性能。在刚性隔热瓦之间填充缝隙材料成为解决缝隙问题的方法之一,但缝隙填充材料与热防护结构之间存在着匹配性的问题。空间碎片环境也对热防护系统安全也产生了极大的威胁,热防护设计中需要考虑如何避免或承受碎片撞击。对于头锥、翼前缘 RCC 结构,无损检测方法、损伤容限表征、高保真数值计算模型等对于结构重复使用的安全性至关重要。

除了美国的 6 架航天飞机,苏联曾经建造了暴风雪号航天飞机。暴风雪号航天飞机计划是苏联为了与美国进行太空军备竞赛而开展的,在苏联解体后不久此计划也宣告正式终结。暴风雪计划建造五架航天飞机,但是只有第一架的暴风雪号(Buran 1.01)真正被完成并且顺利发射升空与回收。苏联航天飞机的表面热防护系统与美国航天飞机的有所不同。暴风雪号表面采用了 38 000 块由特别细的玻璃纤维和 C/C 复合材料构成的轻型耐热陶瓷瓦覆盖,可承受 2 000℃ 的高温。

10.4 热力耦合分析方法

高超声速飞行器的环境与材料响应的多场耦合问题非常复杂,涉及气动热、气动力、结构热传导、结构热力响应以及气体表面相互作用等因素,对此研究工作需要采用试验与数值模拟相结合的方式开展。随着计算机硬件的迅速发展,经过实验数据的考核与验证的数值模拟程序逐渐成为研究高超声速飞行器多场耦合问题的重要手段。利用计算流体动力学(computational fluid dynamics,CFD)和有限元法(finite element method,FEM)可以模拟试验手段不能实现或不可直接测量的热力环境和热防护材料响应。数值方法有助于深入理解大气再入过程中影响飞行器热环境的物理化学过程以及热环境与热防护材料之间的耦合作用。

10.4.1 结构热/力耦合模型

传热分析和结构分析的基础是连续介质力学的守恒方程、材料热/力行为的本构方程及连续性方程,本节将对热力联合下载荷的传热分析、热应力分析的基本理论以及常用的分析边界、载荷等进行简要介绍。

1. 守恒方程

对固体而言,守恒方程包括线动量守恒、角动量守恒和能量守恒。通过线动量守恒,可以导出运动方程:

$$\frac{\partial \sigma_{ij}}{\partial x_j} + B_i = \rho \frac{\partial^2 u_i}{\partial t^2} \tag{10.1}$$

式中,σ_{ij} 是应力张量分量;B_i 代表每个单位体积内的体力组元;ρ 为热结构材料密度;u_i 为位移分量。从角动量守恒,可以推导出应力张量是对称的(Cauchy 第二运动定律),即

$$\sigma_{ij} = \sigma_{ji} \tag{10.2}$$

可变形固体的能量守恒方程为

$$\frac{\partial q_i}{\partial x_i} - \sigma_{ij} \frac{\partial \varepsilon_{ij}}{\partial t} + \rho \frac{\partial U}{\partial t} = Q \tag{10.3}$$

其中,q_i 代表热流组元;ε_{ij} 为应变张量分量;U 为单位质量内能;Q 为单位体积的内部生热率。固体的内能取决于压力和温度,即 $U = U(\varepsilon_{ij}, T)$。可变形固体内一个点的应变与位移的关系为

$$\varepsilon_{ij} = \frac{1}{2}\left[\frac{\partial u_i}{\partial x_j} + \frac{\partial u_j}{\partial x_i} + \frac{\partial u_k}{\partial x_i}\frac{\partial u_k}{\partial x_j}\right] \tag{10.4}$$

通常假定位移梯度是小量,忽略该式最后一项,可以给出线性应变-位移关系:

$$\varepsilon_{ij} = \frac{1}{2}\left[\frac{\partial u_i}{\partial x_j} + \frac{\partial u_j}{\partial x_i}\right] \tag{10.5}$$

公式(10.4)和公式(10.5)表明,应变张量是对称的。注意到公式(10.5)仅适用于小变形情况。在实际的热结构分析中,在线弹性范围内或应变小于 10^{-3} 时,上述假设基本是合适的。针对一些薄壁结构变形、结构出现屈曲或者材料经历损伤、塑性变形等,可能会出现大变形,此时可能需要非线性应变-位移关系,通常称为几何非线性。

能量守恒方程(10.3)表明,在变形体内,应力、应变和温度存在一定的关系,即固体内应力和应变的变化会改变热流和热能。公式(10.3)左侧第二项表达了机械能向热能的转换。对于航空航天应用而言,在金属材料的弹性范围内,可以忽略机械能转换的热能。因为气动加热供给结构的外部能量是如此之大,相比之下由机械能转化的热能为可以忽略不计。因此能量守恒方程可以简化,在这种情况下,内部能量仅为温度的函数,习惯上取

$$\frac{\partial U}{\partial t} = c(T)\frac{\partial T}{\partial t} \tag{10.6}$$

式中,$c(T)$ 为材料的比热,与温度相关。经过简化,能量守恒方程变为

$$\frac{\partial q_i}{\partial x_i} + \rho c\frac{\partial T}{\partial t} = Q \tag{10.7}$$

2. 传热分析

在守恒方程(10.7)中,热流通常与温度梯度相关,满足傅里叶定律。对于各向异性材料,傅里叶定律表述为

$$q_i = -k_{ij}\frac{\partial T}{\partial x_j} \tag{10.8}$$

对于高超声速飞行器热结构的传导传热,将公式(10.8)代入到公式(10.7),可以得到:

$$-\frac{\partial}{\partial x_i}\left[k_{ij}\frac{\partial T}{\partial x_j}\right] + \rho c\frac{\partial T}{\partial t} = Q \tag{10.9}$$

这是一个抛物型偏微分方程。这意味着热扰动在物体中以在无限的速度传播。为了解决这个异常,有学者通过修改傅里叶定律给出一个双曲能量方程,修正后的方程中热扰动以非常高但有限的波速传播,这个波速称为“第二声速”。通常用于结构传热分析的仍是抛

物型的传热方程。k_{ij} 为热传导系数张量的分量,通常材料的热传导系数依赖于温度。对于复合材料热结构而言,热传导系数具有典型的各向异性。对于耐高温的隔热材料,如航天飞机的刚性隔热瓦(LRSI、HRSI、AETB 等)、柔性隔热毡材料(Q-fiber、Saffil、CRI 等),受到材料内部对流传热机制影响,其热导率还依赖于环境的压力

给定所有表面的初始条件和边界条件,可以求解热传导方程。初始条件指定了零时刻的温度分布,需要依据实际状态确定。在热结构分析中,常用的边界条件包括:① 指定温度,即公式(10.10)所示边界,主要用于一些主动冷却边界的简化模拟、已知温度界面的模拟等;② 指定热流,如公式(10.11)所示,主要用于模拟表面气动热、内流场结构表面受热等;③ 表面对流换热,如公式(10.12)所示,主要用于模拟燃气加热、主动冷却边界、热结构内外表面的对流散热等;④ 辐射换热,如公式(10.13)所示,主要用于模拟高温热结构表面向外界的辐射散热:

$$T_{\rm s} = T_1(x_{\rm s}, t) \tag{10.10}$$

$$q_i n_i = -q_{\rm s} \tag{10.11}$$

$$q_i n_i = h(T_{\rm s} - T_{\rm e}) \tag{10.12}$$

$$q_i n_i = \sigma \varepsilon T_{\rm s}^4 - \alpha q_{\rm r} \tag{10.13}$$

式中,n_i 表示单位外法线方向向量;$q_{\rm s}$ 为表面热流(以指向表面为正向);$T_{\rm s}$ 为表面温度;$T_{\rm e}$ 为表面气体温度;h 为对流换热系数。在辐射边界条件中,α 是表面的吸收率;$q_{\rm r}$ 是向表面内的辐射热流;σ 为 Stephen-Boltzmann 常数;ε 为表面的发射率。注意到公式(10.13)中引入了温度的 4 阶量,通常称为边界非线性。

热结构的传热分析中,还需要考虑以下特殊问题。

(1)空腔辐射:对于腔体等结构,表面温度较高时会发生表面之间的辐射换热。一个典型的例子是航天飞机的"C 型"翼前缘。分析及实际飞行试验表明,前缘腔体内的辐射和对流对提高温度分布均匀性、降低热应力有重要作用。分析表面之间的辐射换热很复杂,既取决于表面温度,又受两表面之间的几何关系影响,而且后者会进一步影响表面受热情况。处理空腔辐射问题通常采用离散化方法,将辐射边界离散为 N 个表面微元,并假定这些微元等温。如果将第 i 个微元的辐射热流记做 H_i,可以温度 T_i 确定 H_i。这些方程的矩阵形式可以写为

$$\{[I] - [F][1 - \varepsilon]\}\{H\} = [F]\{\varepsilon \sigma T^4\} \tag{10.14}$$

式中,矩阵的组元 $[F]$ 为视角因数 F_{ij};$[I]$ 代表单位矩阵;F_{ij} 为离开表面 i 到达表面 j 的辐射能量。确定复杂三维结构的视角需要大量的计算,但可以借助并行化等方式加以解决。

(2)对流冷却:对于对流冷却结构,必须考虑冷却通道的传热。冷却剂流动的主导传热模式是强制对流。在冷却剂通道中通常使用的是流动的工程模型。冷却能量方程所遵循的控制方程为

$$-\frac{\partial}{\partial x}\left(k_{\rm f} A_{\rm f} \frac{\partial T_{\rm f}}{\partial x}\right) + \dot{m} c_{\rm f} \frac{\partial T_{\rm f}}{\partial x} - hp(T_{\rm w} - T_{\rm f}) + \rho_{\rm f} c_{\rm f} \frac{\partial T_{\rm f}}{\partial t} = 0 \tag{10.15}$$

其中,下标 f 代表流体;w 代表换热壁面;A_f 为冷却剂通道的横截面积;$\dot{m}$ 为冷却剂质量流动率;h 为对流系数,表示冷却剂通道壁面和冷却剂之间的热交换;p 为冷却剂通道周长。

（3）界面热阻效应:界面热阻(thermal contact resistance,TCR)主要由两种不连续材料界面不完美接触引起,在界面上表现为不连续的温度骤降,数学表达式如下:

$$R = \frac{1}{k_{int}} = \frac{\Delta T}{Q/A} \tag{10.16}$$

式中,R 表示接触热阻,其倒数 k_{int} 为界面导热系数,单位 $W/(m^2 \cdot K)$;Q 表示流过界面的热流,单位为 W;A 表示接触界面的面积,单位为 m^2;ΔT 表示两界面之间的温度差,单位为 K。界面热阻与组成界面的材料、界面特性(压力、表面粗糙度等)、温度等参数相关,较为复杂,一般需要结合试验测试确定。

3. 热应力分析

热弹性问题与弹性力学问题的分析方法基本相同。两者不同之处在于:热力耦合问题中,温度的变化会引起热膨胀应变,并且热变形受到约束时会进一步产生热应力,如图 10.16 所示。高超声速飞行器中,热防护结构与内部冷结构之间必然存在较大的温度梯度,因此热膨胀变形存在显著差异;与此同时,满足不同部位需求所使用的材料不一致,相同温升下的热膨胀变形也不一致;正是热膨胀变形的不匹配性(所谓"热失配效应"),导致结构中产生热应力。

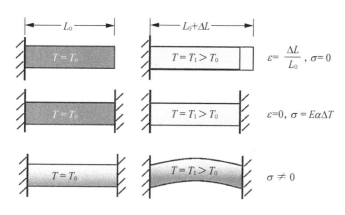

图 10.16　热应力产生的基本原理

综上,通过联立运动方程(10.1)、连续性方程(10.4)和本构方程,可以求解结构中的热应力。在准静态分析中,飞行结构热应力计算的一个基本假设是公式(10.1)中的惯性力可以被忽略。在这种情况下,动量方程简化为平衡方程:

$$\frac{\partial \sigma_{ij}}{\partial x_j} + B_i = 0 \tag{10.17}$$

通过给出边界条件指定结构所有外表面的位移或表面引力,可以求解平衡方程。初始条件包括初始位移,如果结构处于预载荷下,可能需要应力和应变的初始值。

4. 本构方程

对于线弹性行为,应力与应变的关系满足胡克定律。对于均匀、各相同性材料,本构方程可以写为

$$\sigma_{ij} = \lambda \sigma_{ij} \varepsilon_{kk} + 2G\varepsilon_{ij} - (3\lambda + 2G)\delta_{ij}\alpha(T - T_0) \tag{10.18}$$

该式给出了热应力的表达形式。式中,δ_{ij} 为 Kronecker 符号;λ 和 G 为拉梅常数;α 为热膨胀系数;T_0 为零热应力时的参考温度。拉梅常数与更熟悉的工程常数的关系为

$$\lambda = \frac{\nu E}{(1 + \nu)(1 - 2\nu)}, G = \frac{E}{2(1 + \nu)} \tag{10.19}$$

其中,E 为弹性模态;ν 为泊松比;G 为剪切模量;三者都依赖于温度。公式(10.18)中应力应变为线性关系,然而对于热结构常用的碳基、陶瓷基等复合材料而言,材料在受载时会出现损伤劣化行为,此时本构关系出现非线性特征,通常称为物理非线性。

10.4.2 复合材料热结构分析要点

以有限元方法为蓝本,热防护结构建模与分析的一般流程以及涉及的主要问题如图 10.17 所示。

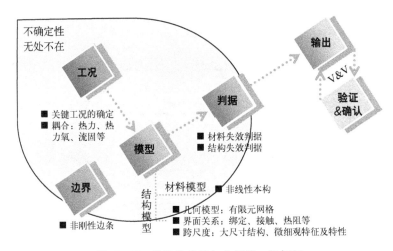

图 10.17 热结构建模与分析的一般框架

对于复合材料热结构而言,典型的有限元建模过程与金属结构没有本质的不同。一般薄壁结构采用壳/板单元,如面板;较厚的部分,如实体前缘、夹芯结构的填充材料等,采用三维实体单元;横梁或纵梁采用三维实体单元或三维梁单元,如图 10.18 所示。

在上述分析原则的基础之上,仍需要考虑复合材料自身的材料特点,注意以下要素。

1. 层合板材料应力分析

对于层合结构的复合材料,初步的刚度和应力水平分析可以采用壳单元,并采用等效的正交各向异性性能。但需要注意计算层合板的理论拉剪刚度矩阵、弯扭刚度矩阵,分析层合板是否存在拉-剪、拉-弯、拉-扭、剪-扭、弯-扭耦合效应。因而,仅当层合板采用多

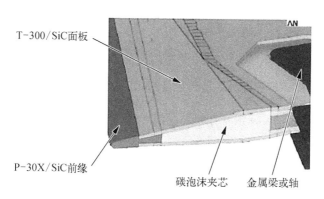

T-300/SiC面板

P-30X/SiC前缘

碳泡沫夹芯　金属梁或轴

图 10.18　X‑43 飞行器前缘部分的分析模型

层、重复角度铺设时,才可以采用等效正交各向异性性能模拟层合板。并且应当选择能够考虑横向剪切效应的板或壳单元。尤其是面内杨氏模量与面外剪切模量的比例较大(如达到 5 左右),同时宽度与厚度比例较小(小于 25)时,应选用考虑横向效应的壳单元。

　　常用的 Hashin、Puck、Tsai-Hill 失效准则通常是针对单层板建立的。对于层合结构,获取单层板的应力水平能够更准确地进行渐进损伤分析。一般而言,获取更细尺度的组分应力,往往能够采用物理意义更加明确、更为准确的失效准则,这也是进行多尺度分析的意义之一。为获取单层板应力,仅采用壳单元、考虑材料各向异性并不充分。目前,包括 ABAQUS、ANSYS 等结构分析商业有限元软件均提供了层合板建模分析能力,能够计算层合板的终面应变和曲率,进而计算各层材料方向上的应力水平。

　　注意这种方法并不能准确分析层间应力。采用实体单元能够更好地分析层间应力,但同时会增加分析成本。一般可提取全模型中的过应力区域,建立更小的局部模型,并在厚度方向采用更多、形态更好的单元进行分析。尤其是耐高温复合材料必须考虑较弱的层间性能,如 2D C/C、2D C/SiC 等热结构复合材料,在层间拉应力、剪应力作用下产生分层之后,材料抗压缩载荷能力会迅速下降,远不及材料名义压缩强度,需要特别关注。对于可能发生分层失效的区域,应该采用内聚力单元、虚拟裂纹闭合技术(virtual crack closure technique,VCCT)等方法开展裂纹扩展分析,并考虑分层后可能出现的局部屈曲效应。

　　2. 层板分析中对称边界条件运用

　　对于各向同性的板或壳,可以采用对称边界条件,以替代对整体的分析,简化模型加速求解。对于一般的复合材料层合板,需要检查 *ABD* 刚度矩阵,以确定是否能够应用对称边界。例如,即使载荷和边界条件关于 X、Y 轴对称,如果层合板存在拉-剪耦合,即 A_{16}、A_{26} 不为零,则上述的对称边界仍不能使用,因为: u_Y 在 x 轴分界线上不为零并且 u_X 在 Y 轴分界线上不为零。即使所分析的层合板没有拉-剪耦合(即 $A_{16} = A_{26} = 0$),但存在弯-扭耦合(即 D_{16} 和 D_{26} 不为零),则 q_Z 在任一轴的分界线上均不为零,因此不能应用对称边界。在上述两种任何一种情况下,都需要对整个板进行分析。对于存在拉-弯耦合的层合板,以及弯扭耦合的层合板,也可以得出相同的结论。

　　对于采用层合板铺层建模及分析方法,当层合板中包括非 0°或 90°的单层板时,不应当使用对称边界条件。以图 10.19 所示的 45°铺层为例,对称边界条件假设对称的另一半

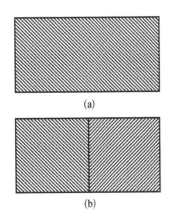

(a)

(b)

图 10.19 45°单层板及应用对称
边界后模拟的情况

具有镜像的特征,而非实际情况中纤维连续特征,因此不能获得正确的应力。

3. 材料损伤和非线性特征

使用线弹性假设,忽略材料损伤引起的非线性特征,通常会高估应力水平,而低估结构变形及应变水平。若采用基于破坏应力的强度判据,会低估结构的承载能力,若采用基于破坏应变的强度判据,则会高估结构的承载能力。对于特定类型的复合材料,如特定的耐高温复合材料、高应变失效复合材料,必须使用非线性本构模型进行结构应力、应变分析,在这种情况下建议使用应变失效准则。

一般而言,SiC/SiC 和 C/SiC 复合材料由于纤维和基体热膨胀系数差异及高温制备工艺,成品材料基体中通常存在大量的微裂纹,材料应力应变曲线表现出明显的非线性或者双线性。C/C 材料中基体刚度相比于编织体,对整体的刚度贡献有限,拉伸或压缩应力应变曲线的线性度较好,但在剪切中,由于编织体的非线性变形,则表现出明显的非线性特征。

作为初步的刚度分析或者结构受载特征较为简单时,使用简单拟合的非线性本构模型就能获得较好的效果。进一步分析结构中材料的损伤特征时,或者结构受多轴应力状态作用时,必须考虑不同损伤模式的耦合效应开展分析。

4. 就位性能和失效判据的运用

对于复合材料而言,有限元云图上给出的极限应力或应变并不适于进行真实的部件性能分析。因为局部点的高应力水平,在实际结构中可能只引起微小位置的压溃、微裂纹等,并不能作为整体结构失效的判据(图 10.20)。

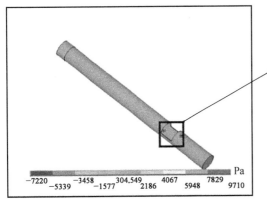
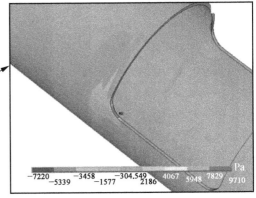

图 10.20 有限元分析中给出的局部高应力区域

另一方面,复合材料测试中,失效通常是在几个(至少 3~5 个)编织单胞内出现,如图 10.21 所示。因此,必须考虑复合材料的编织结构特性,在后处理中对应变值、应力值进行处理。至少应采用 3 个单胞大小体积内的平均应力或应变值,与测试得出的失效应力或应变值相比以分析构件性能,而不是直接采用有限元分析给出的结果。

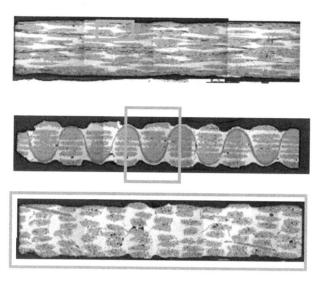

图 10.21　常见的单胞形式

受制于工艺均匀性、装配残余应力等因素,热结构复合材料的大尺寸结构就位性能与小尺寸的试样性能通常存在一定的程度的差异,一般而言前者劣于后者。通常称上述问题为尺度效应。必须要采用结构原位取样、开展相应的材料性能测试,并采用上述就位性能作为强度分析、设计的依据,否则会高估结构的承载能力。

10.5　考核与试验验证

10.5.1　模拟热、力试验

红外热辐射:常见的加热装置或手段包括石英灯阵列、石墨辐射加热器等(图10.22),是飞行器大尺寸结构件进行地面模拟加热的一种重要试验考核方法。与强对流加热的电弧加热器不同,这种装置的加热原理是利用灯丝或石墨加热体在电阻生热效应产生红外热辐射,其特点是加热面积大、可适应复杂结构形式、可以同时施加力载荷;其不足之处在于加热功率有限,石英灯管的软化温度在 1 100℃ 左右,石墨加热体在 1 000℃ 以上时也存在明显的挥发。

感应加热:感应加热实质是利用电磁感应在导体内产生的涡流发热来达到加热工件的电加热,如图 10.23 所示。电流通过感应线圈产生交变的磁场,当磁场内磁力线通过待加热金属工件时,交变的磁力线穿透金属工件形成回路,在其横截面内产生感应电流,此电流称为涡流,可使待加热工件局部瞬时迅速发热,进而达到加热的目的。温升特性上,温升速率很快。但线圈导体中的交变电流和被加热工件内的涡流在其横截面上的电流密度不均匀分布,最大电流密度出现在该横截面的表层,并以指数函数的规律向心部衰减,这种现象称之为趋肤效应。在工件尺度方面,目前还难以达到构件级。鉴于以上特点,其加热特征和实际飞行差别较大,多用于实验室材料级的问题研究。

图 10.22 石英灯阵列(左)与石墨加热体(右)

对于既防热又承力的结构,需要同时开展热力联合考核试验。其中热加载的手段前文已经阐述过,便于实现热力同步加载的加热手段目前主要是石英灯阵列。由于实际结构所受的力分布力居多,但除了均匀内压可以通过密封水压舱或气舱方式加载,其他均需要对载荷进行简化。一般依据结构安装特点,设立试验边界,同时确定点载荷的加载,保证关键受载位置的等效性。图 10.24 给出了 NASA 在 X - 37B C/SiC 舵结构中所采用的热力联合试验装置示意图。

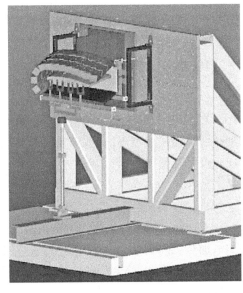

图 10.23 感应加热   图 10.24 X - 37B C/SiC 舵测试装置

总体上,热力联合试验十分困难,除了要涉及大量的能源消耗,还存在: ① 热结构测试价格昂贵,需要复杂的计算控制系统,大量仪器;② 耗时,需要检查和标定复杂仪器;③ 试验要求不明确,因为测试过程往往处于发展新高温结构的早期阶段。随着马赫数的增加,实验数据和分析之间的关联关系变得越来越困难,因为:① 新材料和主动冷却使得结构变得复杂;② 捕获热梯度和高局部应力的精细模型要求计算复杂程度显著增加;③ 测试需求增多,例如需要更多的仪器;④ 随着测试温度的升高测试能力降低,例如精确应力测量的特别标定;⑤ 高温下测试能力降低等问题。

10.5.2　风洞试验考核

利用风洞产生的高速流场,模拟高速飞行器服役时的气动环境,对热防护材料和结构的气动力与气动热性能进行测试,作为复合材料热防护结构的评价依据,目前被广泛用于热防护结构的地面试验考核中。由于风洞流场速度远低于高速飞行器的真实飞行速度,流场的焓值、热流密度和压力与真实飞行环境的对应参数存在一定的差别。一般地,风洞流场只能满足两个参数的模拟,因此风洞试验结果需要认真检验,才能用于热防护结构的有效性判断。

目前,用于复合材料热防护结构考核的风洞包括高频感应等离子风洞和电弧风洞两种。高频感应等离子风洞利用感应线圈中的高频电流对工作气体电离,形成的流场电离程度高、稳定且纯净,一般用于模拟高焓流场作用下热防护材料的失效机理研究。由于流场压力较低,不能模拟高速流场对材料表面的剪切作用。而电弧风洞利用正负电极间形成的稳定电弧加热工作气体至电离状态,形成的流场压力高、热流密度大,但焓值不及高频等离子风洞的流场,常用于热防护结构的考核。

10.5.3　飞行试验与测试技术

飞行试验是通过研制飞行样机或搭载关键热防护结构,通过真实飞行试验开展性能测试与验证,是认知热防护结构性能和机理的最为直接有效的手段,同时也是风险最高的手段。飞行试验设计本身涉及总体设计、气动设计、弹道规划、控制系统开发、材料与结构等,是一个系统工程,不在本书的叙述范围内。本节针对飞行试验获取有效测试数据的关键支撑(飞行测试技术展开介绍)。

飞行测试技术是通过设计飞行测试传感器,直接获取高速飞行器飞行过程中热防护结构的响应信息与边界流场特征参数,实现发现新现象、揭示新机理的目标。飞行测试技术突破了地面试验的局限、理论分析的不完备、数值计算模型的简化假设与高超声速飞行器的真实复杂环境的差异,因而受到广泛关注。20 世纪 50 年代以来,美国在洲际导弹、阿波罗(Apollo)计划、火星探测等重大研发计划中,均十分重视飞行测试技术的研究,开发了系列飞行测试装置,开展了一系列的飞行测试试验,获取了宝贵的飞行数据,极大地推动了高超声速飞行器的发展。

美国的火星科学实验室任务中,开发了火星再入-降落测试装置(Mars Entry Descent&Landing Instrumentation,MEDLI),获取探测器的火星大气再入过程的温度、压力和热防护层后退率的实时信息。飞行测试装置包括:7 个贯穿热防护层的压力端口——火星进入大气数据系统(Mars Entry Atmospheric Data System,MEADS)用于测量火星大气压力参数;7 个集成化的柱塞——内部分布 4 个热电偶测量温度变化过程,1 个材料烧蚀后退率传感器——火星传感器集成插头(Mars Integrated Sensor Plug,MISP),两者结合可以计算火星大气再入过程中飞行器表面的热流密度;还有传感器支持电子设备——为传感器供电,并将传感器信号数字化后发送至通信设备(图 10.25、图 10.26)。

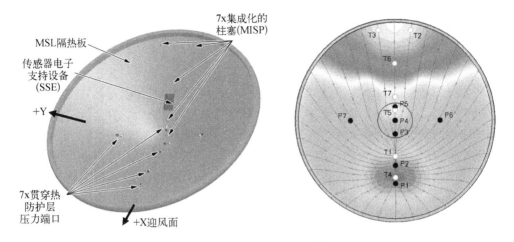

图 10.25　MEADS 安装位置

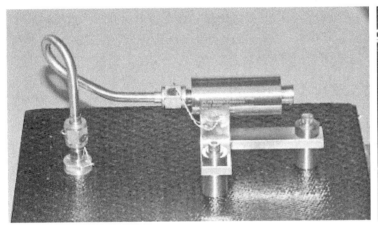

图 10.26　MEADS 构成与安装

欧空局在其高超声速飞行器研发计划 EXPERT 中,系统设计了气动力/热数据采集系统,通过压力、温度、边界层流体成分、辐射性能、材料催化性能的飞行测试,结合 GPS 定位以及速度加速度的测试,实现了飞行器实际飞行弹道的重构,驻点等关键部位压力系数确定,飞行器攻角、侧滑角的识别,表面摩阻的计算,边界层成分确定,获取了热结构关键部位的热流密度,并判断了转捩的发生,基于测试数据和地面试验设计检验了 CFD 计算模型。

图 10.27 为热流测试传感器 RAFLEX 的设计图与实物照片。通过多重隔热构造,实现传感器本身的安全性以及传感器与安装部位结构的热匹配性,通过了地面风洞试验的考核。

目前,美国和欧洲在飞行测试技术方面处于明显的领先地位,已经形成了稳定的技术研究团队,飞行测试参数包括压力、热流、温度、光谱、图像等多种信息,能系统获得飞行器

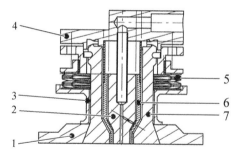

图 10.27　RAFLEX 地面试验件与结构图

端头、大面积、翼前缘等多部位的环境参数与热结构响应过程数据,可实现飞行器姿态辨识、弹道重构、真实气体效应与催化效应的定量化表征。另一方面,目前对高超声速飞行试验的认识和控制还有待加强,高超声速飞行试验技术仍然存在一定的风险,如美国的 HTV-2 飞行失败与星座计划的终止,表明该项技术目前仍然存在瓶颈,有待于突破;同时,对于飞行测试装置的标定还没有建立获得各方认可的统一标准。

10.6　本 章 小 结

　　本章主要介绍了高超声速技术与气动热环境、服役环境特征与载荷。在此基础上,分析了常见防热机制、材料方案与结构类型。围绕热防护分析与设计需求,介绍了热力耦合分析方法及复合材料热结构分析所必须注意的要点。最后介绍了几类考核与试验验证方法。

课 后 习 题

1. 高超声速飞行的"热障"指的是什么? 对飞行器材料/结构的影响体现在哪些方面?
2. 高超声速飞行的气动热环境与材料响应耦合过程主要考虑哪些问题?
3. 热防护设计的核心要求是什么? 与一般机械结构相比,热结构设计面临哪些特殊问题?
4. 被动式热防护和主动式热防护机制的主要区别体现在哪里?
5. 热防护分析常见的考核与试验验证手段包括哪些?
6. 调研一种典型的高超声速飞行器,并分析它的热防护结构方案与特点。

第11章
多功能与智能复合材料

多功能与智能复合材料结构在外界激励作用下可以主动响应,是新型材料结构的发展方向。本章先对包括金刚石分类方法与优异性质、晶体结构、化学气相沉积法合成金刚石、金刚石电学方面应用等内容在内的金刚石制备与应用基础进行简要阐述;随后介绍了形状记忆聚合物的基本原理及其在航空航天的典型应用,建立形状记忆聚合物的本构模型,验证了模型的有效性和精确性;最后,建立介电弹性体电致活性聚合物的热力学基本理论框架,给出了力电耦合场下的本构模型。

学习要点:
(1) 形状记忆聚合物的定义及其特点;
(2) 介电弹性体电致活性聚合物本构理论的推导;
(3) 金刚石色心微观结构。

11.1 引 言

多功能与智能复合材料在外界激励作用下可以主动响应,使结构具有类似于生物各种功能的"活"材料,具有感知功能、驱动功能、反馈功能、控制功能、自修复和自学习等功能,是新型材料结构的发展方向,可在航空航天、轨道交通、生物医疗、机器人等领域广泛应用,也是实施载人航天与探月工程、大飞机等国家重大专项和新一代国防尖端技术等重大战略需求的关键保障材料。本章重点介绍金刚石、形状记忆聚合物、电致活性聚合物等。

11.2 金刚石制备与应用基础

金刚石是导热增强体中热导率最高的材料,也是硬度最大的材料,对于协同提高复合材料的导热和机械性能至关重要。

11.2.1 金刚石的分类和性质

1. 金刚石的分类

金刚石按照来源分为天然金刚石与人造金刚石。人造金刚石根据最常用的制备方法又可分为高温高压(high-pressure high-temperature, HPHT)法金刚石与化学气相沉积(chemical vapor deposition, CVD)法金刚石。

根据晶体的宏观聚集状态(晶态)及内部晶粒粒径的不同,金刚石可以分为单晶金刚石、多晶金刚石、纳米晶金刚石与聚晶金刚石等。

根据金刚石中杂质含量的不同,金刚石可以分为Ⅰ型金刚石与Ⅱ型金刚石,其中Ⅰ型金刚石是氮杂质含量较高的,而Ⅱ型金刚石氮杂质含量较少,在1 ppm以下。Ⅰ型金刚石又可以分为Ⅰa型和Ⅰb型;Ⅱ型又可以分为Ⅱa型和Ⅱb型。

除此之外,根据金刚石的品质及用途,也可以分为工具级、热沉级、宝石级、光学级和电子级金刚石等,具体内容不在此介绍。

2. 金刚石的性质

1) 力学性质

金刚石的莫氏硬度是10,维氏硬度是10 400 kg/mm³。弹性模量约为10 755 kg/mm²,抗压强度为886.73~1 686.73 kg/mm²,抗拉强度为306~408 kg/mm²,杨氏模量为1 035 GPa。

2) 声学性质

金刚石在所有介质中声速传播最快,高达18 000 m/s。

3) 热学性质

金刚石的热导率最大为2 100 W/(m·K),热膨胀系数低,绝缘性好,在非均匀加热条件下也很稳定。

4) 光学性质

金刚石具有优异的透光性能,能够透过从紫外到红外绝大多数波长的光。在1 650~2 650 cm^{-1}的波数范围内天然金刚石具有强度较弱的本征二声子红外吸收。另外,金刚石具有很高的折射率(在波长范围为656~486 nm时,折射率为2.41~2.44)和强的散光性。

5) 电学性质

金刚石具有宽禁带、高载流子迁移率、低介电常数和高击穿电压的特性,是理想的半导体和绝缘材料。

6) 化学性质

金刚石在室温条件下化学稳定性非常好,几乎不与任何化学试剂起反应。在高温条件下,金刚石不耐含氧酸盐及强碱,熔融的铁、钴、镍、锰和铂等金属都是金刚石的溶剂。

11.2.2　金刚石晶体结构

1. 杂化和价态

金刚石晶体结构中C—C原子间以共价键结合,C原子有4个未成对“杂化”电子,可形成4个共价单键。一条s轨道和一条p轨道杂化,称sp杂化;一条s轨道和两条p轨道杂化,称sp^{2}杂化,如此类推。

图11.1给出了C原子杂化轨道,(a)、(b)是一个p轨道与s轨道的杂化;(c)、(d)是C原子sp^{2}杂化轨道,图11.2为C原子的sp^{3}杂化轨道示意图。

2. 金刚石晶体结构

金刚石晶体有两种结构:面心立方结构、六方结构。金刚石晶体由碳原子构成,键与键间夹角为 109°28′,形成了如图 11.3 所示的面心立方金刚石晶体结构。值得注意的是,与通常的面心立方结构晶体不同,金刚石可看作是两套面心立方格子穿插而成。

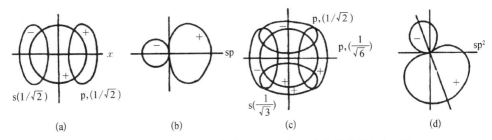

图 11.1　C 原子的 sp 杂化轨道(a)、(b)与 sp² 杂化轨道(c)、(d)

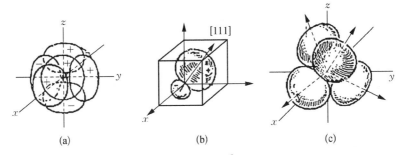

图 11.2　C 原子的 sp³ 杂化轨道

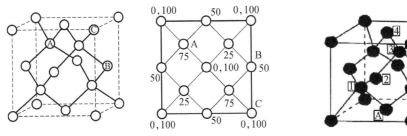

图 11.3　立方金刚石晶体的晶格结构　　图 11.4　金刚石晶体的空间群的螺旋操作

3. 金刚石晶格的空间群

晶体结构中对称要素(微观对称元素)集合称为空间群。

面心立方金刚石结构的布拉菲晶胞是面心立方晶胞。图 11.4 描述了螺旋轴。

反演中心为面心立法金刚石结构的中心,如图 11.5 所示。

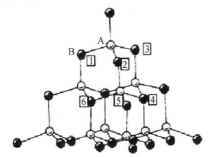

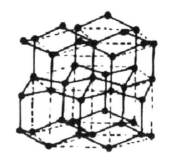

图 11.5　金刚石晶体中的反演操作　　图 11.6　六方金刚石的晶体结构

金刚石晶格还有六方结构,晶体结构如图 11.6 所示。六方及菱方金刚石、立方金刚石的 X 射线衍射数据分别如表 11.1、表 11.2 所示。

表 11.1　六方及菱方金刚石的 X 射线衍射数据

六方晶面指数(hkl)	0110	0002	0111	0112	1210	0113
面间距/nm	0.217~0.218	0.206	0.196	0.15	0.126	0.116
菱方晶面指数(hkl)	107	015	104	018	1010	
面间距/nm	0.205 92	0.211 77	0.214 09	0.202 51	0.194 96	

4. 金刚石晶格参数

C—C 原子间距(最近邻距离):0.154 45 nm;C—C 键强度:336 kJ/mol;晶格常数 a_0: 0.356 679 nm(298 K)。

表 11.2　立方金刚石晶体 X 射线数据

面间距 d/nm	0.206	0.126	0.108	0.089	0.082
X 射线强度(I/I_0)	100	25	16	8	16
晶面指数(hkl)	111	220	311	400	331

5. 金刚石晶格面网密度

金刚石晶体三个主要晶面的面网密度分别为:(100)面:$2/a^2$;(110)面:$2\sqrt{2}/a^2$;(111)面:$1.3\sqrt{3}/a^2$,a 为晶格常数。

金刚石晶体三个低指数晶面原子排列见图 11.7。

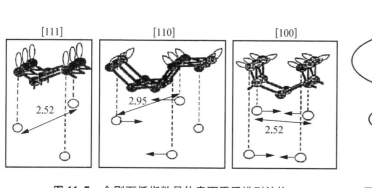

图 11.7　金刚石低指数晶体表面原子排列结构

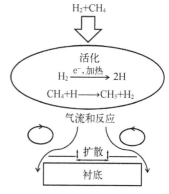

图 11.8　气相沉积金刚石薄膜的过程图

11.2.3　金刚石合成方法

1. 化学气相沉积法基本原理

化学气相法沉积制备金刚石(CVD 金刚石)的原理基于化学混合物的分解,通常是甲烷和氢气,或其他分解物在加热的衬底表面进行的化学反应(图 11.8)。

CVD 金刚石的主要优点是:① 尺寸大;② 由于对生长条件和所用气体的纯度进行了严格控制,因而物理参数的重复性高;③ 可以在异质衬底上生长所需形状的薄膜(制品);④ 可以将金刚石膜镀在更多材料的表面。

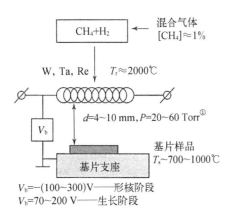

图 11.9　热丝沉积金刚石的方法流程图

2. 热丝法

将加热至 2 000~2 400℃的高熔点金属(如钨、钽、铼等)制成的灯丝,放置在生长金刚石膜的衬底旁边,衬底保持 700~1 000℃。图 11.9 为原理流程图。

这种方法的优点是简单,且可以确定比例。薄膜生长速率通常是 1 μm/h。主要缺点是不能防止热丝的材料钨进入薄膜,导致金刚石纯度不够。

3. 氧乙炔燃烧火焰合成法

影响薄膜生长质量的主要因素是 O_2/C_2H_2 的比例,该方法的优点是金刚石沉积的速度能达到 100 μm/h,缺点是沉积范围不均匀,且面积很小,沉积温度相对较高(1 100~1 200℃)。

4. 直流电弧放电法

该方法的优点包括速度快、过程简单、气体用量小,但是薄膜会受到电极表面溅射出来的原子的污染。反应示意图见图 11.10。

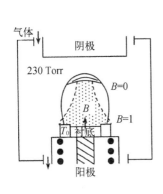

图 11.10　直流电弧放电金刚石生长反应器简图

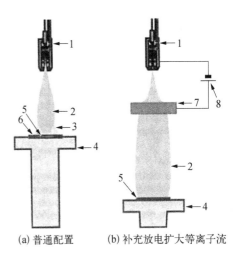

(a) 普通配置　　(b) 补充放电扩大等离子流

图 11.11　电弧等离子体发生器对比图

5. 电弧等离子体发生器

等离子体发生器沉积是一种很经济的合成金刚石的方法;获得的材料质量很高,可用

———————————————

① 　1 Torr = 1 mmHg = 133. 322 368 4 Pa

作散热片,用于红外领域的光学应用,但是不可用于有源电子器件,如图 11.11 所示。

6. 激光等离子体发生器

激光放电可以达到更高的温度(大约 20 000℃),这可以提高金刚石的沉积速度。激光等离子体发生器沉积金刚石膜的原理如图 11.12 所示。

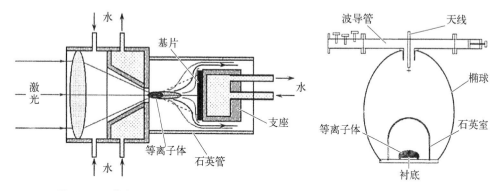

图 11.12　等离子体化学反应器的原理图　　图 11.13　微波等离子体化学反应室简图

7. 微波等离子体辅助合成法

微波激发的等离子体相对干净,不含电极溅射物,杂质含量较少,可以获得光学甚至电子学方面性能优良的金刚石,以及高纯度多晶金刚石,如图 11.13 所示。

11.2.4　化学气相沉积金刚石的应用简介

1. 日盲紫外探测器

日盲紫外探测器是响应区为波长小于 280 nm 的紫外探测器,在地球表面工作时,几乎不会受到太阳光的影响。图 11.14 是 CVD 金刚石的紫外可见光透过率。在接近金刚石的禁带宽度 5.5 eV 对应的波长 225 nm 时,紫外光被强烈地吸收,可以制作日盲紫外探测器。

2. 功率器件

功率器件又称为电子电力器件,主要用于设备的电能变换和电路控制,通常其工作电流能达到几十甚至几千安培,工作电压达数百伏以上。

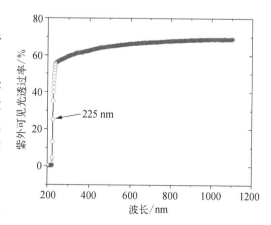

图 11.14　厚度为 300 μm 的 CVD 金刚石的紫外可见光透过率

其中物理参数 JFM 表征了半导体材料用于高频、高功率晶体管的能力;KFM 表征了高频工作下半导体由于热限制对于器件开关性能的影响;BFM 评价了功率器件中材料降低导通损耗能力。

3. 量子领域

金刚石色心是金刚石晶体中的缺陷发光中心,以 NV 色心与 SiV 色心最为常见,如图

11.15所示。由于金刚石在力学、热学、声学、光学等方面拥有的优良性能(表11.3),金刚石色心在量子计算、量子探测、量子通信等领域具有广泛的应用前景。

表11.3 硅、碳化硅、氮化镓与金刚石物理参数的对比

参 数	单位	Si	4H-SiC	GaN	金刚石
禁带宽度	eV	1.1	3.23	3.45	5.5
介电常数	—	11.8	9.8	9	5.5
击穿场强	MV/cm	0.3	2	3~4	10
热导率	W/(m·K)	150	500	150	2 200
电子迁移率	cm^2/(V·s)	1 500	1 000	1 250	4 500
空穴迁移率	cm^2/(V·s)	480	100	200	3 800
JFM	$10^{23}\Omega·W/s^2$	2	405	1 103	3 064
KFM	$10^7 W/(K·s)$	9	49	16	215
BFM	Si = 1	1	165	635	23 017

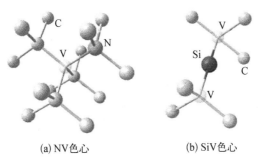

(a) NV色心　　　　(b) SiV色心

图11.15 金刚石色心结构示意图

11.3 形状记忆聚合物的应用及其热力学本构关系

11.3.1 形状记忆聚合物的介绍

形状记忆聚合物作为一种新型智能聚合物材料,能在外界环境条件(温度、光、电、磁和溶液等)变化的刺激下,实现材料和结构的形状回复,具有形状记忆特性、自锁定特性和变刚度特性。由发现至今,国内外学者研发了多种不同形状记忆聚合物材料以满足应用需求,包括环氧、苯乙烯、氰酸酯、聚酰亚胺、聚乙烯、聚苯乙烯和聚丙烯酰胺等。此外,还通过将各种纤维及颗粒作为增强相掺杂到聚合物材料中,制备出形状记忆聚合物复合材料(shape memory polymer composite,SMPC),可提高材料刚度和回复力,如图11.16所示。形状记忆聚合物及其复合材料已经被应用于航空航天、生物医学、智能制造、仿生学、纺织和结构工程等领域。

基于形状记忆聚合物及其复合材料,还可研制其空间可展开结构。研究人员研制了基于形状记忆聚合物复合材料的可展开铰链、桁架、天线和释放机构等空间可展开结构,

其具有重量轻、可大尺寸成型、可靠性高、展开稳定性好等优点,如图 11.17 所示。

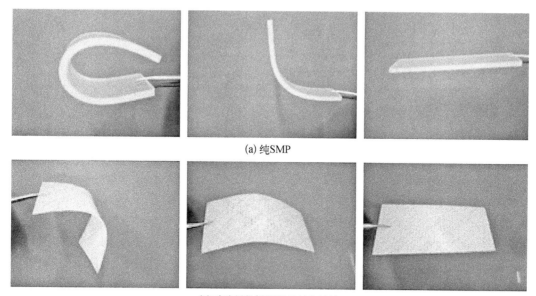

(a) 纯SMP

(b) 玻璃纤维增强SMP复合材料

图 11.16　形状记忆聚合物记忆变形过程

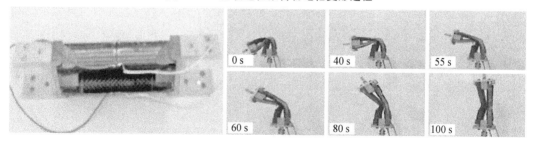

图 11.17　基于形状记忆聚合物复合材料的铰链结构

基于形状记忆聚合物复合材料的可变形机翼的蒙皮结构(图 11.18)。形状记忆聚合物在低温时刚度较高(呈玻璃态),可以承受气动载荷;在高温时刚度大幅降低(呈橡胶态),可实现大变形。利用以上变刚度特性,可解决可变形蒙皮结构变形/承载一体化的矛盾。将形状记忆聚合物复合材料应用于可变形后缘机翼、折叠机翼、变翼尖机翼等变形结构的蒙皮,既可以保证机翼表面光滑连续还可承受气动力,又可以使飞机适应不同速域,提高飞机综合性能。

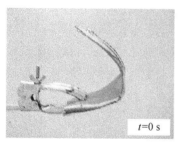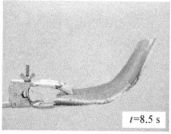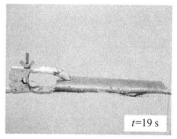

图 11.18　基于形状记忆聚合物复合材料蒙皮的机翼结构展开过程

11.3.2 形状记忆聚合物的本构模型

一个典型的形状记忆过程一般通过如下步骤来实现:升高温度到达形状记忆聚合物的玻璃化转变温度,基体处于橡胶态时,施加一个外加载荷,使结构变形;随后在保持变形的情况下,降温至远远低于形状记忆聚合物的玻璃化转变温度。当聚合物被冷却时,结构的变形被保存下来,聚合物处于玻璃态,此时可以卸去外加载荷。在这个零应力状态下,升温到高于形状记忆聚合物的玻璃化转变温度,处于临时态的形状记忆聚合物将会恢复到原来的形状。下述模型可用来来描述形状记忆聚合物的一个热力学加载过程,并且在这个加载过程中的任意时刻,聚合物被分为橡胶相和玻璃相。随着温度的改变,这两相的比率将会随之改变,如图 11.19 所示。此外,基于等应力假设,即玻璃相和橡胶相中的应力相等并且等于整个聚合物基体所承受的应力。根据所建立的模型,随着温度的降低,材料中大尺度的构型运动被局限于玻璃相中,当对形状记忆聚合物施加外载荷时,只有局部熵运动在聚合物中发生。这一点也与玻璃化转变的微观力学原理相吻合。而在高温状态下,基体中可发生自由构型运动,此时聚合物全部处于橡胶态。通过温度的改变,基体在玻璃相和橡胶相之间相互转变。

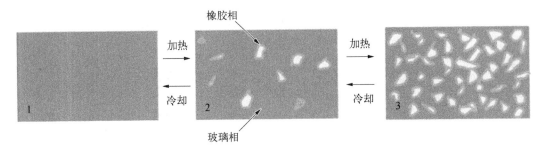

图 11.19 玻璃相和橡胶相随着温度改变的转换过程

在所建立的模型中,玻璃相(冻结相)和橡胶相(活动相)的体积分数被以下形式所定义:

$$\varphi_g = \frac{V_{gla}}{V}, \varphi_r = \frac{V_{rub}}{V}, \varphi_g + \varphi_r = 1 \tag{11.1}$$

其中,V 表征整个聚合物的体积;φ_g 表征玻璃相的体积分数;φ_r 表征橡胶相的体积分数。形状记忆聚合物的应力表达式如下:

$$\sigma = \varphi_g \sigma_g^i + (1 - \varphi_g) \sigma_r^i + \sigma^T \tag{11.2}$$

整个聚合物总体的应力定义为 σ,热应力为 σ^T。这里 σ_g 和 σ_r 分别表征玻璃相和橡胶相的应力。虽然有两相的材料不是同质的,我们做出一个基本假设,即两相中的应力是相同的:

$$\sigma^i = \sigma_r^i = \sigma_g^i \tag{11.3}$$

形状记忆聚合物的应变由方程(11.4)给定:

$$\varepsilon = \varphi_{\mathrm{g}}\varepsilon_{\mathrm{g}}^{i} + (1 - \varphi_{\mathrm{g}})\varepsilon_{\mathrm{r}}^{i} + \varepsilon^{T} \tag{11.4}$$

下标 g 和 r 分别表示玻璃相和橡胶相;ε^{T} 表示热应变。通过以上模型,我们可以知道,玻璃相的变形来自三部分:平均储存应变、内能应变 $\varepsilon_{\mathrm{g}}^{i}$ 和熵应变 $\varepsilon_{\mathrm{g}}^{T}$。

$$\varepsilon_{\mathrm{g}} = \varepsilon_{\mathrm{stor}} + \varepsilon_{\mathrm{g}}^{i} + \varepsilon_{\mathrm{g}}^{T} \tag{11.5}$$

现在考虑具有代表单元的储存应变 $\varepsilon_{\mathrm{stor}}$。给形状记忆聚合物升温,当温度高于其玻璃化转变温度后,玻璃相中的储能应变将逐渐释放,玻璃相也将会逐渐转变成橡胶相。因此储能应变可以由式(11.6)来表示:

$$\varepsilon_{\mathrm{stor}} = \frac{1}{V}\int_{V_{\mathrm{frz}}}^{0}\varepsilon^{\mathrm{pre}}\mathrm{d}v = -\frac{1}{V}\int_{0}^{V_{\mathrm{frz}}}\varepsilon^{\mathrm{pre}}\mathrm{d}v \tag{11.6}$$

其中,$\varepsilon^{\mathrm{pre}}$ 表示储存在玻璃相中的初始应变。假定温度降低,橡胶相中的应变将会逐渐转变成玻璃相。与此同时,橡胶相中的应变将会被冻结并储存,因此储存应变可以通过式(11.7)来表征:

$$\varepsilon_{\mathrm{stor}} = \frac{1}{V}\int_{0}^{V_{\mathrm{frz}}}\varepsilon_{\mathrm{r}}^{i}\mathrm{d}v \tag{11.7}$$

如果温度恒定,则储存应变 $\varepsilon_{\mathrm{stor}}$ 也相应地不会发生改变。

当形状记忆聚合物处于低于其玻璃化转变温度时,呈现玻璃态的力学性能。此时,应力随着应变的增加而增加,并且其断裂延伸率很小。此时,材料表现出线弹性行为,变形随着外力的移除而回复。从微观角度看,此时材料无法出现大范围的构型运动,只能发生因分子链键角的改变或者键长的改变导致的小范围内的变形,并且此时材料的模量很高。因此玻璃相中的内能应变可以通过胡克定律与应力张量相关联:

$$\varepsilon_{\mathrm{g}}^{i} = S_{\mathrm{g}}^{i} : \sigma^{j} \tag{11.8}$$

其中,S_{g}^{i} 表示玻璃相的柔度张量。随着温度慢慢升高,材料在不增加外力或者外力增加一点的情况下都能发生很大的变形,断裂延伸率非常大,材料由玻璃态逐渐过渡到橡胶态。此时,在外力作用下,高分子链段开始运动,这种高分子链的伸展导致材料可以产生较大的变形。在橡胶相中,变形由外力导致的熵应变 $\varepsilon_{\mathrm{r}}^{i}$ 和热应变 $\varepsilon_{\mathrm{r}}^{T}$ 构成:

$$\varepsilon_{\mathrm{r}} = \varepsilon_{\mathrm{r}}^{i} + \varepsilon_{\mathrm{r}}^{T} \tag{11.9}$$

随着温度升高,部分玻璃相将会转变成橡胶相。这里我们采用 Neo-Hookean 模型来描述橡胶相的热力学特性。Neo-Hookean 的应变能函数是第一阶变量的线性函数。不可压缩新型胡克材料的应变能函数为

$$W = \frac{1}{2}G(\lambda_i^2 - 3) \tag{11.10}$$

因此,不可压缩新胡克材料的高斯应力张量为

$$\sigma_i = J^{-1}\lambda_i \frac{\partial W}{\partial \lambda_j} \tag{11.11}$$

因此得到:

$$\sigma_i = \lambda_i^2 G \tag{11.12}$$

通过外力引发的活动相中的熵应变通过式(11.13)表征:

$$\varepsilon_r^i = \lambda_i - 1 = \sqrt{\frac{\sigma_i}{G}} - 1 \tag{11.13}$$

式中,G 是橡胶相的剪切模量。形状记忆聚合物中的热应变表征如下:

$$\varepsilon^T = \varepsilon_r^T + \varepsilon_g^T \tag{11.14}$$

这里,ε_r^T 和 ε_g^T 分别表示橡胶相和玻璃相中产生的热应变。橡胶相和玻璃相各自的热应变不仅仅与各自的热膨胀系数有关,也是其体积分数的函数。由此可以得到玻璃相和橡胶相中各自的热应变分别为

$$\varepsilon_g^T = \int_{T_0}^{T} \alpha_g(\theta)\varphi_g \mathrm{d}\theta \tag{11.15}$$

$$\varepsilon_r^T = \int_{T_0}^{T} \alpha_r(\theta)(1-\varphi_g)\mathrm{d}\theta \tag{11.16}$$

即可得到整个热应变的表达式:

$$\varepsilon^T = \int_{T_0}^{T} \alpha_g(\theta)\varphi_g \mathrm{d}\theta + \int_{T_0}^{T} \alpha_r(\theta)(1-\varphi_g)\mathrm{d}\theta \tag{11.17}$$

其中,α_g 和 α_r 是玻璃相和橡胶相的热膨胀系数。

为了验证模型的有效性,进行了形状记忆聚合物的动态力学性能分析(dynamic mechanical analysis,DMA)测试和拉伸性能测试。

图 11.20 给出了形状记忆聚合物样品的 DMA 实验结果。从图中可以看出其储存模量和 tan δ 随着温度的变化趋势,tan δ 被定义为损失模量和储存模量的比率。在低温时形状记忆聚合物具有高模量,随着温度的升高,其储存模量逐渐降低,同时也逐渐变得柔软。由此可知,其力学性能非常依赖于温度。我们定义由高模量向低模量转变过程中,tan δ 在最高点所对应的温度为形状记忆聚合物的玻璃化转变温度。

形状记忆聚合物从室温升高到75℃的过程中,同时受到一个大小为 2 N 的拉应力的作用,其应变-温度曲线见图 11.21。在 T_l(聚合物完全处于玻璃态的最高温度)到 T_g(聚合物的玻璃化转变温度),再 T_g 到 T_h(聚合物完全处于橡胶态的最低温度)的温度区间范围内,其应变的改变分别为 1.8% 和 11.8%。

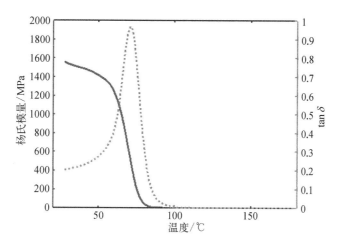

图 11.20 形状记忆聚合物储存模量和 $\tan\delta$ 随着温度的变化趋势

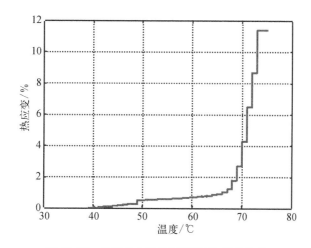

图 11.21 外载为 2 N 情况下应变-温度变化

11.3.3 形状记忆聚合物本构模型验证

为了验证模型的有效性和精确性,将模型预测结果与实验数据做出对比。一部分的材料参数来自 11.3.2 节的 DMA 测试结果,其他的材料参数来自聚合物的热膨胀实验测试结果,如表 11.4 所示。测试结果表明,形状记忆聚合物玻璃相和橡胶相的热膨胀系数分别为 $\alpha_g = 1.17 \times 10^{-4} \text{℃}^{-1}$、$\alpha_r = 2.35 \times 10^{-4} \text{℃}^{-1}$。形状记忆聚合物的模量具有非常强的温度依赖性。形状记忆聚合物在低温(大大低于聚合物的玻璃化转变温度)时硬度很大,然而在高温时(大大高于其玻璃化转变温度)却表现出较强的黏滞性和类似橡胶类的高延展性。通过研究图 11.20 所描述的形状记忆聚合物弹性模量随着温度的改变,可以用温度函数来表征形状记忆聚合物的模量。通过数据拟合,可以得到模量的表达式如下:

$$E(T) = l e^{\left(\frac{b_1-T}{c_1}\right)^2} + m e^{\left(\frac{b_2-T}{c_2}\right)^2} + n e^{\left(\frac{b_3-T}{c_3}\right)^2} \tag{11.18}$$

表 11.4 材料参数

材料参数	值	单 位	描 述
E_1, E_h	1 558.37, 12.81	MPa	模量
l, m, n	2 049, 447, 90.4	—	储存模量参数
b_1, b_2, b_3	13.8, 511.47, 4.17	—	储存模量参数
c_1, c_2, c_3	44.82, 21.2, 12.72	—	储存模量参数
α_g, α_r	$\alpha_g = 1.17 \times 10^{-4}$, $\alpha_r = 2.35 \times 10^{-4}$	℃$^{-1}$	热膨胀系数
T_1, T_g, T_h	27.8℃, 75℃, 100℃	℃	温度

基于刘一平的研究,形状记忆聚合物的杨氏模量可以用式(11.19)来表示:

$$E(T) = \cfrac{1}{\cfrac{\phi_g}{E_L} + \cfrac{1 - \phi_g}{3NkT}} \tag{11.19}$$

其中,N 表示交联密度;E_L 表示与内能变量相应的模量;k 是玻尔兹曼常数,$k = 1.36 \times 10^{23}(\text{N} \cdot \text{m})/\text{K}$。通过两个已知的模量 $[E(T_1)$ 和 $E(T_h)]$ 和两个已知的冻结分数 $[\phi(T_1) = 1$ 和 $\phi(T_h) = 1]$ 可以确定两个参数 N 和 E_L。接下来,我们将分别考虑橡胶相和玻璃相体积分数的具体表达式。从公式(11.19)可以推导出玻璃相的体积分数 ϕ_g 如式(11.20)所表示:

$$\phi_g(T) = \frac{E_L[3NkT - E(T)]}{E(T)(3NkT - E_L)} \tag{11.20}$$

基体中橡胶相的体积份数则可以由式(11.21)得到:

$$\phi_r(T) = 1 - \phi_g(T) \tag{11.21}$$

玻璃相和橡胶相的体积分数如图 11.22 所示。当温度高于聚合物的玻璃化转变温度以上时,玻璃相体积分数逐渐减少到零。随着温度的降低,玻璃相的体积分数相应地增加,直到达到其临界值,$\phi_g(T) = 1$,$\phi_r(T) = 1$。而橡胶相体积分数的变化趋势则与之相反。

为了表征模型在热力学加载循环过程中的精确性和有效性,我们对第一个实验的数据结果进行了数值模拟。实验过程开始于室温(27.8℃),此时聚合物处于玻璃态,玻璃相的体积分数为 $\phi_g(T_1) = 1$、$\phi_r(T_1) = 0$,此时橡胶相的体积分数为 $\varepsilon_{stor} = 0$,$\phi_r(T_1) = 0$。此时,对形状记忆聚合物拉伸试样施加一个恒定的外加载荷 2 N,同时以恒定的速率逐渐升高温度,此时一部分的玻璃相将转变成橡胶相。并且所有的玻璃相和橡胶相都同时承载热载荷和机械载荷。根据方程(11.4)中的本构关系,这个以恒定速率加热并承受一个恒定的外加载荷的试样的应变响应可以由式(11.22)表征:

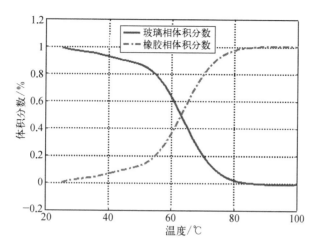

图 11.22　玻璃相/橡胶相体积分数

$$\varepsilon(T) = \phi_g(S_g^i : \sigma) + \varphi_r\left(\sqrt{\frac{\sigma}{G_r^i}} - 1\right) + \left[\int_{T_0}^T \alpha_g \phi_g + \int_{T_0}^T \alpha_r(1 - \phi_g)\right]\mathrm{d}T \quad (11.22)$$

其中,热膨胀系数来自形状记忆聚合物的 CET 测试。应用表 11.3 中的模型参数,得到数值模拟结果与实验结果的应变-温度响应如图 11.23 示,由图可见数值模拟结果与实验数据拟合很好。

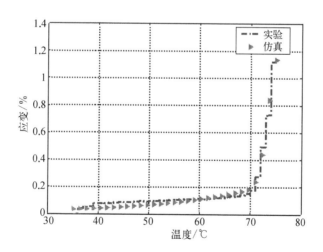

图 11.23　热应变实验结果与数值模拟对比(载荷恒定)

应变回复过程的理论预测与实验结果如图 11.24 所示。在实验的初始阶段,应变为初始时刻的预应变。$\varepsilon(T) = \varepsilon_{\mathrm{stor}}$,$\varepsilon(T) = \varepsilon^{\mathrm{pre}}$,此时外加应力为 $\sigma = 0$。在这个应力自由回复过程中,温度从 T_1 上升到 T_h,形状记忆聚合物逐渐从玻璃相转变成橡胶相,并且储存应变相应地随之减少。储存应变从 $\varepsilon_{\mathrm{stor}}$ 逐渐减少到 0。可以从式(11.1)~式(11.6)中推断得到,在这个加热回复过程中,应变 $\varepsilon(T)$ 可以由式(11.23)计算得到:

$$\varepsilon(T) = \varepsilon^{\mathrm{pre}} + \frac{1}{V}\int_{V_{\mathrm{frz}}}^{0}\varepsilon^{\mathrm{pre}}\mathrm{d}v + \left[\int_{T_0}^{T}\alpha_g\phi_g + \int_{T_0}^{T}\alpha_r(1-\phi_g)\right]\mathrm{d}T \qquad (11.23)$$

方程(11.23)显示整个回复应变的改变来自两部分的贡献:热应变以及储存应变的减少。为了预测热力学加载过程中储存应变的变化趋势,我们模拟了 Liu 的实验结果。实验过程如下: SMP 试样在 $T_h = 358\ \mathrm{K}$ 的条件下被分别拉伸了 8.6% 和压缩了-9.4%。当试样被完全冷却到材料的玻璃化转变温度后,其变形后的形状被完全冻结。此时以恒定的速率升高温度,以减少蠕变和松弛对聚合物的影响,此时储存的应变将会在无应力状态下回复。

在方程(11.23)中应用的参数列于表 11.5。图 11.24 显示了自由应力回复过程中两个不同的预应变情况下的应变-温度关系,而第三个样品则为未变形状态。在较高的温度下,与储存应变相比较,热应变的影响非常小。从图 11.24 可以看出,随着温度逐渐升高,储存应变逐渐释放。整体而言,模型预测的理论值与实验值吻合的比较好。

表 11.5　材料参数

材料参数	值	单　位	描　　述
E_g , E_r	813,8.8	MPa	模量
α_g , α_r	$\alpha_g = 0.9 \times 10^{-4}$ $\alpha_r = 1.9 \times 10^{-4}$	℃$^{-1}$	热膨胀系数
T_1 , T_g , T_h	0,50,85	℃	温度

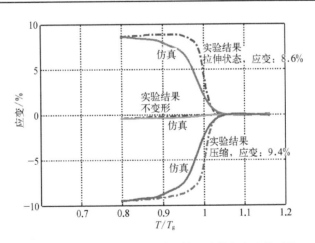

图 11.24　无应力形状回复过程的理论值和实验值对比

11.4　电致活性聚合物应用及其理论框架

11.4.1　电致活性聚合物介绍

电致活性聚合物(electroactive polymer,EAP)是一种智能多功能材料,在受到外加电场作用时能够改变形状或体积,当外加电场撤掉后,又恢复成原来的形状或体积,可以用来设计和制造智能转换器件,如驱动器、传感器和能量收集器等。电致活性聚合物材料与压电、铁电材料相比,具有大变形和轻质量等优点,是一种具有重大发展潜力的智能多功能软质材料。

介电弹性体是一种典型的电致活性聚合物材料,在外加电场下,可以产生大变形,具有高弹性能密度、高机电转化率、超短反应时间、小质量和极佳柔性等特点。硅橡胶和丙烯酸是最常见的介电弹性体。表 11.6 列举出硅橡胶和丙烯酸材料性能的比较。

表 11.6　硅橡胶和丙烯酸性能的比较

材料性质	硅橡胶(TC-5005)	丙烯酸(VHB4910)
最大应变/%	150	380
应力/MPa	典型: 0.3;最大 3.2	典型: 1.6;最大 7.7
密度/(kg·m^{-3})	1 000	960
最高功率/(W·kg^{-1})	5 000	3 600
可持续功率/(W·kg^{-1})	500	400
带宽/Hz	1 400	10
最大适用范围	>50 kHz	>50 kHz
循环寿命(不同应变下)	>10^7: 5% 10^6: 10%	>10^7: 5% 10^6: 50%
机电耦合/%	最大: 80;典型: 15	最大: 90;典型: 25
效率/%	最大: 80;典型: 25	最大: 90;典型: 30
弹性模量/MPa	0.1~1	1~3
响应速度/(m·s^{-1})	<30	<55
热膨胀/(mm·℃$^{-1}$)	—	1.8×10^{-4}
电压/V	>1 000	>1 000
最大电场/(MV·m^{-1})	110~350	125~440
相对介电常数	~3	~4.8
温度范围/℃	−100~250	−10~90

在介电弹性体两个相对表面均匀涂覆柔性电极(如石墨),当对其施加电压时,弹性体将发生厚度的减小和面积的扩大。图 11.25 是电压驱动介电弹性体的原理图,由于在电极上施加电压,上下两层电极上的异性电荷相互吸引,每层电极上的同性电荷相互排斥,当电场力足够大的时候,薄膜将产生明显的面积和厚度变化。

基于此原理,介电弹性体可以用来设计和制造不同结构的智能驱动器(图 11.26)、仿生智能机器人、月球车除尘刷、飞艇舵、类昆虫机器人、盲文显示装置、扬声器等。基于此原理逆过程可设计和制造能量收集器。图 11.26 列举出一些电致活性聚合物驱动器。典型的结构包括三爪夹紧形、四爪夹紧形、半球形、卷形、折叠形、堆栈形、球形等。

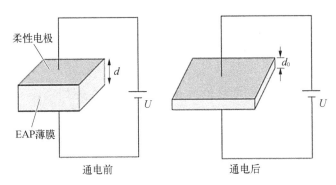

图 11.25　电压驱动介电弹性体的原理图

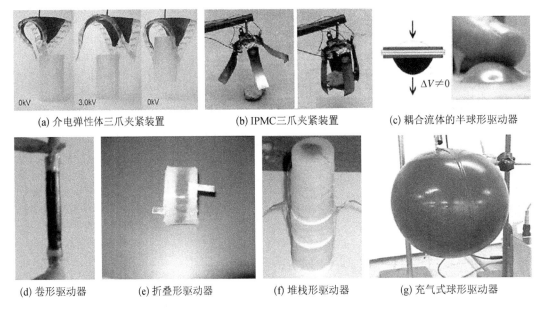

(a) 介电弹性体三爪夹紧装置　　　(b) IPMC三爪夹紧装置　　　(c) 耦合流体的半球形驱动器

(d) 卷形驱动器　　　(e) 折叠形驱动器　　　(f) 堆栈形驱动器　　　(g) 充气式球形驱动器

图 11.26　典型的电致活性聚合物驱动器

11.4.2　介电弹性体的热力学理论框架

介电弹性体由相互交联的柔性长链所组成的三维网状结构构成。每一条聚合物链包含大量的单体。交联对单体极化的影响非常小,也就是说,介电弹性体几乎可以类似于聚合物熔体一样的自由极化。当忽略了交联对极化的影响,介电弹性体的介电行为是类似流体的,不依赖自身的变形。我们把这种介电弹性体称为理想介电弹性体。下面的内容建立介电弹性体热力学理论框架,推导理想介电弹性体的本构关系。基于介电弹性体机电稳定性理论,研究理想介电弹性体的机电稳定性。

如图 11.27 所示,我们考虑上下表面均匀涂覆柔性电极的介电弹性体。在参考状态,介电弹性体没有施加机械力和电压,三个主方向的长度分别是 L_1、L_2 和 L_3。在当前状态,对介电弹性体分别施加机械力 F_1、F_2 和 F_3(三个主方向),同时施加电压 U。在机械力场和电场的耦合作用下,介电弹性体的长度分别变为 l_1、l_2 和 l_3,电量分别为 $+Q$、$-Q$。

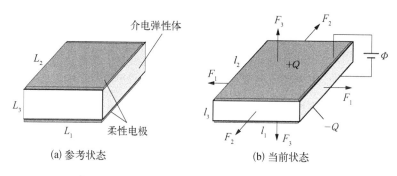

图 11.27　在参考状态和当前状态的介电弹性体

（a）在介电弹性体两个相对表面均匀涂覆柔性电极,不施加机械力和电压的情况
下,三个主方向的尺寸分别为 L_1、L_2 和 L_3；（b）施加机械力和电压,三个方向的尺
寸变为 l_1、l_2 和 l_3,电荷通过导线从一个电极到另一个电极,电量为 $\pm Q$

　　令介电弹性体热力学系统的 Helmholtz 自由能是 H。假设介电弹性体三个主方向的
长度产生小变化分别是 δl_1、δl_2 和 δl_3,机械力的做功是 $F_1 \delta l_1 + F_2 \delta l_2 + F_3 \delta l_3$。假设介电
弹性体电荷产生的小的变化 δQ,电场力的做功是 $U \delta Q$。在机械力和电场力共同作用下,
介电弹性体达到平衡状态时,自由能的增加等于外力做功,即

$$\delta H = F_1 \delta l_1 + F_2 \delta l_2 + F_3 \delta l_3 + \phi \delta Q \tag{11.24}$$

　　定义介电弹性体三个主方向的拉伸是 $\lambda_1 = \dfrac{l_1}{L_1}$、$\lambda_2 = \dfrac{l_2}{L_2}$ 和 $\lambda_3 = \dfrac{l_3}{L_3}$；三个主方向的名义
应力 $\lambda_1 \lambda_2 \lambda_3 = 1$,$\bar{E}$ 和 s_3 为在介电弹性体变形前的参考状态,相应的机械力除以对应的变
形前介电弹性体的面积,即 $s_1 = \dfrac{F_1}{(l_2 l_3)}$、$s_2 = \dfrac{F_2}{(l_1 l_3)}$ 和 $s_3 = \dfrac{F_3}{(l_1 l_2)}$。定义介电弹性体名义电
场是在参考状态下,电压除以变形前的尺寸,即 $\tilde{E} = \dfrac{U}{L_3}$,名义电位移是在变形前的情况下,
电量除以介电弹性体变形前的面积,即 $\tilde{D} = \dfrac{Q}{(L_1 L_2)}$。与之相对应的介电弹性体三个主方
向的真实应力是机械力除以变形后的面积,即 $\sigma_1 = \dfrac{F_1}{(\lambda_2 \lambda_3 L_2 L_3)}$、$\sigma_2 = \dfrac{F_2}{(\lambda_1 \lambda_3 L_1 L_3)}$ 和 $\sigma_3 =$
$\dfrac{F_3}{(\lambda_1 \lambda_2 L_1 L_2)}$。真实电场是电压除以变形后的尺寸,$E = \dfrac{U}{(\lambda_3 L_3)}$；真实电位移是电量除以
变形后的面积,$D = \dfrac{Q}{(\lambda_1 \lambda_2 L_1 L_2)}$。根据前面的定义,真实应力和名义应力的关系是 $\sigma_1 =$
$\dfrac{s_1}{(\lambda_2 \lambda_3)}$、$\sigma_2 = \dfrac{s_2}{(\lambda_1 \lambda_3)}$ 和 $\sigma_3 = \dfrac{s_3}{(\lambda_1 \lambda_2)}$,真实电场和名义电场的关系是 $E = \dfrac{\tilde{E}}{\lambda_3}$,真实电位移
和名义电位移的关系是 $D = \dfrac{\tilde{D}}{\lambda_1 \lambda_2}$。

　　在当前状态,方程成立,我们在方程(11.24)左右两边同时除以 $L_1 L_2 L_3$,得到:

复合材料及其结构力学

$$\delta W = s_1 \delta \lambda_1 + s_2 \delta \lambda_2 + s_3 \delta \lambda_3 + \tilde{E}\delta \tilde{D} \tag{11.25}$$

其中，$W = \dfrac{H}{L_1 L_2 L_3}$ 是自由能密度。对于任意的独立变量 λ_1、λ_2、λ_3 和 $\tilde{D}$，方程是成立的。

不考虑温度的影响，对于介电弹性体机电耦合热力学系统，自由能函数可以表达为 4 个变量的函数，即

$$W = W(\lambda_1, \lambda_2, \lambda_3, \tilde{D}) \tag{11.26}$$

在机械力场和电场的共同作用下，4 个独立变量分别产生小变化 $\delta \lambda_1$、$\delta \lambda_2$、$\delta \lambda_3$、$\delta \tilde{D}$，介电弹性体机电耦合系统自由能的改变可以表达为

$$\delta W = \frac{\partial W(\lambda_1, \lambda_2, \lambda_3, \tilde{D})}{\partial \lambda_1}\delta \lambda_1 + \frac{\partial W(\lambda_1, \lambda_2, \lambda_3, \tilde{D})}{\partial \lambda_2}\delta \lambda_2$$
$$+ \frac{\partial W(\lambda_1, \lambda_2, \lambda_3, \tilde{D})}{\partial \lambda_3}\delta \lambda_3 + \frac{\partial W(\lambda_1, \lambda_2, \lambda_3, \tilde{D})}{\partial \tilde{D}}\delta \tilde{D} \tag{11.27}$$

对比方程（11.25）和（11.27）得

$$\left[\frac{\partial W(\lambda_1, \lambda_2, \lambda_3, \tilde{D})}{\partial \lambda_1} - s_1\right]\delta \lambda_1 + \left[\frac{\partial W(\lambda_1, \lambda_2, \lambda_3, \tilde{D})}{\partial \lambda_2} - s_2\right]\delta \lambda_2$$
$$+ \left[\frac{\partial W(\lambda_1, \lambda_2, \lambda_3, \tilde{D})}{\partial \lambda_3} - s_3\right]\delta \lambda_3 + \left[\frac{\partial W(\lambda_1, \lambda_2, \lambda_3, \tilde{D})}{\partial \tilde{D}} - \tilde{E}\right]\delta \tilde{D} = 0 \tag{11.28}$$

对于任意的独立变量 $\delta \lambda_1$、$\delta \lambda_2$、$\delta \lambda_3$ 和 $\delta \tilde{D}$，方程（11.28）均成立。因此，介电弹性体的三个主方向的名义应力，以及厚度方向的名义电场分别为

$$s_1 = \frac{\partial W(\lambda_1, \lambda_2, \lambda_3, \tilde{D})}{\partial \lambda_1} \tag{11.29}$$

$$s_2 = \frac{\partial W(\lambda_1, \lambda_2, \lambda_3, \tilde{D})}{\partial \lambda_2} \tag{11.30}$$

$$s_3 = \frac{\partial W(\lambda_1, \lambda_2, \lambda_3, \tilde{D})}{\partial \lambda_3} \tag{11.31}$$

$$\tilde{E} = \frac{\partial W(\lambda_1, \lambda_2, \lambda_3, \tilde{D})}{\partial \tilde{D}} \tag{11.32}$$

根据前面的定义，介电弹性体三个主方向的真实应力和厚度方向的真实电场分别为

$$\sigma_1 = \frac{\partial W(\lambda_1, \lambda_2, \lambda_3, \tilde{D})}{\lambda_2 \lambda_3 \partial \lambda_1} \tag{11.33}$$

$$\sigma_2 = \frac{\partial W(\lambda_1, \lambda_2, \lambda_3, \tilde{D})}{\lambda_1 \lambda_3 \partial \lambda_2} \tag{11.34}$$

236

$$\sigma_3 = \frac{\partial W(\lambda_1,\lambda_2,\lambda_3,\tilde{D})}{\lambda_1\lambda_2\partial\lambda_3} \tag{11.35}$$

$$E = \frac{\partial W(\lambda_1,\lambda_2,\lambda_3,\tilde{D})}{\lambda_3\partial\tilde{D}} \tag{11.36}$$

介电弹性体的自由能包含拉伸和极化两部分贡献。因此,自由能可以表达为

$$W(\lambda_1,\lambda_2,\lambda_3,\tilde{D}) = U(\lambda_1,\lambda_2,\lambda_3) + V(\lambda_1,\lambda_2,\lambda_3,\tilde{D}) \tag{11.37}$$

其中, $U(\lambda_1,\lambda_2,\lambda_3)$ 是介电弹性体的弹性应变能; $V(\lambda_1,\lambda_2,\lambda_3,\tilde{D})$ 是电场能。把热力学系统的自由能直接写成弹性应变能和电场能加和的形式是因为两者响应的时间相差几个数量级,这里机械力引起的变形所需时间较长,电压引起电量所需时间则非常短。当给出具体的弹性应变能和电场能时,根据方程(11.29)~方程(11.34),介电弹性体热力学系统的平衡方程可以确定。

11.4.3 理想介电弹性体的本构关系

理想弹性体的一些特点前面给出。对理想介电弹性体进行力学行为分析和稳定性分析时,做了如下假设:

(1)假设介电弹性体是超弹性的,不考虑其黏弹性行为;

(2)假设介电弹性体是各向同性;

(3)假设柔性电极材料是理想的流体材料,可以与介电弹性体一起变形,并假设其电阻可以忽略不计;

(4)假设整个热力学系统经历等温过程;

(5)不考虑能量耗散。

根据方程(11.33)~方程(11.37),为了建立介电弹性体的本构关系,需要选择适当的弹性应变能和电场能。对于弹性能的选择,比如我们要建立丙烯酸介电弹性体的本构关系,就可以根据其变形范围,在前面选择已经列举的或者其他的弹性应变能。我们可以选择 Mooney-Rivlin 模型,因为此 Mooney-Rivlin 模型在200%之内的变形范围内与实验吻合得很好,而常见的介电弹性体变形大多在此范围内。也可以选择 Ogden 模型,因为它属于一种含多个材料常数的通用模型,通过选择材料参数个数和基于实验确定材料参数值,可以比较精确的描述介电弹性体性能。另外,也可以针对研究的重点选择模型,比如希望研究弹性体应变硬化的影响时,可选择 Gent 模型和 Arruda-Boyce 模型等。

一般选择下面的电场能量密度函数进行介电弹性体的力学行为和稳定性行为的分析。它可以表达为

$$V(\lambda_1,\lambda_2,\lambda_3,\tilde{D}) = \frac{\tilde{D}^2}{2\varepsilon}\lambda_1^{-1}\lambda_2^{-1}\lambda_3 \tag{11.38}$$

方程(11.38)描述出由名义电位移给出的电场能量密度表达式。它耦合了极化和拉伸的共同影响,介电弹性体热力学系统的机电耦合行为也从此方程体现出来。此关系式的成立满足一个前提,即假设介电弹性体真实电场和真实电位移的关系是线性的,即这里不考

虑介电弹性体的极化饱和效应。式子(11.38)中的 ε 是介电弹性体的介电常数,$\varepsilon = \varepsilon_0 \varepsilon_r$,其中,$\varepsilon_0$ 是真空中的介电常数,$\varepsilon_0 = 8.85 \times 10^{-12}$ F/m;ε_r 是介电弹性体的相对介电常数。对于典型的介电弹性体材料来说,其相对介电常数 $\varepsilon_r \approx 4$。对于理想的介电弹性体,介电常数是固定值。介电弹性体的介电常数有时不是固定值,是某些状态变量的函数。例如,对于经历大变形的介电弹性体,介电常数是拉伸率的函数。对于介电弹性体复合材料,介电常数是颗粒含量的函数。对于热介电弹性体,介电常数是温度的函数。对于极化饱和的介电弹性体,介电常数是电场的函数等。

把方程(11.37)和方程(11.38)代入方程(11.33)~方程(11.35),介电弹性体三个主方向的真实应力为

$$\sigma_1 = \lambda_2^{-1}\lambda_3^{-1}\frac{\partial U(\lambda_1,\lambda_2,\lambda_3)}{\partial \lambda_1} + \lambda_2^{-1}\lambda_3^{-1}\frac{\partial V(\lambda_1,\lambda_2,\lambda_3,\tilde{D})}{\partial \lambda_1} \qquad (11.39)$$

$$\sigma_2 = \lambda_1^{-1}\lambda_3^{-1}\frac{\partial U(\lambda_1,\lambda_2,\lambda_3)}{\partial \lambda_2} + \lambda_1^{-1}\lambda_3^{-1}\frac{\partial V(\lambda_1,\lambda_2,\lambda_3,\tilde{D})}{\partial \lambda_2} \qquad (11.40)$$

$$\sigma_3 = \lambda_1^{-1}\lambda_2^{-1}\frac{\partial U(\lambda_1,\lambda_2,\lambda_3)}{\partial \lambda_3} + \lambda_1^{-1}\lambda_2^{-1}\frac{\partial V(\lambda_1,\lambda_2,\lambda_3,\tilde{D})}{\partial \lambda_3} \qquad (11.41)$$

采用 Ogden 弹性应变能模型构造自由能函数来推导介电弹性体的本构关系。联合式(11.39)~式(11.41),应用 Ogden 弹性能推导得到的介电弹性体三个主方向的真实应力分别为

$$\sigma_1 = \lambda_2^{-1}\lambda_3^{-1}\sum_{i=1}^{N}\mu_i\lambda_1^{\alpha_i-1} - \frac{\tilde{D}^2}{2\varepsilon}\lambda_1^{-2}\lambda_2^{-2} \qquad (11.42)$$

$$\sigma_2 = \lambda_1^{-1}\lambda_3^{-1}\sum_{i=1}^{N}\mu_i\lambda_2^{\alpha_i-1} - \frac{\tilde{D}^2}{2\varepsilon}\lambda_1^{-2}\lambda_2^{-2} \qquad (11.43)$$

$$\sigma_3 = \lambda_1^{-1}\lambda_2^{-1}\sum_{i=1}^{N}\mu_i\lambda_3^{\alpha_i-1} + \frac{\tilde{D}^2}{2\varepsilon}\lambda_1^{-2}\lambda_2^{-2} \qquad (11.44)$$

根据给出的定义,$E = \dfrac{\tilde{E}}{\lambda_3}$,$D = \dfrac{\tilde{D}}{\lambda_1\lambda_2}$,并考虑 $D = \varepsilon E$,对方程(11.42)~方程(11.44)简化,得到:

$$\sigma_1 = \lambda_2^{-1}\lambda_3^{-1}\sum_{i=1}^{N}\mu_i\lambda_1^{\alpha_i-1} - \frac{1}{2}\varepsilon E^2 \qquad (11.45)$$

$$\sigma_2 = \lambda_1^{-1}\lambda_3^{-1}\sum_{i=1}^{N}\mu_i\lambda_2^{\alpha_i-1} - \frac{1}{2}\varepsilon E^2 \qquad (11.46)$$

$$\sigma_3 = \lambda_1^{-1}\lambda_2^{-1}\sum_{i=1}^{N}\mu_i\lambda_3^{\alpha_i-1} + \frac{1}{2}\varepsilon E^2 \qquad (11.47)$$

方程(11.45)中的真实应力由两项组成,方程(11.46)和方程(11.47)的形式也类似,前一

项代表弹性力,与弹性体的超弹性有关;后一项代表了 Maxell 应力,与弹性体的电场有关。理想介电弹性体的本构方程与弹性力和电场力有关。

11.5　本 章 小 结

　　本章主要介绍了几类典型多功能与智能复合材料的制备、设计与分析方法,其中介绍了金刚石制备与应用基础、形状记忆聚合物的应用和其热力学本构关系,以及电致活性聚合物应用与理论框架。

课 后 习 题

1. 根据晶体的宏观聚集状态(晶态)及内部晶粒粒径的不同,金刚石可以分为哪几类?
2. 简要介绍金刚石的电学性质。
3. 解释何为功率器件,并且列举几种功率器件。
4. 形状记忆聚合物的定义是什么,激励方式可以有哪些?
5. 简述形状记忆聚合物的一个形状记忆加载卸载循环。
6. 列出基于相变理论的形状记忆聚合物的应变方程,并解释其中各项含义。
7. 介电弹性体理论框架的几个基本假设。
8. 基于热力学理论框架,试分析介电弹性体经历极化饱和时的本构关系。
9. 基于热力学理论框架,试分析介电弹性体考虑黏弹性时的本构关系。

第 12 章
不确定性量化及其应用

复合材料力学性能具有明显的离散性特征。同时由于复杂材料力学行为复杂,其力学模型中往往采用一些假设和简化,又会引起一些误差。这些因素都会影响复合材料结构的设计和使用安全性。

学习要点:

(1) 掌握不确定性和模型有效性的概念,理解常见的不确定性表征方法与模型验证与确认理论;

(2) 了解不确定性量化在复合材料力学性能表征中的应用与前沿问题。

12.1 问题的提出

在复合材料力学性能特点的分析中已经指出,复合材料力学性能存在较为明显的离散性。下面以两个实例来进行深入的分析。

例1: 复合材料性能离散性的表征

某批次复合材料层合板的单轴拉伸模量测试数据为如表 12.1 所示。可以看出试验结果表现出明显的离散性,那么如何表征该层合板材料的弹性模量? 这种性能的波动性对实际结构的性能有何影响? 在运用该材料的结构设计中,又该如何考虑这种波动性?

表 12.1 某层合板单轴拉伸模量

试样编号	1	2	3	4	5	6	7	8
弹性模量/GPa	78.1	75.3	72.0	76.4	73.7	75.9	74.2	76.1
测试误差				±5%				

例2: 复合材料强度判据中不确定性的表征

某编织复合材料的拉伸/剪切双向载荷作用下的强度数据如图 12.1 所示。采用数据拟合的方式,可以为该材料建立多个唯象强度模型,如希尔(Hill)判据、霍夫曼(Hoffman)判据等,但与试验数据相比都有一定程度的不准确性。在实际结构强度的分析中,这种不确定性有何影响,如何量化?

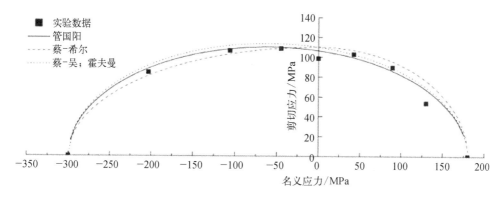

图 12.1 复合材料拉伸/剪切强度准则示意图

从上述分析可以看出,复合材料工艺的波动性导致其宏观力学性能存在随机性;复合材料强度破坏的复杂性导致在唯象强度建模中存在模型偏差。但不论是随机性还是不明确的误差,都属于不确定性因素的范畴。不确定性存在于复合材料结构建模、分析、设计、试验等方方面面。针对复合材料力学行为的上述特性,如何表征、量化不确定性,如何分析其对结构性能影响,并开展相应的设计,是本章主要讨论的内容。

12.1.1 不确定性的概念

不确定性按照其性质可以分为两大类,即客观不确定性和认知不确定性。其中,客观不确定性是来自物理系统内在的或相应环境的波动性,是物理系统的本征属性。其特点是收集更多的信息或数据不能降低该不确定性,只能对其加以更好的表征,因此又称为不可降低的不确定性、变异性、随机性等。例如材料性能、载荷环境等的波动性、实际生产结构尺寸与理想尺寸的差异等。

认知不确定性是由于建模过程中认知或信息不足带来的不确定性,又称为主观不确定性,可以通过加深认识、收集更多数据来降低该不确定性的程度甚至消除。典型的认知不确定性如有限样本统计结果中的不确定性以及模型形式不确定性,如模型假设等。图12.2 归纳了建模模拟过程中不确定性因素的来源。

对于某一个特定的物理量或过程,上述两种类型的不确定性有时不能够完全区分。如采用不完全样本获得的材料性能不确定性,其中既包含客观不确定性,也包含认知不确定性。也可将该类不确定性看作混合不确定性。

特别地,针对科学建模和模拟过程,从不确定性来源的角度可以将不确定性分为外在不确定性和内在不确定性,其中前者是特定模型中模型参数的不确定性,后者是模型形式不确定性。模型形式不确定性是由于构造数学或力学模型过程中关于模型本身的不确定性,这种不确定性主要是为了减少构造模型的复杂度而引入的简化假设,以及由"未知的未知"引起的。

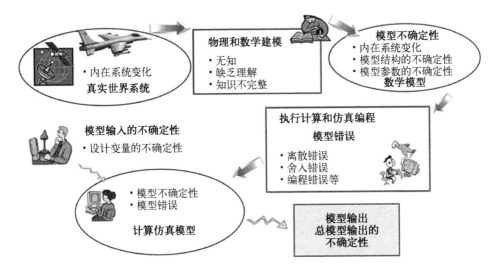

图 12.2　建模模拟过程中的不确定性来源

12.1.2　不确定性的影响

如今,复合材料结构越来越复杂。在结构产品真实制造之前,一般都需要借助于建模模拟方法对结构进行力学强度、刚度的定量化分析,以指导结构设计。在结构分析中,不

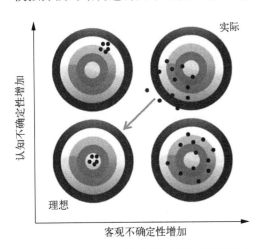

图 12.3　两类不确定性对分析计算结果的影响

确定性的影响十分显著,如图 12.3 所示。在理想情况下,模型预测结果应当与实际结构的实际响应一致。但当分析中存在客观不确定性时,例如实际制造材料的刚度与模拟所用的数据存在差异,模型预测结果会是图 12.3 右下角散点中的一个。当我们所采用的分析模型存在建模不足、建模误差时,模型预测结果会是图 12.3 左上角散点中的一个。在实际的建模分析中,往往两类不确定性因素共存,预测结果与真实制造结构的真实性能相比,既会存在离散性,也会存在系统偏差。对客观与认知两类不确定性的不合理表征,是影响模型有效性的本质因素。

在这种情况下,如果不对建模模拟中存在的不确定性因素进行具体的分析、量化,那么模型预测结果与试验往往存在差异且难以解释,采用不准确的模型进行结构设计或盲目地对模型进行修正,都会给最终的结构带来安全隐患。传统上采用较大的安全系数来包络上述不确定性,例如增加结构的厚度,往往使得所设计的结构较为笨重、结构效率不高,影响各类复合材料结构的效率,削弱了其高比强度、比刚度的优势。更有甚者,由于未能正确表征不确定性、模型预测不准确,导致安全系数设定和结构设计不合理,使得结构既笨重又不安全。

因此,对复合材料不确定性进行表征和量化的重要意义在于,只有正确表征材料不确定性并在复合材料结构的分析、设计中加以合理考虑,才能够保证结构的安全性、可靠性,同时提升结构效率、拓展复合材料的运用范围,真正实现"用好"复合材料这种"好用"的材料。在考虑不确定性条件下,能够将不确定性引入到结构的设计中,以概率/非概率可靠性指标客观地评价结构的安全性能,并指导结构的优化,实现结构轻量化/高可靠的协同。

12.2　不确定性量化

不确定性量化一般指在所有的模型、试验以及模拟试验结果的对比中,辨识所有相关的不确定性因素并加以表征,并量化与模拟试验所有相关输入输出中的不确定性。对不确定性进行量化,是开展模型有效性的分析、结构可靠性设计的基础。在不确定性量化的概念内涵里,包含不确定性来源及辨识分析、不确定性表征与不确定性传播分析三部分。不确定性来源的辨识,结合 12.1.1 小节中的介绍,一般根据复合材料及结构具体问题进行分析,常见的不确定性因素在引言中已有介绍。下面主要围绕不确定性表征与不确定传播两点展开。

12.2.1　不确定性表征方法

不确定性的表征是指针对某不确定性因素,建立其数学表达结构,并获得该结构中所需参数的数值。根据不确定性的性质,其表征方法主要有概率方法、非精确概率方法、非概率方法等。客观不确定性采用精确概率理论表征为随机变量或随机过程,对随机变量的具体表征手段有概率密度函数、累积概率密度函数等,对随机过程的表征量包括转移概率矩阵、相关长度等参数。此部分内容在概率与数理统计等课程中已有详细介绍,本书不再赘述。

对于工程实际问题,试验数据缺乏、载荷与边界不能完全确定等是普遍可能出现的情况。应对信息不足而带来的认知不确定性,其处理方法较多,包括证据(Dempster-Shafer,D-S)理论、可能性理论、区间分析等非概率方法。

1. 证据理论

证据理论又称 D-S 理论,依据某命题已知的信息利用信任函数、似然函数来表征不确定性。信任函数与似然函数构成概率的上下界,上下界所构成的区间包含相应的证据信息,并用这种方法来替代精确概率表征方法。度量信度与似真度的证据、信息可以包含多种类型,例如试验数据、理论证据、专家对一个参数数值可信度的观点、事件发生次数等。因而该方法适合于同一参数存在多源信息的情况,不同信息可通过证据法则进行结合。

证据理论中不确定性的表征方法可采用集合论的概念给出如下:假设有全集 Ω 代表了研究对象/系统的所有可能状态。幂集 2^{Ω}(全集所有可能的子集)中的元素可以认为是代表系统真实状态的提议。证据理论利用基本信度赋值函数 m(basic belief assignment,BBA),给幂集中的每个元素分配一个信任质量(belief mass):

$$m: 2^{\Omega} \to [0,1] \tag{12.1}$$

m 具备如下两个性质:① 对空集有 $m(\varnothing)=0$;② 所有幂集中元素的和 $\sum_{A \in 2^{\Omega}} m(A)=1$。

$m(A)$ 反映了所有支持系统实际状态属于 A 的证据占所有证据的比例。$m(A)$ 仅属于 A，且不对 A 的子集的信度做出任何限定。

通过信质的分配，可以通过信任度（belief）与似真度（plausibility），来确定包含精确概率的区间，即

$$\text{Bel}(A) \leqslant P(A) \leqslant \text{Pl}(A) \tag{12.2}$$

其中信任度 $\text{Bel}(A)$ 由 A 所有子集的信质求和得出，反映了所有支撑系统真实状态为 A 的证据的数量，表示了对 A 的信任程度；似真度 $\text{Pl}(A)$ 由所有与 A 有交集的集合的信质求和得出，反映了那些不能完全肯定系统真实状态是 A 的所有证据的数量，反映了对 A 的怀疑程度。利用子集信质，可以得出：

$$\begin{aligned} \text{Bel}(A) &= \sum_{B \subseteq A} m(B) \\ \text{Pl}(A) &= \sum_{B \cap A = \varnothing} m(B) \end{aligned} \tag{12.3}$$

注意，A 仍是 A 的子集，A 与 A 的交集也不为空。信任度函数与似真度函数的几何意义如图 12.4 所示。

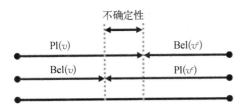

图 12.4　信任函数与似真函数的几何意义

对于不确定性变量 x，定义集合 A 为

$$A = \{\tilde{x} : \tilde{x} \in \Omega, \tilde{x} \leqslant x\} \tag{12.4}$$

类似于概率方法中的累积概率密度函数（cumulative density function，CDF），则 x 的累积信度函数（cumulative belief function，CBF）与累积似真度函数（cumulative plausibility function，CPF）为

$$\text{CBF} = \{[x, \text{Bel}(A)] : x \in \Omega\} \tag{12.5}$$

$$\text{CPF} = \{[x, \text{Pl}(A)] : x \in \Omega\} \tag{12.6}$$

2. 可能性理论

可能性理论由 Zadeh 教授由 1978 从模糊集合与模糊逻辑理论拓展而来。适用于主观经验数据较多或者失效判据相对模糊的情况。模糊集合 $\tilde{A}$ 是相比较于明确集 A 提出的，每一个模糊集合都对应一个特征函数 $\mu_{\tilde{A}}(x) \subset [0,1]$，该函数确定集合中的某个元素对该集合的隶属度。

在可能性理论中，隶属度函数被拓展为可能性分布，表征了分析人员认为某个事件发生的可能性。采用 $(\mathcal{X}, r)$ 数据对来从数学上描述这种主观认知，并表征不确定性变量 x。其中，$\mathcal{X}$ 是 x 所有可能取值的集合；r 是定义在 x 上的函数，且有 $0 \leqslant r(x) \leqslant 1, \sup\{r(x) : x \in \mathcal{X}\} = 1$。函数 r 为 $\mathcal{X}$ 中的每个元素提供了置信度度量，称为 x 的可能性分布函数。$r(x_i) = 1$ 意味着没有信息拒绝 x_i 为 x 的可能取值的恰当性，$r(x_i) = 0$ 意味着已有信息说明 x_i 不可能为 x 的取值。

可能性理论为 $\mathcal{X}$ 的子集 v 提供了两种似然度量，即可能性（possibility）与必要性

（necessity）。具体而言，χ 的子集 v 可能性与必要性定义为

$$
\begin{aligned}
\mathrm{Pos}(v) &= \sup\{r(x):x \in v\} \\
\mathrm{Nec}(v) &= 1 - \mathrm{Pos}(v^c) = 1 - \sup\{r(x):x \in v^c\}
\end{aligned}
\tag{12.7}
$$

其中，v^c 为 v 的余集。与可能性分布函数 r 一致，$\mathrm{Pos}(v)$ 度量了所有不否认/不证伪 v 包含 x 的恰当值这一命题的信息量；$\mathrm{Nec}(v)$ 度量了所有能够证明 v 包含 x 的恰当值这一命题的且不相互矛盾的信息量。

与证据理论类似，对于不确定性变量 x，其累积必要性函数（cumulative necessity function，CNF）与累积可能性函数（cumulative possibility function，CPoF）为

$$
\mathrm{CNF} = \{[x, \mathrm{Nec}(A)]:x \in \Omega\}
\tag{12.8}
$$

$$
\mathrm{CPoF} = \{[x, \mathrm{Pos}(A)]:x \in \Omega\}
\tag{12.9}
$$

3. 区间分析与 Probability-Box

区间分析采用区间数表征参数的不确定性。利用区间数运算法则进行不确定性的分析。在区间分析中，不确定性参数是确定的某个未知值，基于某些信息、经验等，可以采用一个有界的区间对其进行表征。注意到区间分析与均匀分布虽然都对应一个有界区间，但两者存在本质的不同。区间分析对应的是认知不确定性，所表征的变量有唯一的"真值"，但均匀分布所表征的是随机变量，在分布区间内有无数多可能取值。

Probability-Box（p-box）方法用于表征认知与客观不确定性并存的混合不确定性。该方法主要用于适用的情况包括：① 参数的分布类型已知但表征概率分布的参数本身是非确定的；② 参数的某些统计特性已知但分布类型未知；③ 参数的分布类型和统计特性均存在非确定性。此时，变量 x 的累积概率密度函数不再是一条曲线，而是一个曲线簇，并将上下界 CDF 曲线构成封闭区域称为 Probability-Box（p-box）。其中 CDF 表征了概率分布，而上下界所构成的区间表征认知不确定性。例如，对于情况①，设 x 满足标准差为 0.8，均值在 $[9,12]$ 内的正态分布，其 PDF 曲线簇与 CDF 曲线簇 p-box 如图 12.5 所示。在已知参数某些统计矩信息的条件下（情况②），可以利用 Markov、Chebyshev、Cantelli 等概率不等式对 CDF 区间做出估计。对于更一般的情况，可以利用 Dvoretzky-Kiefer-Wolfowitz 不等式等方法，对经验 CDF 曲线的置信区间做出估计。

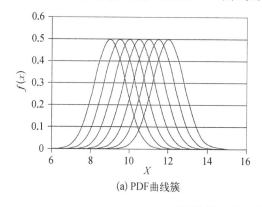
(a) PDF曲线簇

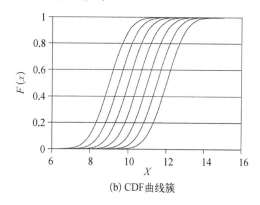
(b) CDF曲线簇

图 12.5　p-box 表征混合不确定性

证据理论、可能性理论、p-box 与区间分析四种方法在表征不确定性中的对比如图 12.6 所示。证据理论、可能性理论既可以用于表征认知不确定性,又可以用于表征混合不确定性。用于后一种情况时,也有学者将两者称为 p-box。

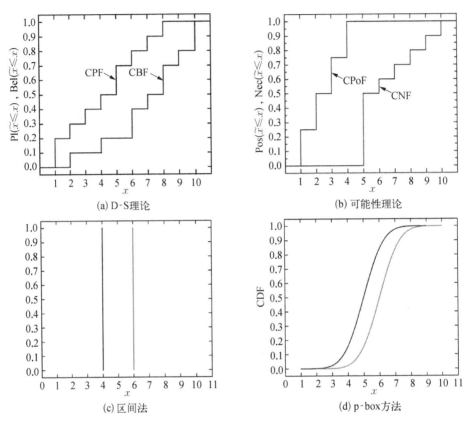

图 12.6　不确定性的数学表征方法

12.2.2　不确定性的传播分析

不确定性传播分析主要是指由输入不确定性 x 获得输出量 y(关注量)的不确定性。概率框架下的不确定性量化存在广泛的用途,其不确定性传播方法对认知不确定性问题具有通用性,因而本章主要对概率框架下的不确定性的传播方法进行简要分析。

在概率框架下,不确定性传播主要有嵌入式方法和非嵌入式两大类方法,区别在于嵌入式方法需要改写控制方程和模拟程序,将不确定性因素直接集成到分析模型中,获得随机控制方程及相应求解方法。非嵌入式方法将现有模型作为黑匣子,关注的是不确定性参数的输入及输出,并不关心具体问题的控制方程,如图 12.7 所示。

典型的嵌入式方法包括随机伽辽金法、多项式混沌展开法等,在结构分析领域基于上述方法还发展了随机有限元法。非嵌入式方法主要包括抽样方法、展开方法及积分方法等。其中抽样方法包括经典的 Monte-Carlo 模拟、拟 Monte-Carlo 模拟、分离式 Monte-Carlo 模拟、重要性抽样等,以及近年来发展的多水平 Monte-Carlo 模拟。研究关注的问题是如

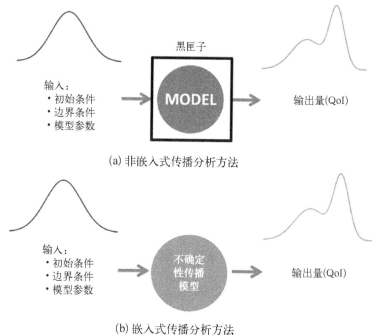

(a) 非嵌入式传播分析方法

(b) 嵌入式传播分析方法

图 12.7 不确定性传播方法

何提高抽样的效率,以便用较小的样本获取响应量的精确估计结果。展开方法包括 Taylor 展开方法,如一阶可靠性计算方法、二阶可靠性计算方法以及多项式混沌展开方法等。近似积分方法是利用数值积分方法,对输出量的统计矩进行直接计算,进而获得输出量的不确定性,如稀疏点方法、随机配点方法等。

下面主要介绍 Monte Carlo 模拟与非嵌入式的多项式混沌方法。

1. Monte Carlo 模拟

Monte 模拟(Monte Carlo simulation, MCS)是一种采用随机抽样的方式求解数值计算问题的方法。为解释 MCS 的思想,以求解某复杂曲线 $f(x)$ 在 $[0,a]$ 的积分为例,不失一般性假设 $f(a)<a$,如图 12.8 所示。

MCS 方法是在点 $(0,0)$ 与点 (a,a) 构成的正方形中,均匀的撒 M 个点,并计算在曲线 $f(x)$ 下的点数 m,则有

$$\int_0^a f(x)\,\mathrm{d}x = \lim_{M\to\infty}\frac{m}{M}a^2 \qquad (12.10)$$

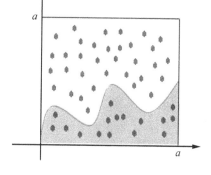

图 12.8 MCS 用于求解积分

上述例子中,每个点被称为一个样本。可见 MCS 方法成功的关键在于点在正方形中分布的均匀性,这揭示了 MCS 方法的一个关键在于随机抽样。对于概率密度分布函数已知且形式较为简单的随机变量,如正态分布随机变量等,一种常用的抽样策略为 Latin 超立方抽样,具体步骤为: N 次 Latin 超立方抽样对变量 $(x_1, x_2, \cdots, x_n)$ 抽样区域 (a_1, b_1)

$(a_2,b_2)\cdots(a_n,b_n)$ 划分 N 个子区域,在每一个子区域内 (a_i^j,b_i^j),随机变量 x_i 的累积概率满足:

$$P(a_i^j < x_i < b_i^j) = \frac{1}{N} \tag{12.11}$$

对在每个子区间获得的随机变量 x_i 进行随机组合,使得到某一特定的 x_i 值在所有的组合中只出现一次,获得 $(x_1^1,x_2^1,\cdots,x_n^1)$ $(x_1^2,x_2^2,\cdots,x_n^2)$ $\cdots(x_1^N,x_2^N,\cdots,x_n^N)$ 共 N 个组合,即完成了 N 次 Latin 超立方抽样。

运用 MCS 思想进行响应量 y 的累积概率密度函数求解方法如下:

$$F(y_0) = \hat{P}(y \leqslant y_0) = \frac{n_f}{N} \tag{12.12}$$

$$n_f = \sum_{i=1}^{N} I[y^i = g^i(x) \leqslant y_0] \tag{12.13}$$

其中,n_f 表示 $I[H]$ 取 1 的次数,$I[H]$ 为指示函数,H 代表方括号内的判定条件,当 H 为真时 $I[H]$ 取 1,否则取 0。N 表示抽样总次数。对公式(12.12)两侧分别取均值和方差,并注意到 $I[y \leqslant y_0]$ 对应一次伯努利试验,可以给出如下结果:

$$\mu_{\hat{P}} = \mu_{I[y \leqslant y_0]} \tag{12.14}$$

$$\sigma_{\hat{P}}^2 = \frac{1}{N}\sigma_{I[y \leqslant y_0]}^2 = \frac{1}{N}P(1-P) \tag{12.15}$$

可以看出 Monte-Carlo 模拟结果是无偏估计。根据中心极限定理,$\hat{P}_f$ 渐进满足正态分布,利用该性质,可以对累积概率的估计结果的置信区间进行分布。在置信水平 α 的条件下,有

$$|\hat{P} - P| \leqslant \frac{u_{\alpha/2}}{\sqrt{N}}\sigma_{I[y \leqslant y_0]} = u_{\alpha/2}\sigma_{\hat{P}} = u_{\alpha/2}\sqrt{\frac{1}{N}P(1-P)} \tag{12.16}$$

其中,$u_{\alpha/2}$ 为标准正态分布的上 $\alpha/2$ 分位点。从上述分析可以看出,直接 Monte-Carlo 模拟的收敛速率为 $O(N^{-1/2})$。若要降低失效概率估计的误差,则需要增加抽样数量,采用方差减缩技术降低 $\sigma_{\hat{P}_f}$。

2. 多项式混沌法

本书主要介绍非嵌入式多项式混沌展开方法(non-intrusive polynomial chaos expansion,NIPCE),优势在于可以直接利用原问题的模型进行求解。设关注量 u 是 d 维归一化不确定性参数向量 $z \in \Theta = [-1,1]^d$ 的标量函数,z 的各分量相互独立。多项式混沌展开(polynomial chaos expansion,PCE)是在不确定性参数空间内,寻求 $u(z)$ 的多项式逼近,即

$$u(z) \approx \sum_{\alpha \in I} c_\alpha \Psi_\alpha(z) \tag{12.17}$$

其中, α 为一个高维指标, 即 $\alpha = [\alpha_1, \alpha_2, \cdots, \alpha_d]$, α 指示了多项式基函数各分量的阶次, 且有定义:

$$|\alpha| = \sum_{i=1}^{d} \alpha_i \tag{12.18}$$

其中, $|\alpha|$ 为 α 构成的指标集; c_α 为待求解的展开系数; $\Psi_\alpha(z)$ 是依据不确定性参数概率分布正交的多项式基函数, 满足:

$$E[\Psi_\alpha(z)\Psi_\beta(z)] = \int_\Theta \Psi_\alpha(z)\Psi_\beta(z)\pi(z)\mathrm{d}z = \delta_{\alpha\beta} \tag{12.19}$$

注意 $\phi_\alpha(z)$ 是由指标 α 确定的 d 个分量的多项式基函数的张量积, 即

$$\Psi_\alpha(z) = \sum_{i=1}^{d} \phi_{\alpha_i}^{(i)}(z_i) \tag{12.20}$$

$\phi_{\alpha_i}^{(i)}$ 表达了多项式基函数 $\Psi_\alpha(z)$ 中对应于第 i 个不确定性参数、阶次为 α_i 的分量, 由对应分量的分布类型确定, 即

$$\int_{\Theta_i} \phi_m^{(i)}(z_i)\phi_n^{(i)}(z_i)\pi^{(i)}(z_i)\mathrm{d}z_i = \delta_{mn} \tag{12.21}$$

Wiener-Askey 多项式簇给出了参数满足均匀分布、正态分布、Gamma 分布等对应的正交多项式基函数, 对于本文采用的均匀分布对应了 Legendre 多项式, 在积分域 $[-1,1]$ 以均匀概率密度归一化的 Legendre 多项式递推公式如下:

$$\phi_0 = 1, \phi_1 = \sqrt{3}x, \phi_n = 1/n\sqrt{2n+1}[(2n-1)x\phi_{n-1}' - (n-1)\phi_{n-2}'] \tag{12.22}$$

一般数学手册中均可以查到常用概率分布对应的正交多项式基函数。一般采用指标集表示正交多项式所构成的空间, 常用的空间包括张量空间 $I_{d,k}^{\mathrm{T}}$、完全空间 $I_{d,k}^{\mathrm{P}}$ 和双曲空间 $I_{d,k}^{\mathrm{H}}$, 其指标集定义为

$$I_{d,k}^{\mathrm{T}} = \{\alpha \mid \max_{j=1}^{d} \alpha_j \leqslant k\} \tag{12.23}$$

$$I_{d,k}^{\mathrm{P}} = \{\alpha \mid \max |\alpha| \leqslant k\} \tag{12.24}$$

$$I_{d,k}^{\mathrm{H}} = \{\alpha \mid \prod_{i=1}^{d}(\alpha_i + 1) \leqslant k + 1\} \tag{12.25}$$

其中, k 为多项式空间对应的阶次, 所构成的多项式空间为

$$H_k^d = \mathrm{span}\{z^\alpha \mid \alpha \in I_{d,k}\}, z^\alpha = \prod_{i=1}^{d}(z_i)^{\alpha_i} \tag{12.26}$$

采用字典排序对指标集进行排序, 若 $I_{d,k}$ 内指标个数为 N, 则可以将公式 (12.17) 写为

$$u(z) \approx \sum_{n=1}^{N} c_n \Psi_n(z) \tag{12.27}$$

下面只需要求解出公式(12.27)内参数 c_n。令 $\{z_m, m = 1,2,\cdots,M\}$ 为参数 z 在空间 Θ 内的 M 个样本,对于每个样本利用公式(12.27)可知:

$$u(z_m) \approx \sum_{n=1}^{N} c_n \Psi_n(z_m) \tag{12.28}$$

令 $c = [c_0, c_1, \cdots, c_N]$,$u = [u(z_1), u(z_2), \cdots, u(z_M)]$,则公式(12.28)可以改写为矩阵形式,即

$$Ac = u \tag{12.29}$$

$$A = \begin{bmatrix} \Psi_0(z_1) & \Psi_1(z_1) & \cdots & \Psi_{N-1}(z_1) \\ \Psi_0(z_2) & \Psi_1(z_2) & \cdots & \Psi_{N-1}(z_2) \\ \vdots & \vdots & \ddots & \vdots \\ \Psi_0(z_M) & \Psi_1(z_M) & \cdots & \Psi_{N-1}(z_M) \end{bmatrix} \tag{12.30}$$

则可以利用公式(12.29)来尝试对参数向量 c 进行求解,A 又称为测量矩阵。

利用多项式基函数对概率密度的正交性,其统计矩可以直接利用展开系数获得,具体方法如下:

$$\mu = c_0 \tag{12.31}$$

$$\mathrm{Var} = \sigma^2 = \sum_{n=1}^{N} c_n^2 \tag{12.32}$$

$$\delta = \frac{E[(Z - \mu)^3]}{\sigma^3} = \frac{1}{\sigma^3} \sum_{i=1}^{N} \sum_{j=1}^{N} \sum_{k=1}^{N} E[\Psi_i \Psi_j \Psi_k] c_i c_j c_k \tag{12.33}$$

$$\kappa = \frac{E[(Z - \mu)^4]}{\sigma^4} = \frac{1}{\sigma^4} \sum_{i=1}^{N} \sum_{j=1}^{N} \sum_{k=1}^{N} \sum_{m=1}^{N} E[\Psi_i \Psi_j \Psi_k \Psi_m] c_i c_j c_k c_m \tag{12.34}$$

其中,

$$E[\Psi_i \Psi_j \Psi_k] = \prod_{l=1}^{d} E[\phi_{i_\ell}^{(l)} \phi_{j_\ell}^{(l)} \phi_{k_\ell}^{(l)}] \tag{12.35}$$

$$E[\Psi_i \Psi_j \Psi_k \Psi_m] = \prod_{l=1}^{d} E[\phi_{i_l}^{(l)} \phi_{j_l}^{(l)} \phi_{k_l}^{(l)} \phi_{m_l}^{(l)}] \tag{12.36}$$

公式(12.35)与公式(12.36)的右侧连乘项,可以依据多项式类型事先求解并存储到数据库中,从而加速统计矩的求解。

12.2.3 不确定性反问题

不确定性反向传播一般指的是由输出参数的不确定性获取输入参数的不确定性,一般采用贝叶斯方法进行处理。基于贝叶斯理论的参数更新是模型确认中参数校正的基本方法。贝叶斯定理(Bayes'theorem)由英国数学家贝叶斯(Bayes)发展,用来描述两个条件概率之间的关系,利用集合的概念,可以解释如图12.9所示。

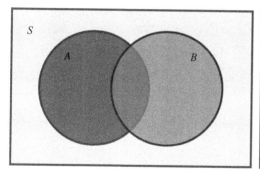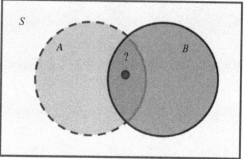

图 12.9　贝叶斯定理的图形解释

采用 $P(A)$ 表示 A 事件发生的概率,采用 $P(A|B)$ 表达 B 事件发生的情况下、A 事件发生的概率,采用 $P(AB)$ 表达两件事同时发生的概率,则

$$P(AB) = P(A) \times P(B \mid A) = P(B) \times P(A \mid B) \tag{12.37}$$

进而可以推导出贝叶斯定理的表达式:

$$P(A \mid B) = \frac{P(A)P(B \mid A)}{P(B)} \tag{12.38}$$

公式(12.38)已知 B 发生的情况下发生 A 的概率 $P(A|B)$,贝叶斯定理指出上述概率可以依据先验概率 $P(A)$ 和似然条件 $P(B|A)$ 分析。隐含假设是事件 A 和 B 之间存在某种相关性,在事件 B 发生的情况下,事件 A 发生的概率会相应地增加,贝叶斯定理度量了这种增加的可能。

举例说明如下:设统计数据表明大众罹患某种疾病的概率为 2.5%,依据目前的医疗水平,罹患该疾病但漏诊的概率为 1%(统计学中称之为第一类错误),未患有该疾病但诊断为患病(即误诊)的概率为 3%(统计学中称之为第二类错误)。以 h 表示罹患该疾病、以 D 表示检出患有该疾病,则有

$$P(h) = 2.5\% \tag{12.39}$$

$$P(D \mid h) = 99\% \tag{12.40}$$

$$P(D \mid \sim h) = 3\% \tag{12.41}$$

在某次健康普查中,求检出某人罹患该疾病的概率为正向问题,如公式(12.42)所示:

$$P(D) = P(D \mid h) \times P(h) + P(D \mid \sim h) \times P(\sim h) \tag{12.42}$$

设某人被检出为罹患该疾病,求解此人确实罹患疾病的概率为反问题,如公式(12.43)所示:

$$P(h \mid D) = \frac{P(D \mid h) \times P(h)}{P(D \mid h) \times P(h) + P(D \mid \sim h) \times P(\sim h)} = \frac{P(D \mid h) \times P(h)}{P(D)} \tag{12.43}$$

注意到公式(12.43)中分母为常数。可以给出：

$$P(h \mid D) = 45.8\%$$ (12.44)

在不确定性的反向传播分析中，已知变量 x 的先验分布 $P(x)$ 和观察值 D，给出变量 x 的后验分布为

$$P(x \mid D) \propto P(x) \times P(D \mid x)$$ (12.45)

12.2.4 任意分布的抽样方法

不论是不确定性的正向传播还是反向估计，均涉及不确定性参数的依概率抽样问题。对已知分布类型的不确定性，如正态分布、Gamma 分布、Weibull 分布等，可以利用伪随机数序列结合变换的方式生成。对于更一般的概率分布 $p(z)$，则可以通过拒绝采样的方式生成样本。如图 12.10 所示，该方法的思想是，利用与 $p(z)$ 相近的简化概率分布（又称提议分布）函数 $q(z)$ 进行抽样，然后拒绝一部分样本使得剩余的样本逼近 $p(z)$。原理如下。

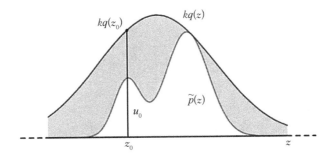

图 12.10　拒绝采样方法的原理

由 PDF 函数的有界性质可知，对于任意 $p(z)$，存在常数 k 使得概率分布 $q(z)$ 满足：

$$kq(z) \geqslant p(z), \forall z$$ (12.46)

利用 $q(z)$ 抽取样本 z_i，为使抽样结果逼近 $p(z)$，以一定的概率拒绝这个样本。在 $[0, kq(z)]$ 内生成随机数 u，若 $u<p(z_i)$ 则接受该样本，否则拒绝。为理解上述方法的原理，设利用 $q(z)$ 共抽取 N 个样本，在 z^* 的邻域内样本数为 n，则有

$$n \approx Nq(z^*)$$ (12.47)

通过拒绝一定样本数，剩余样本数 n' 及对应的概率为

$$P_A = \frac{p(z^*)}{kq(z^*)}$$ (12.48)

$$E[n'] = nP_A = n\frac{p(z^*)}{kq(z^*)}$$ (12.49)

即有

$$E[n'] \approx N \frac{p(z^*)}{k} \propto p(z^*) \qquad (12.50)$$

公式(12.50)保证了拒绝采样方法能够逼近目标参数分布。该方法的主要问题在于提议分布的选取,若选择的不恰当则会导致大量的样本被拒绝、抽样效率低。

12.3　模型的验证与确认

在 12.1 节中已经指出,模型是否有效是开展结构分析、设计的前提。实际应用中,模型预测与试验结果中均存在不确定性因素。在不确定性框架下,模型的验证与确认理论为模型的有效性判定提供了系统的理论方法。

在模型验证与确认的概念中,验证(verification)是确定计算模型是否正确反映了对应的数学模型,其本质是收集信息以确定数学模型的计算格式及相应的解是否是正确的。简单而言,模型验证可以理解为"是否正确地求解了方程"。模拟的验证主要涉及两个方面:软件验证(code verification)与求解验证(solution verification)。

确认(validation)是依据模型的使用目的,分析模型能够在多大程度上准确反映"真实物理"世界,以确定模型能否用于预测,其本质是通过试验和模拟结果的对比来确定对所需解决的问题是否选用了恰当的数学模型。简单而言,模型确认可以理解为"是否求解了正确的方程(组)"。

模型验证与确认的最终目标是确定模型能否用于预定的应用要求,其本质是要回答三个基本问题:① 模型在多大程度上能够反映真实的物理世界? ② 我们如何量化分析不确定性因素对分析预测的影响? ③ 如何利用试验数据等来提高模型预测的能力? 目前,建模与模拟的验证与确认及不确定性量化是各科学计算领域内的研究热点,并正逐渐发展为一门新兴学科。在航空航天领域,美国机械工程师学会(American Society of Mechanical Engineers,ASME)、美国航空航天局(National Aeronautics and Space Administration, NASA)以及美国航空航天学会(American Institute of Aeronautics and Astronautics,AIAA)等均发布了自己的模型验证与确认规范与指导性文件,如图 12.11 所示。2016 年,美国联合推进委员会(Joint-Army-Navy-NASA-Air Force,JANNAF)正发展多机构联合的模型验证、确认及不确定性量化指导规范。模型验证与确认在国内也引起了广泛关注。

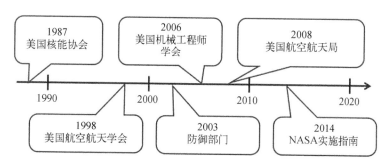

图 12.11　模型验证确认标准化的发展历程

美国机械工程师协会针对计算固体力学领域内建模模拟的验证与确认,给出了如图12.12 所示的一般流程,该流程对其他科学计算领域的验证与确认同样具有参考意义,包括:① 确定所关心的应用;② 制定验证与确认计划;③ 程序验证和软件质量保证;④ 确认试验的设计与执行;⑤ 系统响应量计算和求解验证;⑥ 计算确认度量结果;⑦ 对所关心的应用进行预测和不确定性估计;⑧ 模型适合性评估;⑨ 归档工作。模型验证与确认研究中需要特别注意以下几点思想:① 验证与确认(verification & validation, V&V)需要始终明确模型的使用目的和范围;② 复杂系统的 V&V 应分层逐级进行;③ 建模模拟需与试验设计协同工作;④ 不确定性量化是核心方法;⑤ 建立完整的验证与确认计划。

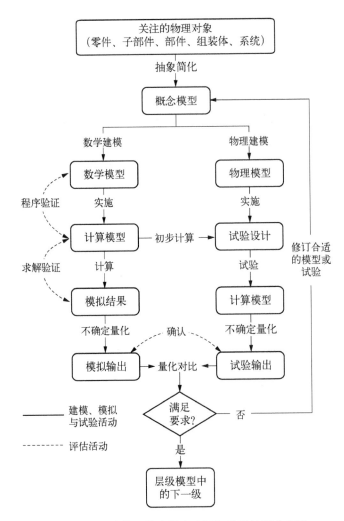

图 12.12　计算固体力学中验证与确认的基本步骤

验证问题中存在四类典型误差:① 圆整误差;② 抽样误差;③ 迭代求解误差;④ 离散误差。在计算固体力学领域内,主要涉及的是求解验证,常关注的问题包括网格收敛性检查,采用的方法包括 Richardson 外推、误差传播方程、网格自适应细化及伴随误差分析等。其中 Richardson 外推采用多个网格水平结果收敛级数进行估算,进而外推准确解,对具备渐进收敛特征的积分结果具有较好的适应性。误差方程法推导误差控制方程,并与原问题的控制方程同时求解。

围绕"模型是经过确认的"这一论述,目前学术界也出现一定的分歧,包括确认度量及解读以及如何判定外推条件下模型的有效性等。在原有模型确认概念的基础上,从实用的角度对模型确认的原则又提出两点要求:① 模型确认必须服务于模型预测的目的;② 模型确认建立在模型预测结果是充分准确的基础上,而不要求模型内在的正确性。

在这两点原则的基础上,模型确认要解决的问题是:模拟与试验结果差异有多大(准确性问题);这种差异能否满足模型使用需求(充分性问题)。在不确定性条件下,确认度量(validation metric)量化模拟结果与试验结果的差异,是判定模型有效性的依据。常用度量包括:① 采用试验和模拟响应量的概率分布的差值进行度量[图 12.13(a)];② 采用累积概率密度差异积分给出的面积度量[图 12.13(b)]。两者均需要对模型预测和试验结果进行不确定性量化,因此在模型的验证确认中,不确定性量化是基本的数学工具与桥梁。

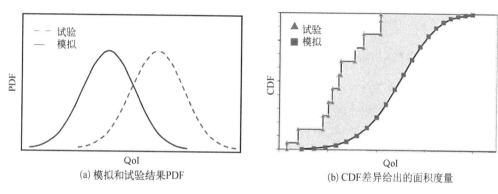

(a) 模拟和试验结果PDF　　　　　(b) CDF差异给出的面积度量

图 12.13　不同类型的确认度量

12.4　在复合材料结构中应用

离散性明显是复合材料力学性能的显著特点之一。对于复合材料结构,本节将围绕两个问题展开:① 复合材料性能离散性是如何形成的? ② 如何利用数据提高模型预测的有效性? 问题①将有助于分析复合材料力学性能的不确定性,帮助改进材料;如 12.1 节所述,问题②对于复合材料结构的安全设计和使用具有重要意义。在上述问题中,均会需要利用不确定性量化方法:问题①属于不确定性正向传播问题;问题②属于不确定性的反向传播问题。

12.4.1　虚拟试验方法

结构决定性能,对于复合材料力学性能离散性的形成机理,多从微细观尺度,建立结构与性能之间的关系。对材料性能不确定性形成机理的研究构成了"虚拟实验"技术的重要研究内容。微细观形貌观测及损伤分析方法的发展促进了"虚拟实验"技术的成形,

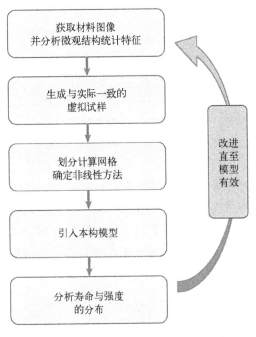

图 12.14　虚拟实验的基本框架

能够弥补复合材料制样困难、周期长、试验能力有限的不足。虚拟实验的一般框架如图12.14所示。通过对微细观几何特征的高保真度建模、损伤失效过程模拟及试验验证构建高精度的分析模型,不仅能够拓展分析不同载荷比例下材料的失效行为,还能够给出试验中难以获取的材料性能,获取并解释材料性能特征及波动性的形成机理。

例3：材料/结构性能多尺度不确定性量化

NASA Glenn 研究中心对 SiC/SiC 陶瓷基复合材料多尺度下不确定性的传播进行了分析。利用通用单胞模型(generalized method of cells,GMC)方法,建立了五缎纹编织 SiC/SiC 陶瓷基复合材料的分析模型,引入了组分材料性能、编织结构特征以及微孔洞等随机特征,分析了宏观材料在拉伸载荷下的响应对

这些参数的敏感性,如图12.15所示。由于 GMC 方法的通用性,通过组分材料性能的分配以及胞元的划分可以快速地引入上述不确定性特征。通过分析,确定了对该材料力学性能影响最为明显的纤维束中存在的孔洞形状及体积含量。

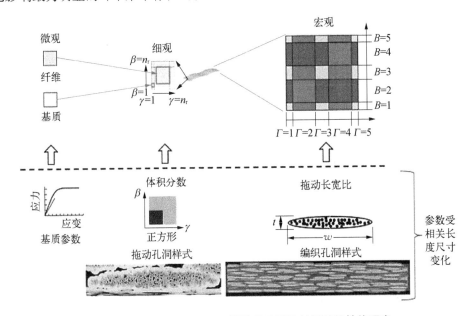

图 12.15　GMC 方法用于五缎纹 SiC/SiC 材料随机性能研究

在此基础上,Glenn 研究中心采用 Monte-Carlo 模拟的不确定性传播分析策略,对该材料在拉伸载荷下的随机行为进行了详细的分析,获取了整个载荷位移曲线的概率密度分

布(图 12.16)。利用该分布可以快速地获取任一载荷下材料的等效性能。通过多尺度不确定性量化的研究,获得了材料宏观性能的离散性,分析了该离散性形成的机理,能够有效降低试验能力不足带来的材料性能统计不确定性。

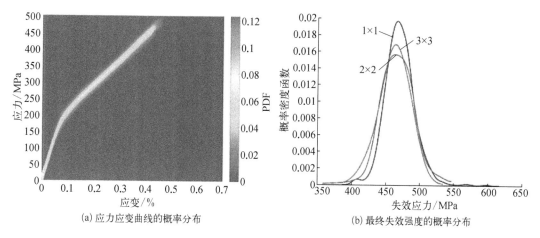

(a) 应力应变曲线的概率分布　　　　　　(b) 最终失效强度的概率分布

图 12.16　GMC 方法获取的 SiC/SiC 材料性能随机性分布

12.4.2　模型更新方法

模型更新的目的就是要依据试验中所观察到的数据等后验信息,更为准确量化不确定性因素。模型更新主要包括模型参数修正与模型形式修正两方面。模型参数修正主要是利用试验数据构造似然函数,结合贝叶斯理论,获取参数的后验分布。设模型形式如公式(12.51)所示:

$$y = m(x, \alpha) \tag{12.51}$$

试验观测到 $x = x_0$ 的一个样本为 y^*,试验误差满足分布 $P(0, \delta)$、对应概率密度函数为 $\pi_{p(0,\delta)}(x)$,则参数 α 的后验分布为

$$\pi(\alpha \mid y^*) \propto \pi(\alpha) \times \pi(y^* \mid \alpha) \propto \pi(\alpha) \times \pi_{p(y*,\delta)}[m(x_0, \alpha)] \tag{12.52}$$

模型形式误差指的是模型本身与真实物理情况存在偏差。对于模型形式存在偏差的问题,Kennedy 与 O'Hagan 最早在模型修正中提出了偏差函数的概念,通过模型 $m(x)$、偏差函数 $\eta(x)$ 和试验误差 δ 之和等于试验结果 y,即

$$y = m(x, \alpha) + \eta(x) + \delta \tag{12.53}$$

该方法被大量学者所采用,一般被称为模型更新的 KOH 框架。其中模型偏差是依赖于输入参数 x 的函数,研究的重点是如何获取 $\eta(x)$ 的形式,通常采用一些插值方法将函数转换为参数修正问题,进而使得问题仍能够采用贝叶斯框架进行求解。若在 $x_0 = [x_1, x_2, \cdots, x_n]$ 获得了观察值 $y_0 = [y_1, y_2, \cdots, y_n]$,可以相应设 $\eta_0 = [\eta_1(x_1), \eta_2(x_2), \cdots, \eta_n(x_n)]$,则偏差函数 $\eta(x)$ 可以由插值及相应的参数 β 给出:

$$\eta(x) = \eta(\eta_0, \beta, x) \tag{12.54}$$

其中 η_0 与 β 均应看作随机变量。参考公式(12.52),可以确定似然函数为

$$L(y_0) = \pi_{\mathrm{P}(y_0,\delta)}\big[m(x_0,\alpha) + \eta(\eta_0,\beta,x_0)\big] \tag{12.55}$$

各参数的联合后验分布为

$$\pi(\alpha,\beta,\eta_0) \propto \pi(\alpha)\pi(\beta)\pi(\eta_0) \times L(y_0) \tag{12.56}$$

对于简单的问题,可以直接求解公式(12.52)、公式(12.56)获取参数后验分布;对于高维参数问题,获取各个参数的边际分布需要进行高维积分,因而较为困难。一般利用参数的后验分布进行抽样,并进行归一化获取参数分布。抽样通常采用马尔科夫链蒙特卡洛模拟(Markov chain Monte Carlo,MCMC)进行。

12.5 几个前沿问题

如今几乎在任何科学领域中都面临不确定性的问题。不确定性的表征与量化、不确定性条件下分析方法的验证与确认问题已经成为当前各学科领域内的前沿问题之一。

美国桑迪亚国家实验室在 2002~2014 年连续提出了三个模型验证与确认的挑战问题。2002 年提出的挑战问题关注的核心是认知与客观混合不确定性的表征、建模及传播影响分析;2006 年提出的挑战问题给出了传热、静力学与动力学三个子问题,关注的科学问题包括试验数据不确定性表征、如何利用数据提升模型可信度并量化、模拟试验差异的量化与利用、层级式确认问题及模型外推问题;2014 年提出的挑战问题是预测一系列存储罐在不同载荷下的行为,并最终给出是否退役的决策。挑战问题被简化为三个子问题:预测失效概率及相应的不确定性;评估预测的可信度;给出相应的 V&V 策略。该挑战问题强调了为了进行决策,如何建立 V&V 综合策略并支持最终决策。2014 年 NASA Langley 研究中心发布了"多学科不确定性量化挑战",并面向所有学者和团队征集解答。其数学模型是 NASA 通用传输模型的动力学方程,是一个多层级多学科模型。问题共包含 22 个不确定性参数,分为概率表征、区间表征的认知不确定性以及 p-box 方法表征的混合不确定性三类因素。要求学者利用试验数据更新不确定性参数,分析哪些参数可以忽略,获取响应不确定性区间及失效概率,进行不确定性设计。由此可见不确定性量化研究所面临的一些挑战,包括: ① 混合不确定性的表征与传播问题;② 高维不确定性空间降维与传播问题;③ 模型修正与模型确认试验设计问题。

对于模型中存在客观/认知混合不确定性的传播分析问题,可采用嵌套抽样方法(双循环方法)。在该类方法中,对客观不确定性和认知不确定性进行独立抽样,首先对认知不确定性进行抽样,在确定的认知不确定性参数下,对客观不确定性采用上述方法进行抽样获得相应的 CDF 曲线。但这带来了高额的计算成本。

高维不确定性空间带来了"维数灾难",高额的计算成本使得不确定性量化失去可行性。针对该问题,若原问题的直接求解耗时较长,一方面可以利用多项式、支持向量机、人工神经网络、径向基函数、高斯过程模型等方法建立原问题的代理模型(响应面),进而简化计算;另一方面,可对不确定性空间进行降维分析。目前多采用的降维方法包括灵敏度

阈值法与空间降维处理。灵敏度阈值法是通过响应不确定性对输出参数的敏感程度分析结果排序,剔除那些对结果影响不显著的因素。在不确定性框架下,进行参数全局敏感性分析的方法主要有梯度法、方差分解法、矩独立方法等。空间降维方法,如子空间法是在原空间内定位响应最为敏感的方向作为基,构成子空间,进而实现降维的目的。

目前,模型偏差修正的挑战一方面来自反问题的不适定性,即如何判定模型存在偏差、如何利用试验数据区分参数偏差与模型偏差等可辨识性问题;通过确认的模型,如何在确认域外分析预测结果的有效性是当前面临的另一个极具挑战性的问题。Roy 等提出线性外推方法,但该方法仍面临适用性等不足。在进行模型确认时,由于试验能力成本有限,如何进行确认试验设计也是当前研究的热点问题之一。可采用贝叶斯方法对试验进行优化,即给出不同试验条件下试验数据在改进模型降低误差中的效能函数,利用该函数对试验参数进行优化,进而实现试验资源的分配。

复合材料体系复杂,受工艺因素影响明显,其制样与试验的成本、周期均较高,服役的载荷环境也更加复杂,导致所能获取的数据往往有限。在少样本条件下,如何进行材料性能不确定性的科学表征、模型修正及相应修正试验的设计,仍是值得深入研究的问题。

12.6 本 章 小 结

本章主要介绍了不确定性量化及其应用,包括不确定性问题的提出和不确定性量化的表征方法,介绍了模型的验证与确认,给出了不确定性量化表征方法在复合材料结构中的应用和几个前沿问题。

课 后 习 题

1. 如何理解认知与客观不确定性,两者之间是否存在界限?

2. 在数据统计分析中,假设样本满足某种分布存在哪些问题和影响?

3. 针对表 12.1 所给出的数据,计算弹性模量的累积概率密度曲线。

4. 给出任意概率分布输入参数,利用蒙特卡洛模拟进行不确定性传播分析的程序框架。

5. 除本章所介绍的蒙特卡洛模拟和多项式混沌展开方法,通过文献调研,给出一种不确定性传播分析的方法及其原理。

6. 如何判定一个模型是有效的? 模型有效性的内涵包括哪些内容?

7. 结合复合材料离散性的特征,说明进行不确定性量化及模型验证确认,对复合材料结构的设计、使用的意义。

参考文献

杜善义,王彪,1998.复合材料细观力学[M].北京:科学出版社.

杜善义,2000.复合材料及其结构的力学、设计、应用和评价.第三册[M].哈尔滨:哈尔滨工业大学出版社.

李顺林,王兴业,1993.复合材料结构设计基础[M].武汉:武汉理工大学出版社.

刘万辉,2017.复合材料[M].哈尔滨:哈尔滨工业大学出版社.

沈观林,胡更开,2006.复合材料力学[M].北京:清华大学出版社.

王荣国,武卫莉,谷万里,2001.复合材料概论[M].哈尔滨:哈尔滨工业大学出版社.

王耀先,2012.复合材料力学与结构设计[M].上海:华东理工大学出版社.

王震鸣,1991.复合材料力学和复合材料结构力学[M].北京:机械工业出版社.

吴人杰,2000.复合材料[M].天津:天津工业大学出版社.

谢鸣九,2016.复合材料连接技术[M].上海:上海交通大学出版社.

张博平,2012.复合材料结构力学[M].西安:西北工业大学出版社.

中国科学院,2018.新型飞行器中的关键力学问题[M].北京:科学出版社.

Jones R M, 1975. Mechanics of composite materials[M]. New York:Hemisphere.

Kaw A K, 2006. Mechanics of composite materials second edition[M]. CRC Press:Taylor & Francis Group.

Liu Y, Gall K, Dunn M L,et al. , 2006. Thermomechanics of shape memory polymers:Uniaxial experiments and constitutive modeling[J]. Int J Plasticity, 22:279 - 313.

Milton G W, 2002. The theory of composites [M]. London:Cambridge university press.

Robert M J, 1981.复合材料力学[M].朱颐龄等译.上海:上海科学技术出版社.

Tsai S W, 1989.复合材料设计[M].刘方龙等译.北京:科学出版社.